大学计算机教学改革项目立项教材

丛书主编 杜小勇

面向对象程序设计基础
——Visual Basic
（第2版）

孙中红 主编 ／ 李涛 李洪国 赵峰 副主编

清华大学出版社
北京

内 容 简 介

本书按照教育部高等学校大学计算机课程教学指导委员会2016年1月制定的《大学计算机基础课程教学基本要求》和全国计算机等级考试二级 Visual Basic 语言程序设计考试大纲(2018年版)最新要求,结合二级考试需求和应用型创新人才培养目标,以简单易学的 Visual Basic 6.0 为平台,详细介绍面向对象程序设计的基本知识和方法。

全书共9章,主要内容包括 Visual Basic 程序设计概述、简单的面向对象程序设计、Visual Basic 程序设计基础、控制结构、数组、过程、界面设计、多重窗体与环境应用、数据文件等。以传授二级考试知识点和培养应用能力为主线,每章以引例为线索,贯穿了最新二级考试的知识点和考点,讲解详细而系统,文字通俗易懂,内容由浅入深,循序渐进。每章最后都有综合应用,凸显程序设计应用能力的培养。在讲解知识的同时,把立德树人融合在教材当中,构思新颖,结构清晰。

本书可作为高等本科院校、高职高专院校面向对象程序设计基础课程教材,也可作为全国计算机等级考试二级 Visual Basic 语言程序设计的培训教材,同时也是其他程序设计初学者的首选教材。

图书在版编目(CIP)数据

面向对象程序设计基础:Visual Basic/孙中红主编. —2版. —北京:清华大学出版社,2019
(2023.1重印)
(大学计算机教学改革项目立项教材)
ISBN 978-7-302-52976-7

Ⅰ. ①面… Ⅱ. ①孙… Ⅲ. ①BASIC 语言—程序设计—高等学校—教材 Ⅳ. ①TP312.8

中国版本图书馆 CIP 数据核字(2019)第 085468 号

责任编辑: 谢 琛 杨 枫
封面设计: 常雪影
责任校对: 焦丽丽
责任印制: 刘海龙

出版发行: 清华大学出版社
      网 址: http://www.tup.com.cn, http://www.wqbook.com
      地 址: 北京清华大学学研大厦 A 座   **邮 编:** 100084
      社 总 机: 010-83470000   **邮 购:** 010-62786544
      投稿与读者服务: 010-62776969, c-service@tup.tsinghua.edu.cn
      质量反馈: 010-62772015, zhiliang@tup.tsinghua.edu.cn
      课件下载: http://www.tup.com.cn,010-83470236
印 装 者: 北京鑫海金澳胶印有限公司
经 销: 全国新华书店
开 本: 185mm×260mm   **印 张:** 19   **字 数:** 438 千字
版 次: 2016 年 10 月第 1 版   2019 年 8 月第 2 版   **印 次:** 2023 年 1 月第 4 次印刷
定 价: 49.00 元

产品编号:078696-01

高等教育不同于短期培训，它注重培养学生的创造能力、思维能力、观察能力等基本能力。大学计算机公共基础课的教学目标是将计算思维培养建立在知识理解和应用能力培养的基础上，并从中使学生养成较好的计算思维素质。筛选适合知识理解和应用能力培养的高级程序设计语言对培养学生的计算思维素质起决定性作用，而学生学习的积极性为实现教学目标提供了可能性。

Visual Basic 6.0 是 Microsoft 公司推出的面向对象的应用程序开发工具，是目前最适合初级编程者学习使用的、国内外最流行的计算机高级语言之一。它具有简单易学、实用方便、功能强大等特点。由于 Visual Basic 程序设计语言为用户提供了可视化的面向对象与事件驱动的程序设计集成环境，使程序设计变得极其快捷、方便，用户无须设计大量的程序代码，便可设计出实用的应用系统，对于非计算机专业的面向对象程序设计初学者特别容易上手，非常适合作为高校计算机公共基础课。因此，全国各高校都相继开设了"Visual Basic 程序设计"课程。同时，教育部考试中心在全国计算机等级考试大纲中，一直把 Visual Basic 作为考试的可选程序设计语言之一。从近几年"全国计算机等级考试"的统计数据来看，选考 Visual Basic 的考生逐年递增。而参加全国计算机二级考试是每个大学生的需求，以学生为本，以满足学生二级考试需求的社会就业及专业本身所需要的计算机知识和技能的"即时效应"，带动培养学生计算思维和创新应用能力的"长远效应"的教学理念贯穿于整个教学过程中，将大大提高学生的学习积极性，为实现计算机基础教育的教学目标提供了保障。

本书按照教育部高等学校大学计算机课程教学指导委员会 2016 年 1 月制定的《大学计算机基础课程教学基本要求》和全国计算机等级考试二级 Visual Basic 语言程序设计考试大纲（2018 年版）最新要求，结合大学生二级考试需求和应用型创新人才培养目标组织各章节，既贯穿了二级考试的知识点，满足学生二级考试的需求，又满足计算思维能力培养和创新应用型人才培养目标。

全书共分 9 章，主要内容包括 Visual Basic 程序设计概述、简单的面向对象程序设计、Visual Basic 程序设计基础、控制结构、数组、过程、界面设计、多重窗体与环境应用、数据文件。运行环境是 Windows 7 操作系统下的 Visual Basic 6.0。

本书的主要特色如下：

(1) 以传授二级考试知识点和培养应用能力为主线，每章以引例为线索，贯穿了最新二级考试的知识点和考点，讲解详细系统，文字通俗易懂，内容由浅入深，循序渐进，每章最后都有综合应用，凸显程序设计应用能力的培养。

(2) 在整个教材编写过程中，把思想道德教育的理念融合在教材中，不用那些只为了单纯理解某个语句的功能而缺少意义的文字，例如：Text1＝"欢迎使用 Visual Basic"。在类似这种场合，用一些励志名言、名人名言、人生格言等激励学生积极上进。在介绍计算机专业知识的同时，也使学生在道德修养方面得到了熏陶。本书构思新颖，结构清晰。

(3) 教材图文并茂，有利于提高学生的学习兴趣。内容用引例导入、介绍详细，加之综合应用、基础练习，注重基础理论，凸显实际应用。

(4) 本书是 2015 年山东省高等学校教学改革项目"基于'双 U'目标体现'双主'理念'翻转课堂'模式的计算机公共基础课教学改革研究与实践"(编号：2015M065)配套教材，有配套的习题集与实验教材、智慧树教学网站、微课库、习题库、教学课件等教学资源，是翻转课堂教学配套教材。

(5) 微信扫描书中对应二维码，即可观看相应"微课"。

本书可作为本科院校、高职高专院校计算机公共基础课程教材，也可作为全国计算机等级考试二级 Visual Basic 语言程序设计的培训教材，同时也是其他面向对象程序设计初学者的首选教材。

本书由孙中红担任主编，李涛、李洪国、赵峰担任副主编，限于作者水平，书中难免有疏漏和不妥之处，敬请广大读者不吝赐教。

编　者
2019 年 5 月

CONTENTS >>> 目 录

第 *1* 章

Visual Basic 程序设计概述

为了开发 Visual Basic 应用程序,首先需要对 Visual Basic 系统有所了解,并熟悉 Visual Basic 系统的开发环境,为后续章节的学习打下基础。本章将通过一个引例介绍 Visual Basic 的发展、版本、主要特点、安装、启动与退出和 Visual Basic 6.0 版的集成开发环境。

引例:设计一个简单的应用程序,程序运行界面如图 1.1 所示。

图 1.1　引例程序运行界面

图 1.1 的运行界面是用 Visual Basic 程序设计语言设计后运行得到的。虽然这个应用程序很简单,但对于一个并不熟悉 Visual Basic 程序设计语言的用户来说,也是一个不小的难题。要用 Visual Basic 程序设计语言进行程序设计,就需要了解 Visual Basic 的发展、版本、主要特点,掌握 Visual Basic 的安装、启动与退出的方法,熟悉 Visual Basic 6.0 版的集成开发环境。

1.1　Visual Basic 简介

Visual Basic(简称 VB)是由 Microsoft 公司推出的一套完整的基于 Windows 系统的面向对象的可视化程序设计语言,Visual Basic 是在 BASIC 语言的基础上发展而来的,它继承了 BASIC 语言简单易学的优点,同时又增加了许多新的功能,可用于开发 Windows 环境下的各类应用程序,是进行应用系统开发最简单的、易学易用的程序设计工具,也是许多编程初学者首选的程序设计语言。

Visual Basic 简介

1.1.1　Visual Basic 的发展

BASIC(Beginner's All-purpose Symbolic Instruction Code,初学者通用符号指令代码)语言是 1964 年由美国 Dartmouth 学院 John George Kemeny 与 Thomas Eugene Kurtz 两位教授开发的一种小型的、简单易学的程序设计语言。虽然 BASIC 语言不是最早诞生的高级语言(公认最早诞生的高级语言是美国人 John Warner Backus 于 1954 年开发的 FORTRAN 语言),但由于其简单易学、使用方便的特性,很快就流行起来,得到了广泛应用,几乎所有小型计算机、微型计算机都配置了这种语言,对计算机的推广普及起到了重要作用。

BASIC 语言自问世以来,不断更新换代,其中较有影响的版本有 True BASIC、Quick BASIC 和 Turbo BASIC 等。随着 Windows 操作系统的问世,1991 年,Microsoft 公司推出了 Visual Basic 1.0 版,虽然其功能相对较少,也有一定的缺陷,但它是第一个可视化的编程工具软件,这在当时的业界引起了很大的轰动,许多专家把 Visual Basic 的出现当作软件开发史上的一个具有划时代意义的事件。在随后的几年里,Microsoft 公司又分别在 1992 年、1993 年、1995 年、1997 年和 1998 年相继推出了 Visual Basic 2.0、3.0、4.0、5.0、6.0 版本。随着其版本的更新,其功能也越来越强大,尤其是 5.0 版以后中文版的发行,其功能有了质的飞跃,已成为 32 位的、全面支持面向对象的大型程序设计语言。Visual Basic 6.0 又在控件、语言、向导、数据访问及 Internet 支持等方面增加了许多新的功能。

随着因特网(Internet)技术的飞速发展,为了满足网络应用程序的开发要求,Microsoft 公司提出了.NET 战略,并于 2002 年推出了 Visual Basic.NET 2002,它是经过重新设计的 Visual Basic 的全新版本,并不是 Visual Basic 6.0 版的简单升级。目前最新的版本是 Visual Basic.NET 2012。

1.1.2　Visual Basic 的版本

现在广泛使用的 Visual Basic 包括 3 种版本,即学习版、专业版和企业版,分别适合由低到高的用户层次。大多数应用程序可以在 3 种版本中通用。本书以 Visual Basic 6.0 为蓝本进行讲解。

(1) 学习版:是 Visual Basic 6.0 的基础版本,是为初学者而设计的,可以用来开发 Windows 9x 和 Windows NT(R)的应用程序。该版本包括所有的内部控件(标准控件)、网格(Grid)控件、Tab 对象和数据绑定(Data_Bound)控件。

(2) 专业版:向计算机专业人员提供了一套功能完备的软件开发工具,包含了学习版的所有功能,还有附加的 ActiveX 控件、Internet 控件、Crystal Report Writer 和报表控件。

(3) 企业版:可供专业编程人员以小组的形式来创建强健的分布式应用程序。它包括专业版的全部功能,加上自动化管理器、部件管理器、数据库管理工具、Microsoft Visual SourceSafe 面向工程版的控制系统等。

这 3 种版本是在相同的基础上建立起来的,企业版功能最全,专业版包括学习版的功能。对于大多数用户来说,专业版完全可以满足需求。

1.1.3 Visual Basic 的特点

1. 面向对象的可视化编程

在用面向过程的传统程序设计语言设计程序时,用户界面都是通过编写程序代码来实现的,并且在设计过程中看不到界面的实际显示效果。4.0 版以后的 VB 采用了面向对象的程序设计方法(Object Oriented Programming,OOP),把程序和数据封装在一起而看作是一个对象,并为每个对象赋予应有的属性,使对象成为实在的东西,而不是抽象的概念。设计程序时,不必编写建立和描述每个对象的程序代码,只需从 VB 系统提供的工具箱中按设计要求"拖"出所需的对象,在屏幕上设计出用户所要求的布局,每个对象以图形的方式显示在界面上,都是可视的,并为每个对象设置应有的属性,VB 自动产生界面设计代码,程序设计人员只需编写实现程序功能所需的代码即可,因而大大提高了程序设计的效率。

例如,要得到引例的运行界面,只需在程序设计窗口中,通过工具箱添加一个标签和两个命令按钮 3 个对象,如图 1.2 所示。然后在属性窗口设置 Label1 的 Caption 属性值为"Visual Basic 程序设计"、Label1 的 AutoSize 属性值为"True"、Label1 的 ForeColor 属性值为蓝色、Command1 的 Caption 属性值为"清屏"、Command2 的 Caption 属性值为"退出"。然后单击工具栏中的"启动"按钮,即可得到如图 1.1 所示的运行界面,这个界面就是 Visual Basic 自动产生的设计代码生成的。

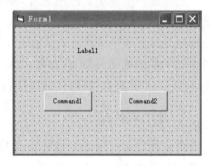

图 1.2 引例的设计窗口

2. 事件驱动的编程机制

在传统的面向过程的程序设计中,程序总是按事先设计好的流程运行,而不能随意改变或控制程序的流向。VB 中通过事件驱动的方式来执行程序的操作,想执行哪段程序(即事件过程),触发其对应的事件即可执行。一个对象可以有多种事件过程,不同的事件过程对应不同的过程代码。因此,用 VB 开发的应用程序,没有明显的开始和结束;并且每一个事件过程的代码一般都较短,容易编写,不易出错。这种编程机制,方便了编程人员,提高了编程效率。

例如,在引例中,当单击运行界面中的"清屏"和"结束"按钮时,分别实现"清屏"和"终止程序运行"的功能,需在各自的 Click 事件过程中编写代码,当单击按钮,触发按钮的 Click 事件时,其对应的 Click 事件过程中的代码才执行,以实现相应的功能。"清屏"和"结束"按钮的 Click 事件过程如图 1.3 所示。

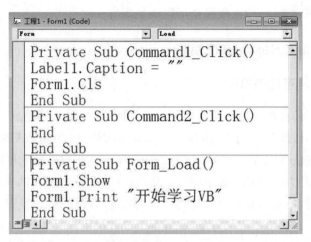

图 1.3　引例事件过程代码

3. 结构化的程序设计语言

引例是一个简单的应用程序,实现其功能的程序代码比较简单,但要实现复杂的功能,需要用到三大基本程序控件结构,即顺序结构、选择结构和循环结构,这在第 5 章中将会介绍。这是 Visual Basic 保留的 BASIC 语言中的三大程序基本控制结构的特点。还要用到丰富的数据类型、众多的内部函数,这在第 3 章和后续章节将会陆续介绍。Visual Basic 是一种模块化、结构化的程序设计语言,结构清晰,简单易学。

4. 交互式开发

传统的应用程序开发过程由编码、编译和测试代码 3 个步骤组成。而 Visual Basic 使用交互式方法开发应用程序,3 个步骤之间没有明显的界限。

在大多数传统的程序设计语言中,当编写代码有误时,则在编译应用程序时该错误就会被编译器捕获。只有查找并改正该错误,才能再次进行编译。而 Visual Basic 在编程者输入代码时就进行解释,即时捕获并突出显示大多数语法或拼写错误,以便及时更正,这一特点用户在编程时即会体会到。

除即时捕获错误外,Visual Basic 还在输入代码时部分地编译该代码。当准备运行和测试应用程序时,只需极短时间即可完成编译。如果编译器发现了错误,则将错误突出显示于代码中。这时可以更正错误并继续编译,而不需从头开始。

5. Windows 资源共享

VB 提供的动态数据交换(Dynamic Data Exchange,DDE)编程技术,可以在应用程序中实现与其他 Windows 应用程序建立动态数据交换、在不同的应用程序之间进行通信的功能。

VB 提供的对象链接与嵌入(Object Linking and Embedding,OLE)技术则是将每个应用程序都看作一个对象,将不同的对象链接起来,嵌入到某个 VB 应用程序中,从而得到具有声音、图像、影像、动画、文字等各种信息的集合式文件。

VB 还可以通过动态链接库(Dynamic Link Library,DLL)技术将 C/C++ 或汇编语言编写的程序加入到 VB 的应用程序中,或是调用 Windows 应用程序接口(API)函数,实现 SDK 所具有的功能。

6. 开放的数据库功能与网络支持

VB 具有很强的数据库管理功能。利用数据控件和数据库管理窗口,可以直接建立和编辑 Microsoft Access 格式的数据库,并提供了强大的数据存储和检索功能。同时,还能直接编辑和访问其他外部数据库,如 dBASE、FoxPro、Paradox 等,也可访问 Excel、Lotus1-2-3 等多种表格。

VB 提供的开放式数据库连接(Open DataBase Connectivity,ODBC)功能,可以通过直接访问或建立连接的方式使用并操作后台大型网络数据库,如 SQL Sever、Oracle 等。在应用程序中,可以使用结构化查询语言 SQL 直接访问 Server 上的数据库,并提供简单的面向对象的库操作命令、多用户数据库访问的加锁机制和网络数据库的 SQL 编程技术,为单机上运行的数据库提供了 SQL 网络接口,以便在分布式环境中快速而有效地实现客户机/服务器(Client/Server)方案。

7. 完善的联机帮助功能

VB 提供了强大的联机帮助功能和示范代码,设计时任何时候只需按下 F1 功能键,就会显示必要的提示,运行时,也会对出现的错误给出一定的提示。

1.2　Visual Basic 6.0 的安装、启动与退出

1.2.1　Visual Basic 6.0 的安装

Visual Basic 6.0 是 Visual Studio 6.0 套装软件中的一个成员,它可以和 Visual Studio 6.0 一起安装,也可以单独安装。

1. 系统要求

在安装 VB 6.0 系统程序之前,首先要了解 VB 6.0 系统程序对计算机软、硬件的最低要求,并做好安装前的准备工作。

Visual Basic 6.0 的安装、启动与退出

硬件配置:586 以上的处理器、16MB 以上的内存、100MB 以上的硬盘空闲空间、一个 CD-ROM 驱动器等。

软件环境:Windows 95 或 Windows NT 3.51 以上版本的操作系统。

2. 安装步骤

VB 是 Microsoft Visual Studio 套装软件中的一部分,也可以选择单独安装。安装

VB 的过程比较简单,步骤如下。

(1) 插入 VB 安装光盘,系统一般都会运行自动安装程序,也可以运行其中的 SETUP. EXE 程序,进入"安装向导",如图 1.4 所示。

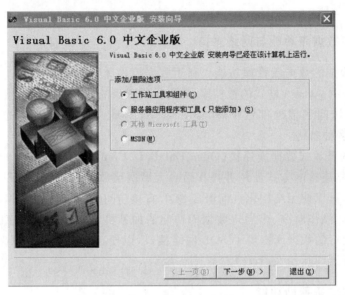

图 1.4 "安装向导"对话框

(2) 单击"下一步"按钮后,出现最终用户许可协议对话框。阅读"最终用户许可协议"后,单击"接受协议"按钮,才能进行下一步的操作。

(3) 单击"下一步"按钮后,系统会要求用户输入产品的 ID 号、姓名、公司名称,输入完毕,单击"下一步"按钮,进入"自定义—服务器安装程序选项"对话框。

(4) 在"自定义—服务器安装程序选项"对话框中,选择"安装 Visual Basic 6.0 中文企业版"后,单击"下一步"按钮。

(5) 这时,系统启动安装程序,按照提示操作,直到出现如图 1.5 所示的对话框。

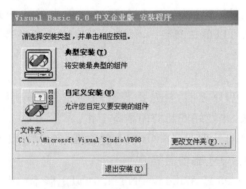

图 1.5 "安装程序"对话框

若选择"典型安装",则根据系统规定的内容安装到硬盘上;若选择"自定义安装",则按照用户选择的内容安装到硬盘上。

注意：若安装时使用"典型安装"方式，则系统提供的图库没有装入（以后界面设计时将用到这些图形文件）。若用户需要，可直接将光盘上的 Graphics 子目录复制到硬盘对应的 VB 系统下。

1.2.2　Visual Basic 6.0 的启动

在 Windows 操作系统中，有多种方法启动 VB。

1. 使用"开始"菜单中的"程序"命令启动 VB

选择"开始"|"程序"|"Microsoft Visual Basic 6.0 中文版"命令，即可启动 Visual Basic 6.0，出现"新建工程"对话框，如图 1.6 所示。

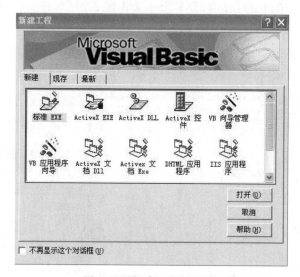

图 1.6　"新建工程"对话框

2. 使用快捷方式启动 VB 6.0

双击桌面上的"Microsoft Visual Basic 6.0 中文版"快捷方式图标，即可启动 VB 6.0。

3. 使用"我的电脑"启动 VB 6.0

（1）双击桌面上的"我的电脑"图标，打开"我的电脑"窗口，然后双击 VB 6.0 所在的硬盘驱动器盘符，将打开相应的驱动器窗口。

（2）双击驱动器窗口中包含 VB 6.0 的文件夹，进入包含 VB 6.0 的文件夹。

（3）找到并双击"VB 6.exe"图标，即可启动 VB 6.0。

4. 使用"开始"菜单中的"运行"命令启动 VB 6.0

（1）选择"开始"|"运行"命令，打开"运行"对话框。

（2）在"运行"对话框中的"打开"下拉列表框内输入 VB 6.0 启动文件的文件名（包含

路径,例如 C:\Program Files\Microsoft Visual Studio\VB98\VB 6.exe);或单击"浏览"按钮,按照其路径找到其所在的文件夹,单击选定 VB 6.exe 文件后,单击"打开"按钮(或双击 VB 6.exe)。

(3) 在"运行"对话框中单击"确定"按钮,即可启动 VB 6.0。

启动 VB 6.0 后,在图 1.6 所示的对话框中列出了 VB 6.0 能够建立的应用程序类型。其中"标准 EXE"用来建立一个标准的 EXE 工程。本书将只讨论这种工程类型。

该对话框中有 3 个选项卡。

(1)"新建":建立新工程。

(2)"现存":选择和打开现有工程。

(3)"最新":列出最近使用过的工程。

在"新建"选项卡中,选择"标准 EXE"图标,单击"打开"按钮,即进入 VB 集成开发环境,如图 1.7 所示。

图 1.7　VB 集成开发环境

1.2.3　Visual Basic 6.0 的退出

退出 Visual Basic 6.0 的方法很简单,与退出其他应用程序的方法类似,有很多种。要退出 Visual Basic 6.0 集成开发环境,可执行下列操作之一。

(1) 单击标题栏上最右边的关闭按钮。

(2) 单击标题栏最左边的控制图标,在打开的控制菜单中选择"关闭"控制项。

(3) 选择"文件"|"退出"命令。

(4) 按 Alt+Q 或 Alt+F4 快捷键。

(5) 右击主窗口标题栏,在弹出的快捷菜单中选择"关闭"命令。

执行上述操作之后,如果有修改过的文件没有保存,Visual Basic 6.0 将弹出对话框,提示用户是否保存修改,用户可根据实际情况进行选择,然后,退出 Visual Basic 6.0

系统。

1.3 Visual Basic 6.0 的集成开发环境

Visual Basic 6.0 是一个完善的集成开发环境,集界面设计、代码编辑、编译运行、跟踪调试、联机帮助以及多种向导工具于一体。VB 集成开发环境界面由若干个部分组成,每个部分都是独立的小窗口,位置和大小可以自行设定,还可控制显示或隐藏。为了方便操作和保持界面的简洁美观,更多的组成部分在需要时才打开。

Visual Basic 6.0
集成开发环境

1.3.1 主窗口

主窗口也称设计窗口。启动 Visual Basic 6.0 后,主窗口位于集成环境的顶部,该窗口由标题栏、菜单栏和工具栏组成。

1. 标题栏

如图 1.7 所示窗口的顶部是标题栏,它显示的是应用程序的名字。标题为"工程 1—Microsoft Visual Basic[设计]",包括当前使用的应用程序名称(例如"工程 1",也可以是用户命名的其他应用程序名)、集成开发环境所处的工作状态(例如,"[设计]",或是"[运行]""[break]")。

VB 有 3 种工作状态(或称工作模式):设计(Design)模式、运行(Run)模式和中断(Break)模式。

(1) 设计模式:在设计模式下,可进行界面设计和编写程序代码。

(2) 运行模式:运行应用程序,该模式下不能编辑程序代码,也不能编辑界面。

(3) 中断模式:应用程序运行出错时中断或人为暂停,该模式下可以编辑程序代码,但不能编辑界面。单击"继续"按钮或按 F5 键继续运行程序;单击"结束"按钮停止程序运行。此模式弹出"立即"窗口,在窗口内可以输入简短命令,并立即执行,或显示检查程序运行的一些中间结果,便于对程序进行调试。

2. 菜单栏

标题栏的下方为菜单栏,其中包含 13 个菜单项。每个菜单项含有若干个菜单命令,可执行不同的操作。

(1) "文件":用于创建、打开、保存和打印工程以及生成可执行文件。

(2) "编辑":用于编辑程序代码。

(3) "视图":用于集成环境下各个窗口的打开,如代码、属性、工具箱等窗口。

(4) "工程":用于控件、模块和窗体等对象的处理。

(5) "格式":用于窗体控件的对齐和间距调整等格式化操作。

(6) "调试":用于程序的调试与查错。

（7）"运行"：用于启动程序运行、中断程序运行、结束程序运行。

（8）"查询"：在设计数据库应用程序时，用于设计 SQL 属性。

（9）"图表"：在设计数据库应用程序时，用于编辑数据库。

（10）"工具"：用于集成开发环境下编辑工具的扩展。

（11）"外接程序"：用于为工程增加或删除外接程序。

（12）"窗口"：用于调整集成开发环境下窗口的平铺、层叠等布局和列出所有打开的窗体。

（13）"帮助"：在使用 VB 过程中，遇到问题可以随时查阅联机帮助，也可以从这里系统学习 VB 的概念、使用方法和程序设计方法。

3. 工具栏

VB 提供了编辑、标准、窗体编辑器和调试共 4 种工具栏，还可以根据需要自定义其他工具栏。在默认的情况下，集成开发环境中只显示标准工具栏，其他工具栏可以通过"视图"菜单中的"工具栏"命令打开或关闭。每种工具栏都有固定和浮动两种形式，可以根据需要使其固定或浮动。

在程序开发过程中，利用工具栏可以快速获取常用的命令，提高编程效率。单击工具栏上的按钮，则执行该按钮所代表的命令。标准工具栏如图 1.8 所示，其中有 21 个按钮，代表 21 种操作，按钮的功能见表 1.1。

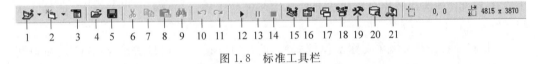

图 1.8　标准工具栏

表 1.1　标准工具栏按钮的功能

编号	名　称	功　　能
1	添加工程	添加一个新的工程，相当于"文件"菜单中的"添加工程"命令。单击该按钮添加一个标准工程，单击右边的下拉按钮，可以选择添加工程的类型
2	添加窗体	添加一个新的窗体，相当于"工程"菜单中的"添加窗体"命令，根据对话框选择要添加的窗体。单击右边的下拉按钮，可以选择添加其他对象
3	菜单编辑器	打开"菜单编辑器"对话框，相当于"工具"菜单中的"菜单编辑器"命令
4	打开工程	打开一个已有的 VB 工程文件，相当于"文件"菜单中的"打开工程"命令
5	保存工程	保存当前的工程文件，相当于"文件"菜单中的"保存工程"命令
6	剪切	把当前选择的内容剪切到剪贴板，相当于"编辑"菜单中的"剪切"命令
7	复制	把当前选择的内容复制到剪贴板，相当于"编辑"菜单中的"复制"命令
8	粘贴	把剪贴板的内容粘贴到当前插入位置，相当于"编辑"菜单中的"粘贴"命令
9	查找	打开"查找"对话框，相当于"编辑"菜单中的"查找"命令
10	撤销	撤销前面的操作

续表

编号	名　称	功　能
11	重做	恢复撤销的操作
12	启动	运行当前工程(应用程序),相当于"运行"菜单中的"启动"命令
13	中断	暂停正在运行的程序,相当于"运行"菜单中的"中断"命令;可以按 F5 键或单击"启动"按钮继续
14	结束	结束应用程序的运行,回到运行前的设计窗口,相当于"运行"菜单中的"结束"命令
15	工程资源管理器	打开工程资源管理器窗口,相当于"视图"菜单中的"工程资源管理器"命令
16	属性窗口	打开"属性"窗口,相当于"视图"菜单中的"属性窗口"命令
17	窗体布局窗口	打开"窗体布局"窗口,相当于"视图"菜单中的"窗体布局窗口"命令
18	对象浏览器	打开"对象浏览器"对话框,相当于"视图"菜单中的"对象浏览器"命令
19	工具箱	打开工具箱,相当于"视图"菜单中的"工具箱"命令
20	数据视图窗口	打开"数据视图"窗口,相当于"视图"菜单中的"数据视图窗口"命令
21	控件管理器	打开可视组件管理器(Visual Component Manager),添加相关文档或控件

在工具栏右端的数字显示区包含两个部分,左数字区显示的是对象的坐标位置(窗体工作区左上角为坐标原点),右数字区显示的是对象的大小(即宽度和高度),其单位为twip(缇),1in＝1440twip,1cm＝567twip。twip 是一种与屏幕分辨率无关的计量单位,无论在什么屏幕上,如果画了一条 1440twip 的直线,打印出来都是 1in。这种计量单位可以确保在不同的屏幕上都能保持正确的相对位置或比例关系。

在 Visual Basic 中,twip 是默认的度量单位,可以通过 ScaleMode 属性改变。

1.3.2　其他窗口

标题栏、菜单栏和工具栏所在的窗口称为主窗口。除主窗口外,Visual Basic 6.0 的集成环境还有其他一些窗口,包括窗体设计器窗口、工具箱窗口、属性窗口、工程资源管理器窗口、代码窗口、窗体布局窗口和立即窗口等。

1. 窗体窗口

窗体窗口即窗体设计器窗口,位于集成开发环境的中央,如图 1.9 所示。应用程序的用户界面设计,就是通过在窗体上画出各种所需要的控件并设置相应的属性来完成的。在一个工程文件中,每个窗体窗口都必须有一个唯一的窗体名字,建立窗体时系统赋予默认名为 Form1、Form2、Form3……

在设计模式下,窗体是可见的,其操作区间布满了小点(见图 1.9),这些小点是供对齐用的。小点是可隐藏的,小点之间的距离也可以调整。可

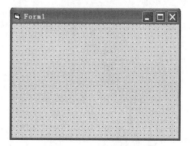

图 1.9　窗体窗口

通过“工具”菜单中的“选项”命令打开对话框,在“通用”选项卡中进行设置。

在窗体的周围,有8个矩形的尺寸控制柄,通过拖动右下方的3个实心的控制柄,可以调整窗体的大小。也可以在“属性”窗口中,通过设置窗口对象的Width(宽度)和Height(高度)属性来调整窗体对象的大小。

2. 工具箱窗口

在一般情况下,工具箱窗口位于集成开发环境的左边,如图1.10所示。工具箱中的控件分为两类,一类称为内部控件或标准控件,一类称为ActiveX控件。启动Visual Basic 6.0后,工具箱中只有20个内部控件(注意,指针不是控件,仅用于移动窗体和控件,或调整它们的大小),它们是用户图形界面的基本构件,利用这些工具,用户可以在窗体上设计各种控件。可以任意改变其大小,移动到窗体的任何位置。

在以后的章节中,将陆续介绍如何用这些工具设计应用程序。若要向工具箱中添加ActiveX控件,可通过“工程”菜单中的“部件”命令,打开对话框的“控件”选项卡,把需要的控件添加到工具箱中。

3. 属性窗口

在Visual Basic 6.0中,每个对象(即窗体或控件)都可以用一组属性来刻画其特征,而属性窗口就是用来设置窗体或窗体中控件属性的。每个Visual Basic对象都有其特定的属性,可以通过属性窗口设置,也可以通过编写代码来设置。对象的外观和对应的操作由所设置的值来确定。有些属性的取值是有一定限制的,只能进行选择;而有些属性可以为任何文本。在程序设计中,通常设置所需要的属性。

单击某个对象,使它成为当前活动对象,立即弹出该对象的属性窗口,如图1.11所示。

图1.10　工具箱

图1.11　属性窗口

除窗口标题外,属性窗口分为4部分,分别为对象框、属性显示方式、属性列表和属性解释。

对象框位于属性窗口的顶部,可以通过单击其右端的下拉箭头显示列表,其内容为应用程序中每个对象的名字及对象的类型。启动 Visual Basic 6.0 后,对象框中只含有窗体的信息。随着窗体中控件的增加,将把这些对象的有关信息加入到对象框的下拉列表中。

属性可按字母顺序或分类顺序两种方式显示,分别通过单击相应的按钮来实现。图 1.11 是按字母顺序显示的属性列表,可以通过窗口右部的垂直滚动条找到任一属性,以设置属性的当前值。属性的变化将改变相应对象的特征。

每选择一种属性(条形光标位于该属性上),在“属性解释”部分都要显示该属性名称和功能说明。

4. 工程资源管理器窗口

在 VB 中引入了软件工程的思想,把开发一个应用程序视为一项工程。工程是组成一个应用程序的文件的集合。用创建工程的方法来创建一个应用程序,利用工程资源管理器管理整个工程所要用到的资源。它采用 Windows 资源管理器风格的界面,因此,工程资源管理器窗口中包含了创建一个应用程序所需的所有文件列表。工程资源管理器窗口如图 1.12 所示。

图 1.12　工程资源管理器窗口

工程资源管理器窗口中有 3 个按钮,从左到右分别为“查看代码”“查看对象”和“切换文件夹”。

(1) 单击“查看代码”按钮,可打开或切换到“代码编辑器”窗口,查看或编辑代码。

(2) 单击“查看对象”按钮,可打开或切换到“窗体设计器”窗口,查看窗体或继续进行窗体设计。

(3) 单击“切换文件夹”按钮,则可以隐藏或显示包含在对象文件夹中的项目列表。

在工程资源管理器窗口中,通常包含各种类型的文件,这些文件类型见表 1.2。

表 1.2　工程所包含的文件类型

文 件 类 型	说　明
工程文件(.vbp)	包含与该工程有关的所有模块对象的有关信息
窗体文件(.frm)	包含窗体和控件的属性设置、窗体级的变量和通用过程的声明,每个窗体对应一个窗体文件,一个工程中可包含多个窗体文件
窗体的二进制数据文件(.frx)	存放资源的二进制数据文件(如属性窗口装入的图片等)
标准模块文件(.bas)	包含模块级的变量及供本工程内各窗体调用的通用过程的声明,该文件是可选的,一个工程中可包含多个标准模块文件
类模块文件(.cls)	用于创建含有属性和方法的用户自己的对象,该文件是可选的。本书不涉及类模块文件
资源文件(.res)	可以存放多种资源,如文本、图片、声音等,该文件是可选的,一个工程中最多只能有一个资源文件
ActiveX 控件文件(.ocx)	可以添加到工具箱并在窗体中像使用内部控件一样使用

为了便于管理,工程的各个文件最好保存到一个工程并存放在同一文件夹内。

5. 代码窗口

代码窗口也称代码设计器窗口或代码编辑器。代码窗口用于设计程序代码,使程序运行后能按规定的目标和步骤进行操作,以达到设计的要求。以下 4 种途径可以进入代码窗口。

(1) 在窗体窗口中双击当前对象(控件或窗体本身)。

(2) 从工程资源管理器中选择一个对象(窗体或模块等,这时可以看到工程资源管理器窗口中的"查看代码"和"查看对象"两个按钮被激活),单击"查看代码"按钮。

(3) 在窗体窗口的"视图"菜单中选择"代码窗口"命令。

(4) 在窗体窗口中右击当前对象(控件或窗体本身),在出现的快捷菜单中选择"查看代码"命令。

例如,双击命令按钮,屏幕上出现如图 1.13 所示的与该按钮对应的代码窗口。

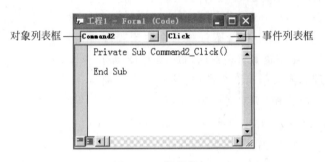

图 1.13　代码窗口

代码窗口分为以下 3 个部分。

第 1 部分是标题,它显示工程名称(工程 1)和窗体名称(Form1)。

第 2 部分是对象与事件列表框,如 Command2 表示当前的对象是命令按钮,对应命令按钮的事件是 Click(单击),对应命令按钮的事件还有 GotFocus(获取焦点)、MouseMove(移动鼠标)等。不同的对象对应不同的事件。

第 3 部分是代码区,如图 1.13 所示的窗口中显示了 Command2 对象 Click 事件的过程框架。

这时,可以在 Private Sub Command2_Click()与 End Sub 两行之间输入程序语句了。例如,输入语句 End。

这时单击工具栏上的"启动"按钮运行程序,程序运行界面如图 1.1 所示,单击"退出"按钮,结束程序的运行。

若需要更多便于编写 VB 程序代码的功能,可以通过编辑器选项来设置,操作如下。

在"工具"菜单栏中单击"选项"命令,弹出"选项"对话框(如图 1.14 所示),在对话框中选择"编辑器"选项卡,根据所需要的功能进行选择设置。

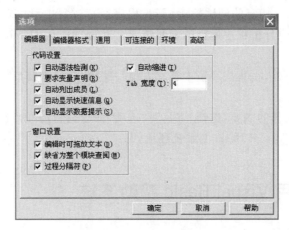

图 1.14　"选项"对话框

6. "窗体布局"窗口

"窗体布局"窗口一般位于集成开发环境的右下角,如图 1.15 所示,它用于指定程序运行时窗体在屏幕中的初始位置。主要作用是使所开发的应用程序能在各种不同分辨率的屏幕上正常运行,在多窗体应用程序中较为有用。屏幕状图形上的小框位置(Form1 窗口)就是程序运行时窗体的初始位置。若要改变其位置,可把鼠标移到该框上,当鼠标指针变成 4 个箭头形状时,按下鼠标拖动到想要的位置即可。

7. "立即"窗口

在集成开发环境中,当按 Ctrl+G 键或选择"视图"菜单中的"立即"命令时,就会在屏幕的右下方出现"立即"窗口。"立即"窗口主要用于调试应用程序,当然也可以使用该窗口立即计算并显示表达式的结果。"立即"窗口的两种用法如下。

(1) 直接在窗口中输入一行代码,然后按下 Enter 键执行,立即可以看到显示结果。图 1.16 就是在"立即"窗口输入并执行了 4 条语句:第 1 条是显示计算机系统的当前日期,第 2 条和第 3 条是分别给变量 x,y 赋值,第 4 条是显示表达式 x+y 的值。

图 1.15　"窗体布局"窗口

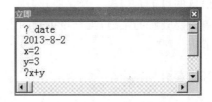

图 1.16　"立即"窗口

（2）在程序中加入特定的调试输出语句,程序运行过程中可以自动将输出结果显示在"立即"窗口中,以供分析程序运行的中间结果。在程序中用 Debug. Print 显示所关心的表达式的值。

除上述几种窗口外,在集成环境中还有其他一些窗口,这些窗口均可以通过"视图"菜单的相关菜单项打开。

用户可以根据操作的需要,选择"工具"|"选项"命令,在打开的"选项"对话框中,修改相关参数,从而确定 Visual Basic 的系统环境。

1.4   使用 Visual Basic 帮助系统

VB 提供了完备的联机帮助和自学功能,为用户学习和使用 VB 带来很大方便。VB的帮助功能不仅可以引导初学者入门,而且给出了大量的详细信息和示例,可以帮助各种层次的用户完成应用程序的设计。它是一本集程序设计指南、用户使用手册以及库函数于一体的电子词典。学会使用帮助,可以达到事半功倍的效果。

VB 的联机帮助是 MSDN Library 的内容之一。MSDN 由两张光盘组成,可以像安装 VB 一样安装该系统。安装完成后,即可在 VB 中直接使用该帮助系统。

1.4.1 使用 MSDN Library 查阅器

MSDN Library 查阅器是用 Microsoft HTML Help 系统制作的。HTML Help 文件在一个类似浏览器的窗口中显示,该窗口不像完整版本的 Internet Explorer 那样带有所有工具、书签列表和最终用户可见的图标,它只是一个分为 3 个窗格的帮助窗口。通过"帮助"菜单中的"内容""索引""搜索"或"技术支持"命令都可以进入 MSDN Library 查阅器。通过"帮助"菜单中的"内容"命令进入 MSDN Library 查阅器,如图 1.17 所示。

窗口的顶端是标题栏,第 3 行是工具栏,左侧的窗格包含各种定位方法,而右侧的窗格则显示主题内容,此窗格拥有完整的浏览器功能。任何可在 Internet Explorer 中显示的内容都可在 HTML Help 中显示。定位窗格包含"目录""索引""搜索"及"书签"选项卡。

1. "目录"选项卡

单击"目录"选项卡可浏览主题的标题。该目录是一个包含了 MSDN Library 中所有可用信息的可扩充列表。若要展开节点,在目录中单击节点前的加号(＋)可展开此节点,然后单击要查看的主题,浏览该主题的内容。若要收缩节点,单击节点前的减号(－)可收缩此节点。

2. "索引"选项卡

单击"索引"选项卡可查看索引项的列表,然后可输入一个字或滚动翻阅整个列表。与传统书籍的索引一样,一个主题通常可通过多个索引项进行检索。使用方法如下。

图 1.17　MSDN Library 查阅器

（1）单击定位窗格中的"索引"选项卡，然后输入或选择一个与所需查找的信息有关的关键字。

（2）选中关键字后，单击"显示"按钮，弹出"已找到的主题"对话框。

（3）在"已找到的主题"对话框中选择所需的主题，然后单击"显示"按钮，显示相关信息。

3. "搜索"选项卡

单击"搜索"选项卡标签，可查找到包含在某个主题中的所有词组或短语。通过将搜索限制在部分内容中或定义主题子集都可缩小搜索的范围。使用方法如下：

（1）单击定位窗格中的"搜索"选项卡，然后输入要查找的词或短语。可使用右向箭头按钮在搜索表达式中加入布尔操作符。

（2）单击"列出主题"。

（3）单击所需的主题，然后单击"显示"按钮，也可双击某主题来显示它。

4. "书签"选项卡

单击"书签"选项卡可创建或访问书签的列表。用户只需简单地标记书签中的某些主题,即可更新访问它们。

1.4.2 使用上下文相关的帮助

Visual Basic 的许多部分是上下文相关的。上下文相关意味着不必通过"帮助"菜单就可直接获得有关这些部分的帮助。例如,为了获得有关 Visual Basic 语言中任何关键字的帮助,只需将插入点置于代码窗口中的关键字上(或选中关键字)并按 F1 键,系统即刻列出此关键字的各种帮助信息。

在 Visual Basic 界面的任何上下文相关部分上按 F1 键,即可显示有关该部分的信息。上下文相关部分包括以下内容。

(1) Visual Basic 中的每个窗口("属性"窗口、代码窗口等);

(2) 工具箱中的控件;

(3) 窗体或文档对象内的对象;

(4) "属性"窗口中的属性;

(5) Visual Basic 关键词(声明、函数、属性、方法、事件和特殊对象);

(6) 错误信息。

一旦打开帮助系统,按 F1 键即可获得怎样使用帮助的信息。

例如,为了获取关键字 Private 的帮助,只需将插入点置于代码窗口的关键字 Private 中(或选中 Private 关键字),如图 1.18 所示。然后按 F1 键即可获得有关 Private 的帮助,如图 1.19 所示。

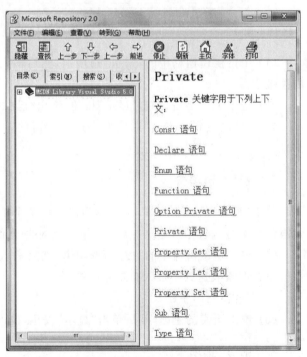

图 1.18 代码窗口   图 1.19 Private 的帮助信息

1.4.3　从 Internet 上获取帮助

若能够访问 Internet，就可以从网上获取有关 VB 的更多信息。

VB 主页为(随着时间的推移，网址可能有变化)：

- http://msdn.microsoft.com/vbasic/
- http://www.microsoft.com/china/msdn/vbasic/
- http://support.microsoft.com/ph/2971/zh-cn/

在确认计算机已正常连接 Internet 的情况下，可以从 VB"帮助"菜单中选择"Web 上的 Microsoft"命令，再从子菜单中选择合适的选项(包括"免费资料""产品信息""常见问题""联机支持"等)，获取帮助。

能从网上获取的知识有 VB 入门知识、常见错误等基础知识、VB 编程技巧与经验、疑难解答等。许多站点上还有例子和源程序可供下载，因此通过 Internet 来学习 VB 不失为一种好方法。

1.5　练习

1. VB 是一种_____的可视化程序设计语言。

    A. 面向问题　　　　B. 面向机器　　　　C. 面向过程　　　　D. 面向对象

2. VB 采用的是_____的编程机制。

    A. 面向过程　　　　B. 事件驱动　　　　C. 可视化　　　　D. 面向对象

3. VB 是_____的应用程序开发工具。

    A. 8 位　　　　B. 16 位　　　　C. 32 位　　　　D. 64 位

4. VB 共有 3 个版本，按功能从弱到强的顺序排列应是_____。

    A. 学习版、专业版和工程版　　　　　　B. 学习版、工程版和专业版

    C. 学习版、企业版和专业版　　　　　　D. 学习版、专业版和企业版

5. 启动 Visual Basic 后，将首先显示版权屏幕，稍后便显示_____。

    A. 不包含窗体的编程环境界面

    B. "新建工程"对话框，让用户选择所需的"工程类型"

    C. 已包含一个窗体的编程环境

    D. 以上选项都不对

6. 下面不属于 VB 集成开发环境的 3 种工作模式之一的是_____。

    A. 设计状态　　　　B. 编辑状态　　　　C. 运行状态　　　　D. 中断状态

7. VB 集成开发环境有 3 种工作模式，工作模式显示在_____。

    A. 状态栏的最左方　　　　　　　　　　B. 状态栏的最右方

    C. 状态栏的中括号内　　　　　　　　　D. 标题栏的中括号内

8. VB 集成开发环境可以_____。

    A. 编辑、调试、运行程序，但不能生成可执行程序

B. 编辑、生成可执行程序、运行程序,但不能调试程序

C. 编辑、调试、生成可执行程序,但不能运行程序

D. 编辑、调试、运行程序,也能生成可执行程序

9. 窗体设计器的主要功能是_____。

    A. 设计窗体的外观　　　　　　　　　　B. 设计用户界面

    C. 编写源程序代码　　　　　　　　　　D. 设置对象属性

10. 双击窗体中的对象后,VB打开的窗口是_____。

    A. 工程资源管理器窗口　　　　　　　　B. 代码窗口

    C. 属性窗口　　　　　　　　　　　　　D. 立即窗口

11. 不能打开代码窗口的操作是_____。

    A. 双击窗体设计器的网点区域

    B. 按下 F3 键

    C. 单击工程资源管理器窗口中的"查看代码"按钮

    D. 选择"视图"菜单下的"代码窗口"命令

12. 在_____中设置对象的属性。

    A. 窗体布局窗口　　　　　　　　　　　B. 工程资源管理器窗口

    C. 属性窗口　　　　　　　　　　　　　D. 窗体窗口

13. 不能打开属性窗口的操作是_____。

    A. 单击工具栏中的"属性窗口"按钮

    B. 选择"视图"菜单中的"属性窗口"命令

    C. 在对象上单击右键,从弹出的快捷菜单中选择"属性窗口"命令

    D. 选择"工程"菜单中的"属性窗口"命令

14. 以下_____操作不能打开属性窗口。

    A. 按下 F4 键

    B. 单击工具栏上的"属性窗口"按钮

    C. 选择"视图"菜单中的"属性窗口"命令

    D. 双击任何一个对象

15. 扩展名为.vbp 的工程文件中包含_____。

    A. 工程中所有模块的有关信息

    B. 每个窗体模块中的所有控件的有关信息

    C. 每个模块中所有变量的有关信息

    D. 每个模块中所有过程的有关信息

第 2 章

简单的面向对象程序设计

Visual Basic 是面向对象的可视化程序设计语言,正确地理解和掌握相关概念,是学习 Visual Basic 程序设计的基础。本章将通过一个引例介绍面向对象程序设计涉及的相关概念、程序设计所需的窗体和基本控件,程序设计的方法和风格,创建应用程序的步骤、编码规则。

引例:设计一个一位数加法运算的应用程序,其运行界面如图 2.1 所示。当用户在"+"两边的文本框中分别输入数据后,再单击"计算"按钮时,"+"号两边的一位整数的和在"="号右边显示;当单击"下一题"按钮时,文本框中的值清空,并在第一个文本框中有焦点,等待用户输入数据。

图 2.1   引例程序运行界面

由于初次接触 Visual Basic 程序设计,引例应用程序不是很完善,但可以实现基本的运算功能。设计这个应用程序,涉及一些概念,如对象、类、属性、事件和方法等,这些都是与面向对象编程技术相关的概念。这个应用程序虽然比较简单,但也包含一般程序设计的方法和步骤,也要遵循编写应用程序的一般规则。

2.1   关于面向对象程序设计的方法

2.1.1   面向对象程序设计方法的优点

面向对象(Object Oriented,OO)程序设计方法是一种把面向对象的思想应用于软件开发过程中、指导开发活动的系统方法,是建立在"对象"概念基础上的方法学。面向对象方法和技术历经多年的研究和发展,已经越来越成熟和完善,面向对象方法被誉为"研究高技术的好方法"。

1967年挪威计算中心的 Kisten Nygaard 和 Ole Johan Dahl 开发了 Simula 67 语言,它提供了比子程序更高一级的抽象和封装,引入了数据抽象和类的概念,它被认为是第一个面向对象语言。20 世纪 70 年代初,Palo Alto 研究中心的 Alan Kay 所在的研究小组开发出 Smalltalk 语言,之后又开发出 Smalltalk-80,Smalltalk-80 被认为是最纯正的面向对象语言,它对后来出现的面向对象语言,如 Object-C,C++,Self,Eiffel 都产生了深远的影响。随着面向对象语言的出现,面向对象程序设计也就应运而生且得到迅速发展。之后,面向对象不断向其他阶段渗透,1980 年,Grady Booch 提出了面向对象设计的概念,之后面向对象分析开始。1985 年,第一个商用面向对象数据库问世。1990 年以来,面向对象分析、测试、度量和管理等研究都得到长足发展。

面向对象方法的本质,是主张从客观世界固有的事物出发来构造系统,提倡用人类在现实生活中常用的思维方法来认识、理解和描述客观事物,强调最终建立的系统能够映射问题域,使得系统中的对象,以及对象之间的关系能够如实地反映问题域中固有的事物及其关系。

面向对象程序设计方法具有以下优点。

1. 与人类习惯的思维方法一致

传统的程序设计方法是面向过程的,其核心方法是以算法为核心,把数据和过程作为相互独立的部分,数据代表问题空间中的客体,程序则用于处理这些数据。由于在计算机内部数据和程序是分开存放的,所以,总存在使用错误的数据调用正确的程序模块,或使用正确的数据调用错误的程序模块的危险。其原因是,传统的程序设计方法忽略了数据和操作之间的内在联系,用这种方法设计出来的软件系统其解空间与问题空间不一致,使人感到难于理解。实际上,用计算机解决的问题都是现实世界中的问题,这些问题无非由一些相互间存在一定联系的事物所组成。每个具体的事物都具有行为和属性两方面的特征。因此,把描述事物静态属性的数据结构和表示事物动态行为的操作放在一起构成一个整体,才能完整、自然地表示客观世界中的实体。

面向对象的软件技术以对象(Object)为核心,用这种技术开发出的软件系统由对象组成。对象是对现实世界实体的正确抽象,它是由描述内部状态表示静态属性的数据,以及可以对这些数据施加的操作(表示对象的动态行为),封装在一起所构成的统一体。对象之间通过传递消息互相联系,以模拟现实世界中不同事物彼此之间的联系。

面向对象的设计方法与传统的面向过程的方法有本质不同,这种方法的基本原理是,使用现实世界的概念抽象地思考问题,从而自然地解决问题。它强调模拟现实世界中的概念而不强调算法,它鼓励开发者在软件开发的绝大部分过程中都用应用领域的概念去思考。在面向对象的设计方法中,计算机的观点是不重要的,现实世界的模型才是最重要的。面向对象的软件开发过程自始至终都围绕着建立问题领域的对象模型来进行:对问题领域进行自然的分解,确定需要使用的对象和类,建立适当的类等级,在对象之间传递消息实现必要的联系,从而按照人们习惯的思维方式建立起问题领域的模型,模拟客观世界。

传统的软件开发过程可以用"瀑布"模型来描述,这种方法强调自顶向下按部就班地完成软件开发工作。事实上,人们认识客观世界解决现实问题的过程,是一个渐进的过程,人的认识需要在继承以前的有关知识的基础上,经过多次反复才能逐步深化。在人的认识深化过程中,既包括从一般到特殊的演绎思维过程,也包括了从特殊到一般的归纳思维过程。人在认识和解决复杂问题时使用的最强有力的思维工具是抽象,也就是在处理复杂对象时,为了达到某个分析目的,集中研究对象的与此目的有关的实质,忽略该对象的那些与此目的无关的部分。

面向对象方法学的出发点和基本原则,就是分析、设计和实现一个软件系统的方法和过程,尽可能接近人们认识世界解决问题的方法和过程,也就是使描述问题的问题空间和描述解法的解空间在结构上尽可能一致。也可以说,面向对象方法学的基本原则,是按照人们习惯的思维方式建立问题域的模型,开发出尽可能直观、自然地表现求解方法的软件系统。面向对象的软件系统中广泛使用的对象,是对客观世界中实体的抽象,对象实际上是抽象数据类型的实例,提供了理想的数据抽象机制,同时又具有良好的过程抽象机制(通过发消息使用公有成员函数)。对象类是对一组相似对象的抽象,类等级中上层的类是对下层类的抽象。因此,面向对象的环境提供了强有力的抽象机制,便于人在利用计算机软件系统解决复杂问题时使用习惯的抽象思维工具。此外,面向对象方法学中普遍进行的对象分类过程,支持从特殊到一般的归纳思维过程;面向对象方法学中通过建立类等级而获得的继承特性,支持从一般到特殊的演绎思维过程。

面向对象的软件技术为开发者提供了随着对某个应用系统的认识逐步深入和具体化的过程而逐步设计和实现该系统的可能性,因为可以先设计出由抽象类构成的系统框架,随着认识深入和具体化再逐步派生出更具体的派生类。这样的开发过程符合人们认识客观世界解决复杂问题时逐步深化的渐进过程。

2. 稳定性好

传统的软件开发方法以算法为核心,开发过程基于功能分析和功能分解。用传统方法所建立起来的软件系统的结构紧密依赖于系统所要完成的功能,当功能需求发生变化时将引起软件结构的整体修改。事实上,用户需求变化大部分是针对功能的,因此,这样的软件系统是不稳定的。

面向对象程序设计方法基于构造问题领域的对象模型,以对象为中心构造软件系统。它的基本做法是用对象模拟问题领域中的实体,以对象间的联系刻画实体间的联系。因为面向对象的软件系统的结构是根据问题领域的模型建立起来的,而不是基于对系统应完成的功能的分解,所以,当对系统的功能需求变化时,并不会引起软件结构的整体变化,往往仅需要做一些局部性的修改。例如,从已有类派生出一些新的子类以实现功能扩充或修改,增加或删除某些对象等。总之,由于现实世界中的实体是相对稳定的,因此,以对象为中心构造的软件系统也是比较稳定的。

3. 可重用性好

用已有的零部件装配新的产品是典型的重用技术,例如,可以用已有的预制件建筑一幢结构和外形都不同于从前的新大楼。重用是提高生产率的最主要的方法。软件重用是指在不同的软件开发过程中重复使用相同或相似软件元素的过程。重用是提高软件生产率的最主要方法。

传统的软件重用技术是利用标准函数库,也就是试图用标准函数库中的函数作为"预制件"来建造新的软件系统。但是,标准函数缺乏必要的"柔性",不能适应不同应用场合的不同需要,并不是理想的可重用的软件成分。实际的库函数往往仅提供最基本、最常用的功能,在开发一个新的软件系统时,通常多数函数是开发者自己编写的,甚至绝大多数函数都是新编的。

使用传统方法学开发软件时,人们认为具有功能内聚性的模块是理想的模块,也就是说,如果一个模块完成一个且只完成一个相对独立的子功能,那么这个模块就是理想的可重用模块,而且这样的模块也更容易维护。基于这种认识,通常尽量把标准函数库中的函数做成功能内聚的。但是,事实上具有功能内聚性的模块并不是自含的和独立的,相反,它必须在数据上运行。如果要重用这样的模块,则相应的数据也必须重用。如果新产品中的数据与最初产品中的数据不同,则要么修改数据,要么修改这个模块。

事实上,离开了操作,数据便无法处理,而脱离了数据的操作也是毫无意义的,所以,我们应该对数据和操作同样重视。在面向对象方法所使用的对象中,数据和操作正是作为平等伙伴出现的,因此,对象具有很强的自含性。此外,对象所固有的封装性和信息隐藏机理,使得对象的内部实现与外界隔离,具有较强的独立性。由此可见,对象类提供了比较理想的模块化机制和比较理想的可重用的软件成分。

面向对象的软件开发技术在利用可重用的软件成分构造新的软件系统时有很大的灵活性。有两种方法可以重复使用一个对象类:一种方法是创建该类的实例,从而直接使用它;另一种方法是从它派生出一个满足当前需要的新类。继承性机制使得子类不仅可以重用其父类的数据结构和程序代码,而且可以在父类代码的基础上方便地修改和扩充,这种修改并不影响对原有类的使用。由于可以像使用集成电路(IC)构造计算机硬件那样,比较方便地重用对象类来构造软件系统,因此,有人把对象类称为"软件 IC"。

面向对象的软件技术所实现的可重用性是自然的和准确的,在软件重用技术中它是最成功的一个。

4. 较易开发大型软件产品

当开发大型软件产品时,组织开发人员的方法不恰当往往是出现问题的主要原因。用面向对象范型开发软件时,可以把一个大型产品看作是一系列本质上相互独立的小产品来处理,这就不仅降低了开发的技术难度,而且也使得对开发工作的管理变得容易多了。这就是为什么对于大型软件产品来说,面向对象范型优于结构化范型的原因之一。许多软件开发公司的经验都表明,当把面向对象技术用于大型软件开发时,软件成本明显地降低了,软件的整体质量也提高了。

5．可维护性好

用传统方法和面向过程语言开发出来的软件很难维护，是长期困扰人们的一个严重问题，是软件危机的突出表现。

由于下述因素的存在，使得用面向对象方法所开发的软件可维护性好。

（1）面向对象的软件稳定性比较好。

如前所述，当对软件的功能或性能的要求发生变化时，通常不会引起软件的整体变化，往往只需对局部做一些修改。由于对软件所需做的改动较小且限于局部，自然比较容易实现。

（2）面向对象的软件比较容易修改。

如前所述，类是理想的模块机制，它的独立性好，修改一个类通常很少会牵扯到其他类。如果仅修改一个类的内部实现部分（私有数据成员或成员函数的算法），而不修改该类的对外接口，则可以完全不影响软件的其他部分。

面向对象软件技术特有的继承机制，使得对软件的修改和扩充比较容易实现，通常只须从已有类派生出一些新类，无须修改软件原有成分。

面向对象软件技术的多态性机制，使得当扩充软件功能时对原有代码所需做的修改进一步减少，需要增加的新代码也比较少。

（3）面向对象的软件比较容易理解。

在维护已有软件的时候，首先需要对原有软件与此次修改有关的部分有深入理解，才能正确地完成维护工作。传统软件之所以难以维护，在很大程度上是因为修改所涉及的部分分散在软件各个地方，需要了解的面很广，内容很多，而且传统软件的解空间与问题空间的结构很不一致，更增加了理解原有软件的难度和工作量。

面向对象的软件技术符合人们习惯的思维方式，用这种方法所建立的软件系统的结构与问题空间的结构基本一致。因此，面向对象的软件系统比较容易理解。

对面向对象软件系统所做的修改和扩充，通常通过在原有类的基础上派生出一些新类来实现。由于对象类有很强的独立性，当派生新类的时候通常不需要详细了解基类中操作的实现算法。因此，了解原有系统的工作量可以大幅度下降。

（4）易于测试和调试。

为了保证软件质量，对软件进行维护之后，必须进行必要的测试，以确保要求修改或扩充的功能按照要求正确地实现了，而且没有影响到软件不该修改的部分。如果测试过程中发现了错误，还必须通过调试改正过来。显然，软件是否易于测试和调试，是影响软件可维护性的一个重要因素。

对面向对象的软件进行维护，主要通过从已有类派生出一些新类来实现。因此，维护后的测试和调试工作也主要围绕这些新派生出来的类进行。类是独立性很强的模块，向类的实例发消息即可运行它，观察它是否能正确地完成要求它做的工作，对类的测试通常比较容易实现，如果发现错误也往往集中在类的内部，比较容易调试。

2.1.2　面向对象程序设计方法的相关概念

在第1章介绍Visual Basic的特点时提到,Visual Basic既保留结构化程序设计语言的功能,又支持面向对象程序设计编程技术。面向对象程序设计和问题求解更符合人们日常自然的思维习惯,以对象为中心构造的软件系统相比传统的以算法为核心的软件开发方法所建立起的软件系统是比较稳定的,在利用可重用的软件成分构造新的软件系统时有很大的灵活性,易于开发大型软件产品且易于维护。面向对象程序的基本组成成分是对象与类。

面向对象程序设计
方法的相关概念

1. 对象和类

对象(Object)和类(Class)的概念是面向对象编程技术的核心。在面向对象的程序设计中,对象是系统中的基本运行实体。

1) 对象

对象可以用来表示客观世界中的任何实体,它既可以是具体的物理实体的抽象,也可以是人为的概念,或者是任何有明确边界和意义的东西。例如某个人、某部手机、某台计算机、某家公司、某本书、某个银行账号、借款和贷款等。总之,不管是复杂的对象还是简单的对象,也不管是有生命的对象还是无生命的对象,它们都是具有某些静态的特征及动态的行为的具体事物的描述。如一部"诺基亚"手机是一个对象,它有静态的特征(品牌、型号、价格、尺寸、外壳、颜色等),又有响铃、呼叫、开机和关机等动态的行为。

在Visual Basic系统中,窗体本身就是一个对象,通过工具箱往窗体中添加的各类控件,例如,往引例窗体中添加的Label1、Label2、Label3、Text1、Text2、Text3、Command1、Command2都是对象。如窗体对象,它有Name、Caption、Left、Top、Width、Height等特征,有Print、Cls、Move等行为,有外界作用于窗体的Click、DblClick等各种动作。

面向对象的程序设计中的对象是构成系统的一个基本单位,是对问题域中某个实体的抽象,设立某个对象就反映了软件系统保存有关它的信息并具有与它进行交互的能力。在面向对象程序设计中,把对象的特征称为属性,对象的行为称为方法,外界作用于对象的各种动作称为事件,这就是构成对象的三要素。客观世界中的实体通常既具有静态的属性,又具有动态的行为,因此,面向对象方法学中的对象是由描述该对象属性的数据以及可以对这些数据施加的所有操作封装在一起构成的统一体。对象可以做的操作表示它的动态行为,在面向对象分析和面向对象设计中,通常把对象的操作也称为方法和服务。

对象具有以下特点。

(1) 标识唯一性。指对象是可区分的,并且由对象的内在本质来区分,而不是通过描述来区分。

(2) 分类性。指可以将具有相同属性和操作的对象抽象成类。

(3) 多态性。指同一个操作可以是不同对象的行为。

(4) 封装性。从外面看只能看到对象的外部特性,即只需知道对象属性(数据)的取值范围和可以对该对象属性(数据)施加的行为(操作),根本无须知道对象属性(数据)的具体结构以及实现行为(操作)的算法。对象的内部,即处理能力的实现和内部状态,对外是不可见的。从外面不能直接使用对象的处理能力,也不能直接修改其内部状态,对象的内部状态只能由其自身改变。

(5)模块独立性。对象是面向对象软件的基本模块,它是由数据及可以对这些数据施加的操作所组成的统一体,而且对象是以数据为中心的,操作围绕对其数据所需做的处理来设置,没有无关的操作。从模块的独立性考虑,对象内部各种元素彼此结合得很紧密,内聚性强。

2) 类

在研究对象时,主要考虑对象的属性和行为,有些不同的对象会呈现相同或相似的属性和行为,通常将属性及行为相同或相似的对象归为一类,类是对象的抽象,代表了此类对象所具有的共有属性和行为。简单地说,类是具有相同或相似行为和属性的对象的集合与抽象,是创建对象实例的模板,它包含创建对象的属性描述和行为特征的定义。

在现实世界中,如在手机市场上看到的各种各样的具体的某部手机都符合手机的属性描述和行为特征,都属于手机这个类。

面向对象的程序设计主要是建立在类和对象的基础上。通常的面向对象程序设计中的类是由程序员自己设计的。而在 VB 中,类可由系统设计好,也可由程序员自己设计(本书不做介绍)。在 VB 中,工具箱上的可视类图标是 VB 系统设计好的标准控件类,此外,VB 还在"工程"菜单的"部件"项中加入大量的 ActiveX 控件类。

在面向对象程序设计中,类包含所创建对象属性的数据,以及对这些数据进行操作的方法定义。封装和隐藏是类的重要特性,它将数据的结构和对数据的操作封装在一起,实现了类的外部特性和类内部的隔离。类的内部实现细节对用户来说是无关紧要的,用户只需了解类的外部特性即可。这如同购买一部手机,用户只要了解手机的型号、颜色、功能、开关等外部特征,而不必了解手机内部结构一样。

3) 类与对象(实例)的关系

类是对象的定义,而对象是类的一个实例。现实世界中,某一部具体的手机就是手机的一个实例,是一个对象,而手机就是一个类。在 Visual Basic 面向对象程序设计中,通过将类实例化,可以得到真正的控件对象。也就是当在窗体上画一个控件时,就将类转换为对象,即创建了一个控件对象,简称为控件。例如,工具箱上的 TextBox 控件是类,它确定了 TextBox 的属性、方法和事件。往窗体上添加的 Text1、Text2、Text3 是对象,是 TextBox 类的实例化,它们继承了 TextBox 类的特征,用户也可以根据需要修改这些对象各自的属性。

除了通过利用控件类产生控件对象外,VB 还提供了系统对象,例如,打印机(Printer)、剪贴板(Clipboard)、屏幕(Screen)和应用程序(App)等。

窗体是一个特例,它既是类,也是对象。当向一个工程添加一个新窗体时,其实质就是由窗体类创建了一个窗体对象。

2. 消息

消息(Message)是对象之间进行通信的一种机制。消息是一个对象与另一个对象之间传递的信息,它请求对象执行某一处理或回答某一要求的信息,它统一了数据流和控制流。消息的使用类似于函数调用,消息中指定了某一个对象、一个操作名和一个参数表(可空)。接收消息的对象执行消息中指定的操作,并将形式参数与参数表中相应的值结合起来。消息传递过程中,由发送消息的对象的触发操作产生输出结果,作为消息传送至接收消息的对象,引发接收消息的对象一系列的操作。所传送的消息实质上是接收对象所具有的操作/方法名称,有时还包括相应的参数,图 2.2 表示消息传递的概念。

图 2.2　消息传递示意图

消息中只包含传递者的要求,它告诉接收者需要做哪些处理,但并不指示接收者应该怎样完成这些处理。消息完全由接收者解释,接收者独立决定采用什么方式完成所需的处理,发送者对接收者不起任何控制作用。一个对象能够接收不同形式、不同内容的多个消息;相同形式的消息可以送往不同的对象,不同的对象对于形式相同的消息可以有不同的解释,能够做出不同的反应。一个对象可以同时往多个对象传递信息,两个对象也可以同时向某个对象传递消息。

例如,一部手机具有"响铃"这个行为,如果要让该手机响铃,就需要给该手机对象传送"响铃"的消息。

在面向对象程序设计中,通常,一个消息由下述 3 部分组成。

(1) 接收消息的对象名称;

(2) 消息标识符(也称为消息名);

(3) 零个或多个参数。

例如,在 Visual Basic 6.0 中,在窗体对象 Form1 上绘制一个半径为 30twip、圆心位于(40,40)的圆,应向它发送以下消息:

```
Form1.Circle(40,40),30
```

其中"Form1"为接收消息的对象名字,"Circle"为消息名,"(40,40),30"为消息的参数。

3. 继承

继承(Inhertance)是父类和子类之间共享数据方法的机制。继承是使用已有的类定义作为基础建立新类的定义技术。已有的类可当作基类来引用,则新类相应地可当作派生类来引用。

广义地说,继承是指能够直接获得已有的性质和特征,而不必重复定义它们。

面向对象软件技术的许多强有力的功能和突出的优点,都来源于把类组成一个层次结构的系统:一个类的上层可以有父类,下层可以有子类。这种层次结构系统中的一个重要性质是继承性,一个类直接继承其父类的描述(数据和操作)或特性,子类自动地共享基类中定义的数据和方法。

为了使读者更深入、更具体地理解继承性的含义,图 2.3 给出了实现继承机制的原理图。

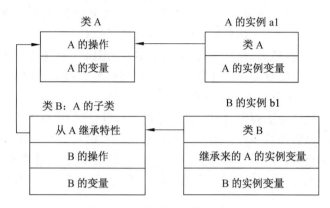

图 2.3　实现继承机制的原理图

图中以 A、B 两个类为例,其中,类 B 是从类 A 派生出来的子类,它除了具有自己定义的特性(数据和操作)之外,还从父类 A 继承特性。创建类 A 的实例 a1 时,a1 以类 A 为样板建立实例变量。

当创建类 B 的实例 b1 时,b1 既要以类 B 为样板建立实例变量,又要以类 A 为样板建立实例变量,b1 所能执行的操作既有类 B 中定义的方法,又有类 A 中定义的方法,这就是继承。

继承具有传递性,如果类 C 继承类 B,类 B 继承类 A,则类 C 继承类 A。因此,一个类实际上继承了它上层的全部基类的特性,也就是说,属于某类的对象除了具有该类所定义的特性外,还具有该类上层全部基类定义的特性。

继承分为单继承与多重继承。单继承是指一个类只允许有一个父类,即类等级为树状结构。多重继承是指一个类允许有多个父类。多重继承的类可以组合多个父类的性质构成所需要的性质。因此,功能更强,使用更方便。但是,使用多重继承时要注意避免二义性。继承性的优点是,相似的对象可以共享程序代码和数据结构,从而大大减少了程序中的冗余信息,提高软件的可重用性,便于软件修改维护。另外,继承性使得用户在开发新的应用系统时不必完全从零开始,可以继承原有的相似系统的功能或者从类库中选取需要的类,再派生出新的类以实现所需要的功能。

4. 多态性

多态性(Polymorphism)是形态多样性和状态(选择)多样性的简称。在哲学意义上,多态性反映了世界在时间和空间中存在的千姿百态和变化莫测。在生物、软件技术以及文化范畴,多态性概念应用较多。

在面向对象的程序设计中,多态性是指相同的操作或函数、过程可作用于多种类型的对象上并获得不同的结果。即不同类的对象收到相同的消息时,得到不同的结果。对象根据所接收的消息而做出动作,同样的消息被不同的对象接收时可能导致完全不同的行为,这种现象称为多态性。

例如,一台彩色打印机和一台黑白打印机都接收 Print 的消息,打印的结果明显不一样,一个是彩色的,一个是黑白的。Print 消息被发送给一图或表时调用的打印方法与将同样的 Print 消息发送给一正文文件而调用的打印方法会完全不同,因此,其打印结果也不同。在 Visual Basic 6.0 中,如果要画圆,都调用相同的 Circle 方法,但由于在调用时设置的参数不同,就可以得到圆、椭圆、圆弧和扇形不同的图形。如果要画直线或矩形,都调用相同的 Line 方法,但在调用时通过设置不同的参数,可以画出不同颜色和不同粗细的直线,还可以画出不同颜色和大小的矩形。

多态性机制不仅增加了面向对象软件系统的灵活性,进一步减少了信息冗余,而且显著地提高了软件的可重用性和可扩充性。当扩充系统功能增加新的实体类型时,只需派生出与新实体类相应的新的子类,完全无须修改原有的程序代码,甚至不需要重新编译原有的程序。利用多态性,用户能够发送一般形式的消息,而将所有的实现细节都留给接收消息的对象。

2.1.3　对象的建立和基本操作

在设计用户界面时,要在窗体上建立各种所需要的控件对象。也就是说,除窗体外,设计用户界面的主要工作就是建立控件对象。

1. 对象的建立和命名

建立对象可用以下两种方法。

(1) 单击工具箱上的某标准控件类,该图标呈反相显示。把光标移到窗体上,此时光标变为"+"号("+"号的中心就是控件左上角的位置),在窗体上按住鼠标左键,并向右下方拖拉到所需要的大小后释放。

(2) 双击工具箱上的某个标准控件类,则立即在窗体中央出现一个默认大小的对象框。用该方法建立的控件对象,其大小和位置是固定的。

在一般情况下,工具箱中的指针(左上角的箭头)是反相显示的。单击某个标准控件类后,该控件图标反相显示(此时指针不再反相显示),此时,可在窗体上建立相应的控件对象。控件对象建立完成后,其对应的标准控件类不再反相显示,指针恢复反相显示。也就是说,每单击一次工具箱中的某个标准控件类,只能在窗体上建立一个相应的控件对象。如果要建立多个某种类型的控件对象,必须多次单击相应的标准控件类图标。

为了能单击一次控件类图标,即可在窗体上建立多个相同类型的控件对象,可按如下步骤操作。

(1) 按下 Ctrl 键,不要松开。

(2) 单击工具箱中某标准控件类,然后松开 Ctrl 键。

(3) 在窗体上用拖拉的方法,可建立多个控件对象。

(4) 建立完控件对象后,单击工具箱中的指针图标(或其他图标)。

每一个对象都有自己的名字。每个窗体、控件对象在建立时 VB 系统给出了一个默认名字。用户可通过属性窗口设置(名称)来给对象命名。对象的命名应遵循以下规则:

（1）必须由字母或汉字开头，随后可以是字母、汉字、数字、下画线（最好不用）组成。

（2）长度不超过 255 个字符。

2. 对象的基本操作

1）选定对象

要对某对象进行操作，只要单击欲操作的对象，就可选定该对象。这时选中的对象周围出现 8 个尺寸控制柄。

若要同时对多个对象进行操作，则要同时选中多个对象。有以下两种方法。

（1）拖动鼠标指针，将欲选定的对象包围在一个虚线框内即可。

（2）先选定一个对象，按住 Ctrl 健，再单击其他要选定的控件。

例如，要对多个对象设置相同的字体，只要选定多个对象，再进行字体属性设置，则选定的多个对象就具有相同的字体。

要取消选定的对象，只要单击控件对象的外部即可。

2）控件对象的缩放和移动

用上面的方法在窗体上建立的控件对象，其大小和位置不一定符合设计要求，此时可对控件对象进行放大、缩小或移动其位置。

选中要放大或缩小的控件对象，将鼠标指针指向尺寸柄，当鼠标出现双箭头时，按下鼠标左键即可左右或上下拖动，将其放大或缩小。

把鼠标指向要移动的控件对象，按住鼠标左键，然后移动鼠标，即可将控件对象移动到窗体中的任何位置。

3）控件对象的复制和删除

（1）复制控件对象。

选中要复制的对象，分别单击工具栏上的"复制"和"粘贴"按钮，这时会显示是否要创建控件数组的提示对话框，如图 2.4 所示。单击"否"按钮，就复制了标题相同而名称不同的对象。

注意：初学者最好不要用"复制"和"粘贴"的方法来新建控件，因为用这种方法容易建立成控件数组，造成后面编写事件过程时出现问题。

图 2.4　创建控件数组提示对话框

（2）删除控件对象。

选中要删除的控件对象，然后按 Del 键。

2.1.4　对象的三要素

在 VB 中，实例化的控件对象具有属性、事件和方法三要素。对象是具有特殊属性（数据）和行为方式（方法）的实体。建立一个对象后，其操作通过与该对象有关的属性、事件和方法来描述。

对象的三要素

1. 属性

VB 程序中的对象都有许多属性,不同的对象有不同的属性,它们是用来描述和反映对象特征的参数,对象中的数据保存在属性中。对象常见的属性有名称(Name)、标题(Caption)、颜色(Color)、字体(FontName)、是否可见(Visible)等。属性决定了对象展现给用户的界面具有什么样的外观及功能。可以通过以下两种方法设置对象的属性。

(1) 在界面设计阶段,利用如图 1.11 所示的属性窗口直接设置对象的属性值。

(2) 在程序代码中通过赋值实现,其格式为:对象名. 属性名称=属性值。

例如,在引例中,要在程序运行时,按钮 Command1 显示为"计算",可通过以下两种方法实现。

第一种方法:在属性窗口中,设置 Command1 按钮的 Caption 属性值为"计算",如图 2.5 所示。

第二种方法:在代码窗口中输入程序代码:Command1. Caption="计算",如图 2.6 所示。

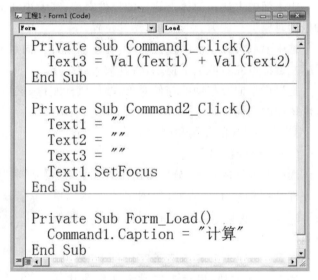

图 2.5 在属性窗口中设置属性值   图 2.6 在代码窗口中设置属性值

通常对于反映对象外观特性的、程序运行中不变的属性,在程序界面设计阶段完成,而一些内在的、程序运行中可变的属性则在代码窗口中通过编程实现。

2. 事件

1) 事件

Visual Basic 是采用事件驱动编程机制的语言。对于对象而言,事件(Event)就是 Visual Basic 预先设置好的、能够被对象识别的动作。例如,Click(单击)、DblClick(双击)、Change(改变)、Load(装入)、GotFocus(获取焦点)、KeyPress(键盘按下)等。

不同的对象能够识别不同的事件,对象的事件是固定的,用户不能建立新的事件。每一个事件都有一个固定的名称,不能写错或用作其他的用处。

利用这种机制编程,用户不必写一个很大的程序,只需写较小的程序,该程序由若干很小的程序组成,这些小的程序可以由用户启动的事件来激发。

2) 事件过程

当事件由用户触发(如 Click)或由系统触发(如 Load)时,对象就会对该事件做出响应。响应某个事件后所执行的操作(完成的功能)通过一段程序代码来实现,这样的一段程序代码叫做事件过程(Event Procedure)。

一个对象可以识别一个或多个事件,因此可以使用一个或多个事件过程对事件做出响应。事件过程一般由用户编写,但有的事件过程则由系统确定,用户不必编写。编写事件过程的一般格式为:

```
Private sub 对象名_事件名([参数列表])
    实现功能的程序代码
End Sub
```

其中:

"对象名"指的是该对象的 Name 属性。初学者一般用控件的默认名称。

"事件名"是由 Visual Basic 预先定义好的赋予该对象的事件,并且这个事件必须是该对象能够识别的。

参数列表:一般无,有些事件带有参数。

例如,在引例的代码窗口中(见图 2.6),要实现计算功能的事件过程如下。

```
Private Sub Command1_Click()
Text3=Val(Text1)+Val(Text2)
End Sub
```

3) 事件驱动

在传统的面向过程的应用程序中,应用程序自身控制了执行哪一部分代码和按何种顺序执行代码,即代码的执行是从第一行开始,随着程序流程执行代码的不同部分。程序执行的先后次序由设计人员编写的代码决定,用户无法改变程序的执行流程。

在 VB 中,程序的执行发生了根本的变化。程序执行后系统等待某个事件的触发,然后去执行处理此事件的事件过程,待事件过程执行完后,系统又处于等待某事件触发的状态,这就是事件驱动程序设计方式。例如,在引例中,执行"计算"还是"下一题"按钮,与程序设计者无关,只取决于用户。用户对这些事件驱动的顺序决定了代码执行的顺序,因此,应用程序每次运行时所经过的代码路径可能都是不同的。

VB 程序的执行步骤如下。

(1) 启动应用程序,装载和显示窗体;

(2) 对象等待事件的触发;

(3) 事件触发时,执行对应的事件过程;

(4) 重复执行步骤(2)和(3)。

如此周而复始地执行,直到遇到 END 结束语句,结束程序的运行;或单击"结束"按钮,强行停止程序的运行。

3. 方法

为了方便用户编程,Visual Basic 已将一些通用的过程编写好并封装起来,作为方法供用户直接调用。实际上,方法是 Visual Basic 系统提供的一种特殊的过程,是附属于对象的行为和动作,也是对象要实现的功能。因为方法是面向对象的,所以在调用时一定要用对象。对象方法的调用格式为:

［对象名.］方法名［参数名表］

其中,若省略了对象名,则表示为当前对象,一般指窗体。

例如,在引例的代码窗口中(见图 2.6),要将光标移到 Text1,可使用方法 Text1.SetFocus。

对象的方法与事件过程有相似之处,都是用于完成某种特定功能。

但方法与事件过程有以下不同之处。

(1) 事件过程是对某个事件的响应,而方法不能响应某个事件。

(2) 用户必须考虑响应事件的过程,但不必考虑方法的实现过程,只关心方法最终获得的效果,所以对每个方法的实现步骤用户既看不见,也不能修改。

(3) 用户一般必须编写事件过程的程序代码,但对方法的使用只能按照 VB 的约定直接调用它们。

VB 中对象的方法与函数也有相似之处,其相似点有:都有一个名字,它们都有 VB 的保留字;调用方法都是通过名字进行的;都对应一段可执行的代码段。

但也有本质上的区别,方法与函数的不同点如下。

(1) 方法的调用是间接地向对象发送消息来激活该对象,而函数的调用是按名称直接调用。

(2) 方法能够访问对象的私有数据,而函数则不能。

(3) 方法隶属于对象,不是一个独立的实体,而是对象具体功能的体现;而函数则不隶属于对象,是一个独立的实体。

2.2 窗体和基本控件

在 Visual Basic 程序设计中,窗体和控件是构成用户界面的对象。其中,窗体和标签、文本框、命令按钮这几个基本控件在界面设计中使用频率最高。为了方便后面的编程,本节先简要介绍窗体和这几个基本的控件,其他控件在后面的章节中将会陆续介绍。

2.2.1 对象的通用属性

对象的通用属性和默认属性

不同的控件有不同的属性,也有相同的属性。通用属性表示大部分控件具有的属性。表 2.1 仅列出控件最常见的通用属性。

表 2.1　控件的通用属性及其有关说明

属　　性	作　　　用	取值范围	说　　　明
Name	是创建对象的名称，所有对象都具有的属性		所创建对象的名称，用于标识对象。对象名称不会显示在窗体上
Caption	决定控件上显示的内容		控件上显示的内容。注意：文本框没有此属性
Width	决定控件的宽度		控件的宽度
Height	决定控件的高度		控件的高度
Left	决定控件到窗体左边框的距离		控件的左边界到窗体左边框的距离
Top	决定控件到窗体顶部的距离		控件的顶边到窗体顶部的距离
Font	决定文本的外观		设置输出字符的各种特性，包括字体、大小等
FontName	决定控件上正文字体		字符型
FontSize	决定控件上正文的字体大小		整型
FontBold	决定控件上正文是否为粗体	True	正文为粗体
		False	正文不是粗体
FontItalic	决定控件上正文是否为斜体	True	正文为斜体
		False	正文不是斜体
FontStrikethru	决定控件上正文是否加删除线	True	正文加一条删除线
		False	正文不加删除线
FontUnderline	决定控件上正文是否加下画线	True	正文带下画线
		False	正文无下画线
ForeColor	设置控件前景颜色（正文颜色）		可以使用 3 位十六进制常数设置RGB，并把十六进制常数用 & 括起，例如，&HFF&；也可以在调色板中直接选择所需颜色
BackColor	设置背景颜色，除控件正文以外的显示区域的颜色		设置的方法类同 ForeColor 属性的设置
Enabled	决定控件是否允许操作	True	允许用户进行操作，并对操作做出响应
		False	禁止用户进行操作，呈暗淡色
Visible	决定控件在程序运行时是否可见	True	程序运行时可见
		False	程序运行时控件不可见，控件本身仍然存在

续表

属　性	作　用	取值范围	说　明
BorderStyle	设置控件的边框样式,只读属性	0—None	控件周围没有边框
		1—Fixed Single	控件带有单线边框
BackStyle	指出控件的背景样式,是透明的还是不透明的	0—Transparent	透明显示。若控件后面有其他控件,均可透明显示出来
		1—Opaque	不透明。此时,可为控件设置背景颜色
Alignment	设置控件上标题(Caption)的对齐方式。文本框是文本(Text)	0—Left Justify	左对齐
		1—Right Justify	右对齐
		2—Center	居中
MouseIcon	MousePointer=99 时,设定一个自定义的鼠标图标		
MousePointer	设置鼠标经过某对象时光标的形状类型,在程序设计或运行阶段都可设置	0~15 的任意整数	0—形状由对象决定,此为默认值;1—箭头;2—十字形;3—I 形,文本插入点;4—矩形内的小矩形图标;5~9—尺寸线;10—向上的箭头;11—沙漏,表示等待状态;12—选定对象不允许放在光标所在的位置;13—箭头和沙漏;14—箭头和问号;15—四向尺寸线;99—使用 MouseIcon 属性所指定的图标

例如,在引例中,在属性窗口中对窗体、标签和命令按钮按照表2.2进行通用属性设置。

表 2.2　引例通用属性设置

对象	属性	值
窗体	Name	Form1(默认)
	Caption	加法运算
标签 1	Name	Label1(默认)
	Caption	一位数加法运算
标签 2	Name	Label2(默认)
	Caption	＋
标签 3	Name	Label3(默认)
	Caption	＝
命令按钮 1	Name	Command1(默认)
	Caption	计算
命令按钮 2	Name	Command2(默认)
	Caption	下一题

1. Name 属性

Name 属性是每个对象都必不可少的属性。每当创建一个对象,VB 都会自动提供一个默认名称,用户可以在属性窗口的"名称"栏进行修改,它是只读属性。只读属性是指只能在设计时的属性窗口中设置,且在运行时该属性是只读而不可改变的。而查看和设置某一对象的大部分属性都可以使用属性窗口或代码窗口设置,仅有部分属性是只读属性,这与对象的性质有关。

2. Height、Width、Top 和 Left 属性

当控件为窗体时,这 4 个属性是以屏幕为基准确定位置的;而窗体以外的其他控件的这 4 个属性,都是以窗体为参照物的。窗体默认的坐标系(默认值)为:窗体左上角顶点为坐标原点,上边框为坐标横轴,左边框为坐标纵轴,单位为 twip。1twip=1/20pixel=1/1440in=1/567cm,如图 2.7 所示。其中,(0,0) 为默认的坐标原点,Height 表示控件高度,Width 表示控件宽度,Left 表示控件到窗体左边框的距离,Top 表示控件到窗体顶部的距离。每个控件的 Height、Width、Top 和 Left 的属性值根据控件在窗体上的位置决定,其值可以在属性窗口中看到。

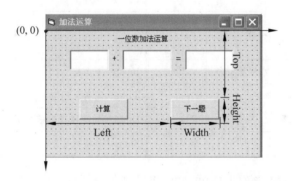

图 2.7　窗体默认坐标系及控件的位置

3. Font 属性

控件的 Font 属性由用户选中控件并进行有关设置。若用户不设置,则使用系统默认值。如果窗体中所有控件的 Font 属性均为相同的设置值,则可以先对窗体设置 Font 属性,而之后建立的控件都将遵从该属性。当然,用户也可以重新设置新的 Font 属性值。

4. TabIndex 属性

计算机程序语言中所谓的焦点,就是当前光标被激活的位置。焦点可以由用户或应用程序设置。

当窗体上有多个控件时,系统会根据建立控件(Menu、Timer、Data、Image、Line 和 Shape 等除外)的顺序依次分配一个相应的 Tab 顺序,即按下 Tab 键时焦点在各个控件上的顺序,与创建控件的顺序相同。如果要改变默认的 Tab 顺序,就需要设置控件的

TabIndex 属性。按默认值规定,第一个建立的控件的 TabIndex 属性值为 0,第二个为 1,以此类推。

　　注意：运行时,不可见或无效的控件以及不能接收焦点的控件(Frame 和 Label 等控件)仍保持在 Tab 键顺序中,但在切换时要跳过这些控件。

2.2.2　对象的默认属性

　　在 VB 中,控件的默认属性就是反映某个控件最重要的属性,也称为控件的值。所谓默认属性是指在程序中可以省略不写的属性,且在运行中既可改变某控件的值又不必明确写出该控件的哪个属性。如"Textl="等同于"Textl.Text=",因为文本框的默认属性是 Text。表 2.3 中列出部分常用控件的默认属性。

表 2.3　部分常用控件的默认属性

控　件	默认属性	控　件	默认属性
TextBox(文本框)	Text	Label(标签)	Caption
ListBox (列表框)	Text	CommandButton(命令按钮)	Caption
ComboBox(组合框)	Text	Frame(框架)	Caption
OptionButton(单选按钮)	Value	Data(数据)	Caption
CheckBox(复选框)	Value	PictureBox(图片框)	Picture
VscrollBar、HscrollBar(垂直、水平滚动条)	Value	Image(图像框)	Picture
DriveListBox(驱动器列表框)	Drive	Timer(时钟)	Enabled
FileListBox(文件列表框)	Filename	DirListBox(目录列表框)	Path
Line(直线)	Visible	Shape(形状)	Shape

　　例如,在引例中,命令按钮 Command1 的 Click 事件过程中的代码可以这样编写：

```
Private Sub Command1_Click()
    Text3.Text=Val(Text1.Text)+Val(Text2.Text)
End Sub
```

也可以这样编写：

```
Private Sub Command1_Click()
    Text3=Val(Text1)+Val(Text2)
End Sub
```

其运行结果是一样的。

　　为了保证程序的易读性,建议最好不要使用控件的默认属性来赋值。

2.2.3　窗体

　　前面曾经提过,窗体既是类也是对象,同时也是所有控件的容器。在设计程序时,窗体是程序员的"工作台",而在运行程序时,每个窗体对应于一个窗口。以下介绍窗体的主要属性、事件和方法。

窗体常用属性

1. 窗体的主要属性

窗体的属性决定了窗体的外观和操作。窗体的大部分属性可以在属性窗口或代码窗口中设置,有少量属性只能在设计状态设置,或只能在窗体运行期间设置。表 2.4 是窗体的主要属性及其说明。

表 2.4　窗体的主要属性及其说明

属　　性	作　　用	取 值 范 围	说　　明
Caption	决定窗体标题栏上显示的内容		窗体标题栏显示的内容
MaxButton	决定窗体右上角是否有"最大化"按钮,默认值为 True	True	窗体右上角有"最大化"按钮
		False	窗体右上角无"最大化"按钮
MinButton	决定窗体右上角是否有"最小化"按钮,默认值为 True	True	窗体右上角有"最小化"按钮
		False	窗体右上角无"最小化"按钮
Icon	决定窗体左上角是否有控制图标	一般取默认值	为窗体设计控制图标,该控制图标位于窗体标题栏最左端
ControlBox	决定运行时是否在窗体上显示控制图标及控件菜单栏,默认值为 True	True	运行时窗体有控制图标及控件菜单
		False	无控制图标及控制菜单,这时右上角也无"最大化"按钮和"最小化"按钮
Picture	用来设置窗体中要显示的图片		设置窗体中要显示的图片,在对话框中选择需要的图片文件
BorderStyle	用来设置窗体的边框样式。该属性在运行时只读。当 BorderStyle 设置为除 2 以外的值时,系统自动将 MinButton 和 MaxButton 的属性值设置为 False	0—None	窗体无边框,无法移动及改变大小
		1—Fixed Single	窗体为单线边框,可移动、不可以改变大小
		2—Sizable	窗体为双线边框,可移动并可以改变大小
		3—Fixed Double	窗体为固定对话框,不可改变大小
		4—Fixed Tool Window	窗体外观与工具条相似,有"关闭"按钮,不能改变大小
		5—Sizable Tool Window	窗体外观与工具条相似,有"关闭"按钮,能改变大小
WindowsState	决定窗体窗口运行时的可见状态	0—Normal	正常窗口状态,有窗口边界
		1—Minimized	最小化状态,以图标方式运行
		2—Maximized	最大化状态,无边框,充满整个屏幕

续表

属　　性	作　　用	取值范围	说　　明
AutoRedraw	控制屏幕图像的重建,主要用于多窗体程序设计中,默认值为 False	True	当一个窗体被其他窗体覆盖、又回到该窗体时,将自动刷新或重画该窗体上的所有图形
		False	必须通过事件过程来设置这一操作

2. 窗体常用的事件

窗体的事件较多,最常用的事件有 Click、DblClick、Load、Unload、Activate、Deactivate、Paint 和 Resize 等。窗体的 Click 和 DblClick 事件由鼠标单击和双击触发。Resize 事件在改变窗体大小时触发。Load 事件在窗体被装入工作区时触发,该事件通常用来在启动应用程序时对属性和变量进行初始化,当应用程序启动时,自动执行该事件,若无 Initialize 事件,启动窗体的 Load 事件就是程序的开头。

窗体常用事件

3. 窗体常用的方法

窗体上常用的方法有 Print、Cls 和 Move 等。

1) Print 方法

格式:

[对象名.]Print 表达式

功能:在窗体等对象上输出信息。

说明:更详细的介绍可参见 4.1.2 节输出数据部分。

窗体常用方法

2) Cls 方法

格式:

[对象名.]Cls

功能:用于清除在运行时由其他方法在窗体或图片框等对象中显示的文本和图形。

说明:"对象"为窗体或图片框,省略为窗体。

3) Move 方法

格式:

[对象名.]Move 左边距[,上边距[,宽度[,高度]]]

功能:用来移动窗体等对象的位置,也可以改变对象的大小。

说明:"对象"是指窗体以及除时钟和菜单以外的所有控件,省略对象时为窗体。

左边距、上边距、宽度和高度均为数值表达式,以 twip 为单位。若对象为窗体,则左边距和上边距是以屏幕的左边界和上边界为准,其他对象则是以窗体的左边界和上边界为准,改变对象的宽度和高度即可改变对象的大小。

一般也可由 Left 和 Top 属性更方便地实现移动的效果,但不能同时改变控件的大小。

例 2.1　设计一应用程序,其运行界面如图 2.8 所示。要求:

(1) 程序运行时,装载一图片文件作为窗体背景,窗体标题为"窗体大小不变",无"最小化"和"最大化"按钮,在窗体上显示"窗体始终与图一样大"。窗体上显示的内容的字体为隶书,字号为 25,加粗,黄色,加下画线。

(2) 窗体始终与图一样大。

(3) 单击窗体时,窗体的标题变为"鼠标单击",窗体上显示的内容消失。

(a) Load 和 Resize 事件过程运行界面　　　　(b) Click 事件过程运行界面

图 2.8　例 2.1 的运行界面

分析:

(1) 根据题目要求,程序运行时要得到如图 2.8(a)所示的运行界面,需要对窗体的 Picture、Caption、MaxButton、MinButton、FontName、FontSize、FontBold、ForeColor、FontUnderline 属性进行设置,这些属性既可以在属性窗口中设置,也可以在 Load 事件过程中进行设置。

(2) Load 事件是在窗体被装入工作区时触发的事件,该事件通常用来在启动应用程序时对属性和变量进行创始化,当应用程序启动,就自动执行该事件。

(3) 程序运行时,在窗体上显示"窗体始终与图一样大",可在 Load 事件过程中使用 Print 方法。

(4) Resize 事件在窗体大小改变时触发。要使窗体始终与图一样大,可在 Resize 事件过程中编写可使窗体的宽度和高度与图的宽度和高度相等的代码。

(5) 单击窗体时,要得到图 2.8(b)的运行界面,需在窗体的 Click 事件过程中用方法 Cls 清屏,并设置窗体的 Caption 属性值为"鼠标单击"。

步骤:

(1) 启动 Visual Basic 6.0 系统,进入窗体窗口。

(2) 在属性窗口中,按照表 2.5 进行属性设置。

(3) 双击窗体,打开代码窗口,建立如图 2.9 所示的事件过程。

(4) 单击工具栏上的"启动"按钮,运行程序,运行结果如图 2.8 所示。

表 2.5   窗体的部分属性设置

对象	属性	值
窗体	Name	Form1
	Caption	窗体大小不变
	ForeColor	黄色(在调色板中直接选择)
	MaxButton	False
	MinButton	False
	Picture	剪纸.bmp

程序代码如图 2.9 所示。

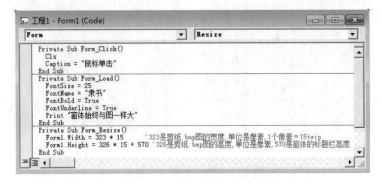

图 2.9   例 2.1 的程序代码窗口

总结：

(1) Load 事件首先自动执行,接着自动执行 Resize 事件,这使得窗体永远不能改变大小,以后再由用户决定执行其他事件。

(2) "剪纸.bmp"图的宽度和高度分别是 323、326,单位是像素。在 VB 中窗体和控件的长度单位默认都是"缇"(twip,1 像素＝15 缇),570 是窗体的标题栏高度。

(3) MinButton 和 MaxButton 属性只能在属性窗口中设置。

(4) 属性或方法前省略了对象,表示默认该属性或方法作用于当前窗体对象。

(5) 要在窗体的 Load 事件过程中使用 Print 方法来输出文字,必须将窗体的 AutoRedraw 属性值设为 True,否则窗体上不显示文字。

2.2.4   标签

标签(Label)控件是输出类控件,主要是用于程序运行时显示(输出)文本信息,但不能用来接收(输入)信息。所以,显示的信息只能用其 Caption 属性来设置或修改,不能在运行时编辑。

1. 标签的主要属性

标签的主要属性及其说明见表 2.6。

标签和命令按钮常用
属性、事件和方法

表 2.6　标签的主要属性及其说明

属　　性	作　　用	取 值 范 围	说　　明
Caption	见表 2.1		通常用来输出信息或提示信息
Font	见表 2.1		
Left	见表 2.1		
Top	见表 2.1		
BorderStyle	设置标签的边框样式	0—None	标签周围没有边框
		1—Fixed Single	标签带有单边框
BackStyle	指出标签的背景样式,是透明的还是不透明的	0—Transparent	透明显示,若标签后面有其他控件均可透明显示出来
		1—Opaque	不透明,此时可为标签设置背景颜色
Alignment	设置标签上标题(Caption)的对齐方式	0—Left Justify	左对齐
		1—Right Justify	右对齐
		2—Center	居中
AutoSize	决定标签是否能自动调整大小以显示所有的内容	True	自动调整大小
		False	保持原设计时的大小,正文若太长自动裁剪掉
WordWarp	决定标签的标题(Caption)属性的显示方式。要使 WordWarp 起作用,应把 AutoSize 属性设置为 True	True	标签将在垂直方向变化大小以与标题文本相适应,水平方向的大小与原来所画的标签相同
		False	标签将在水平方向上扩展到标题中最长的一行,在垂直方向上显示标题的所有行

2. 标签的常用事件

标签经常响应的事件有: Click、DblClick 和 Change。但实际上,标签仅起到程序运行时在窗体上显示文字的作用。因此,一般不需编写事件过程。

3. 标签的常用方法

标签常用的方法有 Move 方法,其格式、功能及说明见 2.2.3 节中的 Move 方法。

2.2.5　命令按钮

命令按钮在应用程序中应用十分广泛,是用户与应用程序交互最常用的途径,当用户触发某个命令按钮,就会执行相应的事件过程。在程序运行时,常用以下方法触发命令按钮。

(1) 用鼠标单击。

（2）按 Tab 键将焦点移到相应按钮上，再按 Enter 键。

（3）快捷键（Alt＋有下画线的字母）。设置快捷键的方法见下面的 Caption 属性介绍。

1. 命令按钮的主要属性

命令按钮的主要属性及其说明见表 2.7。

表 2.7　命令按钮的主要属性及其说明

属　性	作　用	取值范围	说　明
Caption	决定按钮上显示的文字		如果某个字母前加入"&"，则程序运行时标题中的该字母带有下画线，带有下画线的字母就成为快捷键；当用户按下 Alt＋该快捷键，便可激活并操作该按钮。例如，在对某个按钮设置其 Caption 属性时输入 &Ok，程序运行时就会显示 Ok，当用户按下 Alt＋O 快捷键时便可激活并操作 Ok 按钮
Style	表示按钮的外观，是标准的还是图形的	0—Standard	（默认）标准的，按钮上不能显示图形
		1—Graphical	图形的，按钮上可以显示图形，也能显示文字
Picture	用来设置命令按钮中要显示的图片		为了使用这个属性，必须把 Style 属性设置为 1
ToolTipText	按钮若是图形，程序运行时鼠标指向该按钮就加以文字提示		
Cancel	指出命令按钮是否为键盘的 Esc 键的默认按钮。在一个窗体中，只允许有一个命令按钮的 Cancel 属性被设置为 True	True	按 Esc 键与单击该命令按钮的作用相同
		False	按 Esc 键与单击该命令按钮的作用不相同
Default	决定窗体的缺省命令按钮（即 Enter 键的默认按钮）。在一个窗体中，只能有一个命令按钮的 Default 属性被设置为 True	True	按 Enter（回车）键和单击该命令按钮的效果相同
		False	按 Enter（回车）键和单击该命令按钮的效果不相同

2. 命令按钮的常用事件

命令按钮的常用事件是 Click 事件，注意，命令按钮不支持 DblClick 事件。

例 2.2　设计一应用程序，要求：

（1）通过不断单击命令按钮的方式使一行文字"厚德 博学 日新 笃行"从左往右移；

（2）文字的前景色为红色，背景色为黄色；

（3）命令按钮上显示 key04.ico 的图片,程序运行时,当鼠标指向命令按钮时有提示信息"手动"。其运行界面如图 2.10 所示。

图 2.10　例 2.2 的运行界面

分析：标签(Label)主要用于程序运行时显示(输出)文本信息,用标签的 Caption 属性可以输出一行文字"厚德 博学 日新 笃行"。Move 方法可以移动标签的位置,在命令按钮的 Click 事件过程中编写代码,程序代码中需要用到 Move 方法。命令按钮的 Picture 属性可以设置命令按钮上显示的图片,ToolTipText 属性可以设置在程序运行时鼠标指向命令按钮时的文字提示。

步骤：

（1）启动 Visual Basic 6.0 系统,进入窗体窗口,在窗体上创建一个标签和一个命令按钮。

（2）在属性窗口,按照表 2.8 进行属性设置。

（3）双击窗体,打开代码窗口,建立如图 2.11 所示的事件过程。

（4）单击工具栏上的"启动"按钮,运行程序,运行结果如图 2.10 所示。

表 2.8　标签和命令按钮的部分属性设置

对象	属　性	值
标签	Name	Label1
	Caption	厚德 博学 日新 笃行
	ForeColor	红色(在调色板中直接选择)
	BackColor	黄色(在调色板中直接选择)
命令按钮	Name	Command1
	Caption	
	Style	1—Graphical
	Picture	key04.ico
	ToolTipText	手动

程序代码如图 2.11 所示。

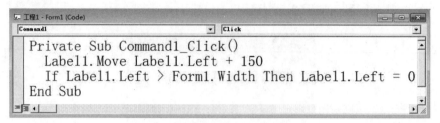

图 2.11　例 2.2 的程序代码窗口

总结：

(1) 要使命令按钮通过 Picture 属性设置图片，必须先把 Style 属性的值设置为 1—Graphical。

(2) 每移动一次标签，都要触发一次 Click 事件过程。

2.2.6　文本框

文本框(TextBox)是一个输入输出类控件，程序运行时，用户可以在文本框中输入、编辑信息，也可以在文本框中输出(显示)信息。

文本框常用属性、
事件和方法

1. 文本框的重要属性

文本框除了具有表 2.1 列出的通用属性外，其重要属性及其说明见表 2.9。

表 2.9　文本框的重要属性及其说明

属　性	取值范围	作　用	说　明
Text		设置文本框中输出(显示)的内容	文本框无 Caption 属性。Text 是文本框的默认属性，在代码窗口中给文本框赋值时通常省略，例如，Text1＝"学生"
MaxLength		设置文本框中可以输入的字符的最大数	如果该属性被设置为 0，则在文本框中输入的字符数不能超过 32K(多行文本)。在一般情况下，该属性使用默认值(0)。在 VB 中字符长度以字为单位，也就是一个西文字符与一个汉字都是一个字，长度为 1，占两个字节
MultiLine	True	可以使用多行文本，即在文本框中输入或输出文本时可以换行，并在下一行接着输入或输出。按 Ctrl＋Enter 键可以输入一个空行	
	False	在文本框中只能输入单行文本	

属　性	取值范围	作　用	说　明
PasswordChar		设置一个值,决定是否在文本框中显示用户输入字符或所设置的字符	在默认状态下,该属性被设置为空字符串(不是空格),在文本框中输入字符时,每个字符都可以在文本框中显示出来。若把 PasswordChar 属性设置为一个字符,例如星号(＊),则在文本框中输入字符时,显示的不是输入的字符,而是被设置的字符(＊)。不过文本框中的实际内容仍是输入的文本,只是显示结果被改变了。利用这一特性,可以设置口令
ScrollBars	0—None	文本框中没有滚动条	只有当 MultiLine 属性被设置为 True 时,才能用 ScrollBars 属性在文本框中设置滚动条。此外,当在文本框中加入水平滚动条(或同时加入水平和垂直滚动条)后,文本框中文本的自动换行功能将不起作用,只能通过 Enter 键换行
	1—Horizontal	只有水平滚动条	
	2—Vertical	只有垂直滚动条	
	3—Both	同时具有水平和垂直滚动条	
SelLength		当前选中的字符数	当在文本框中选择文本时,该属性值会随着选择字符的多少而改变;也可以在程序代码中把该属性设置为一个整数值,由程序来改变选择。如果 SelLength 属性值为 0,则表示未选中任何字符。该属性及下面的 SelStart、SelText 属性,只有在运行期间才能设置 / 设置了 SelStart 和 SelLength 属性后,VB 会自动将设定的正文送入 SelText 存放。这些属性一般用于在文本编辑中设置插入点及范围,选择字符串,清除文本等,并且经常与剪贴板一起使用,完成文本信息的剪切、复制和粘贴等功能。这 3 种属性只有在运行期间才能设置
SelStart		0 表示选择的开始位置在第一个字符之前,1 表示从第二个字符之前并始选择,以此类推	定义当前选择的文本的起始位置,该属性也可以通过程序代码设置
SelText		该属性含有当前所选择的文本字符串,如果没有选择文本,则该属性含有一个空字符串;如果在程序中设置 SelText 属性,则用该值代替文本框中选中的文本	例如,假定文本框 Text1 中有一行文本:I like playing basketball 并选择了"basketball",则执行语句:Text1.SelText = " badminton" 后,上述文本将变成:I like playing badminton,在这种情况下,属性 SelLength 的值将随之改变,而 SelStart 不会受影响

续表

属　　性	取 值 范 围	作　　用	说　　明
Locked	True	可以滚动和选择文本框中的文本,但不能编辑	
	False	可以编辑文本框中的文本	

2. 文本框常用的事件

文本框最主要的事件有 Change、KeyPress、LostFocus 和 GotFocus。

1) Change 事件

当用户向文本框中输入新信息,或当程序把 Text 属性设置为新值从而改变文本框的 Text 属性时,将触发 Change 事件。程序运行后,在文本框中每输入一个字符,就会引发一次 Change 事件。例如,用户输入"Basic"一词时,将触发 5 次 Change 事件。建议少用该事件。

2) KeyPress 事件

当用户按下并且释放链盘上的一个 ANSI 键时,就会引发焦点所在文本框控件的 KeyPress 事件,此事件会返回一个 KeyAscii 参数。例如,当用户输入一个字符"A",KeyAscii 的返回值为 65,Chr(KeyAscii)可以将 ASCII 码转换为字符"A"。

同 Change 事件一样,每输入一个字符也会触发一次 KeyPress 事件。该事件最常用的是对输入的是否为回车符(KeyAscii 的值为 13) 进行判断,表示文本的输入结束。

3) GotFocus 事件

当文本框具有输入焦点(即处于活动状态)时,键盘上输入的每个字符都将在该文本框中显示出来。只有当一个文本框被激活并且其 Visible 属性为 True 时,才能接收到焦点。

4) LostFocus 事件

此事件是在一个对象失去焦点时触发的,当按下制表键(Tab 键)使光标离开当前文本框或单击窗体中的其他对象时触发 LostFocus 事件。

3. 方法

文本框最有用的方法是 SetFocus,该方法是把光标(焦点)移到指定的文本框中。当在窗体上建立了多个文本框后,可以用该方法把光标置于所需要的文本框上。其格式如下:

```
［对象名.］SetFocus
```

SetFocus 还可以用于 CheckBox、CommandButton 和 ListBox 等控件。

注意:焦点只能移到可视的窗体或控件。因为在窗体的 Load 事件完成前窗体或窗体上的控件是不可见的,所以如果不是在 Form_Load 事件过程完成之前首先使用 Show 方法显示窗体的话,是不能使用 SetFocus 方法将焦点移至正在自己的 Load 事件中加载的窗体的。也不能把焦点移到 Enabled 属性被设置为 False 的窗体或控件。如果已在设计时将 Enabled 属性设置为 False,必须在使用 SetFocus 方法使其接收焦点前将 Enabled 属性设置为 True。

例如,在窗体上添加一个文本框,名为 Text1,然后编写如下的 Load 事件过程,则程序在运行时就报错。

```
Private Sub Form_Load
  Text1.Text=""
  Text1.SetFocus
  For k=1 to 5
    t=t * k
  Next k
  Text1.Text=t
End Sub
```

例 2.3　设计一应用程序,其运行界面如图 2.12(a)所示。要求:

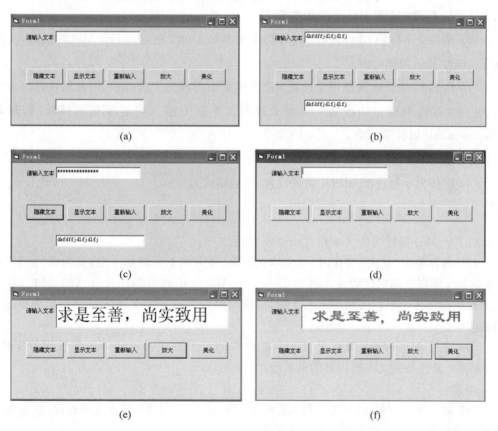

图 2.12　例 2.3 的运行界面

(1) 程序运行时,在文本框 Text1 中输入若干字符的同时,文本框 Text2 中显示同样内容,如图 2.12(b)所示。

（2）单击"隐藏文本"按钮，则文本框 Text1 显示同样数量的"＊"，如图 2.12(c)所示。

（3）单击"显示文本"按钮，则文本框 Text1 显示输入的字符，如图 2.12(b)所示。

（4）单击"重新输入"按钮，文本框 Text2 消失，同时清除 Text1 中的内容，并把光标定位到 Text1 中，如图 2.12(d)所示。

（5）在文本框 Text1 中输入内容后，单击"放大"按钮，将使文本框 Text1 在高、宽方向上各增加 1 倍，文本框中的字体大小扩大到原来的 3 倍，如图 2.12(e)所示。

（6）单击"美化"按钮，可使文本框 Text1 中的字体变为"隶书"，红色，文本框内容居中，如图 2.12(f)所示。

分析：

（1）程序运行时，要得到图 2.12(a)所示的运行界面，需在窗体上创建 1 个标签、2 个文本框和 5 个命令按钮。

（2）文本框通常用于接收用户输入的字符串数据或用于显示输出信息，其 Text 属性用于设置或返回文本框中显示的文本。

（3）使用文本框的 Change 事件，可使在文本框 Text1 中输入若干字符的同时，文本框 Text2 中显示同样内容。

（4）PasswordChar 属性用于设置屏蔽文本框中内容的字符，既可以在属性窗口中设置，也可以在代码窗口中设置。若要去掉对文本框中输入内容字符的屏蔽，需将其 PasswordChar 属性值清空。

（5）使用 SetFocus 方法可使文本框获得焦点。

（6）字体大小通过 FontSize 属性设置，一般格式为：

［对象名.］FontSize=点数

（7）Visible 属性可使文本框 Text2 不可见。

（8）若在单击"扩大"按钮时，使文本框在高、宽方向上各增加 1 倍，只需在"扩大"按钮的 Click 事件中编写设置文本框的 Height 和 Width 属性值为原来 2 倍的语句。若使文本框中的字体大小扩大到原来的 3 倍，需编写设置文本框的 FontSize 属性值为原来 3 倍的语句。

（9）通过 Alignment 属性设置文本框内容的对齐方式，FontName 属性设置字体，ForeColor 属性设置文本框内容的前景色。

步骤：

（1）启动 Visual Basic 6.0 系统，新建一个"标准 EXE"工程，进入窗体窗口，在窗体上创建 1 个标签、2 个文本框和 5 个命令按钮。

（2）在属性窗口中，按照表 2.10 进行属性设置。

（3）双击窗体，打开代码窗口，建立如图 2.13 所示的事件过程。

（4）单击工具栏上的"启动"按钮，运行程序，运行界面如图 2.12 所示。

表 2.10　标签、文本框和命令按钮的部分属性设置

对　　象	属　　性	值
标签	Name	Label1
	Caption	请输入文本
	AutoSize	True
文本框 1	Name	Text1
	Text	
文本框 2	Name	Text2
	Text	
命令按钮 1	Name	Command1
	Caption	隐藏文本
命令按钮 2	Name	Command2
	Caption	显示文本
命令按钮 3	Name	Command3
	Caption	重新输入
命令按钮 4	Name	Command4
	Caption	放大
命令按钮 5	Name	Command5
	Caption	美化

程序代码如图 2.13 所示。

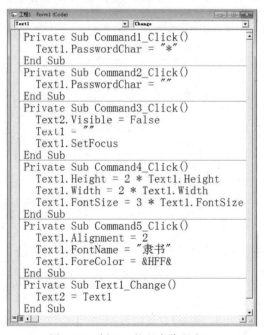

```
Private Sub Command1_Click()
    Text1.PasswordChar = "*"
End Sub
Private Sub Command2_Click()
    Text1.PasswordChar = ""
End Sub
Private Sub Command3_Click()
    Text2.Visible = False
    Text1 = ""
    Text1.SetFocus
End Sub
Private Sub Command4_Click()
    Text1.Height = 2 * Text1.Height
    Text1.Width = 2 * Text1.Width
    Text1.FontSize = 3 * Text1.FontSize
End Sub
Private Sub Command5_Click()
    Text1.Alignment = 2
    Text1.FontName = "隶书"
    Text1.ForeColor = &HFF&
End Sub
Private Sub Text1_Change()
    Text2 = Text1
End Sub
```

图 2.13　例 2.3 的程序代码窗口

总结：

(1) 在实际应用中,PasswordChar 属性通常用于设置密码的显示字符。

(2) Text 是文本框的默认属性,编写代码时通常省略。

例 2.4 设计一应用程序,程序运行界面如图 2.14 所示。在文本框 Text1 中输入若干字符,并用鼠标选中一些字符后,单击"显示选中文本"按钮,则把选中的第一个字符的顺序号显示在文本框 Text2 中,选中的字符个数显示在文本框 Text3 中,选中的内容复制到文本框 Text4 中。

图 2.14 例 2.4 程序运行界面

分析：文本框的 Text 属性可返回或设置文本框中显示的内容;SelLength 属性可返回或设置文本框中当前选定的字符数;SelStart 属性可返回或设置所选文本的起始点,该起始点位于起始文本的左侧,故所选文本的第一个字符的顺序号应为 SelStart 属性值加 1;SelText 属性可返回当前所选择的字符串。

步骤：

(1) 启动 Visual Basic 6.0 系统,新建一个"标准 EXE"工程,进入窗体窗口,在窗体上创建 4 个标签、4 个文本框和 1 个命令按钮。

(2) 在属性窗口,按照表 2.11 进行属性设置。

(3) 双击窗体,打开代码窗口,建立如图 2.15 所示的事件过程。

(4) 单击工具栏上的"启动"按钮,运行程序,运行界面如图 2.14 所示。

表 2.11 标签、文本框和命令按钮的部分属性设置

对 象	属 性	值
标签 1	Name	Label1
	Caption	请输入文本
	AutoSize	True
标签 2	Name	Label2
	Caption	开始位置
	AutoSize	True
标签 3	Name	Label3
	Caption	选中字符数
	AutoSize	True
标签 4	Name	Label4
	Caption	将选中内容复制到文本框中
	AutoSize	True

续表

对　　象	属　　性	值
文本框 1	Name	Text1
	Text	
文本框 2	Name	Text2
	Text	
文本框 3	Name	Text3
	Text	
文本框 4	Name	Text4
	Text	
	MultiLine	True
	ScrollBars	3—Both
命令按钮	Name	Command1
	Caption	显示选中文本

程序代码如图 2.15 所示。

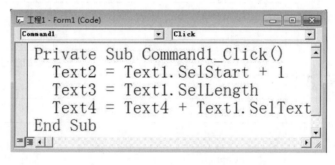

图 2.15　例 2.4 的程序代码窗口

总结：

（1）只有当 MultiLine 属性被设置为 True 时，才能用 ScrollBars 属性在文本框中设置滚动条。此外，当在文本框中加入水平滚动条（或同时加入水平和垂直滚动条）后，文本框中文本的自动换行功能将不起作用，只能通过 Enter 键换行。

（2）用鼠标选定了文本框中的文本后，SelStart 的属性值为 0，SelLength 属性值为选定的字符个数（在 VB 中，一个汉字和一个字母都是一个字符），自动将选定的正文送入 SelText 存放。这三个属性一般用于在文本编辑中设置插入点及范围，选择字符串，清除文本等，并且经常与剪贴板一起使用，完成文本信息的剪切、复制和粘贴等功能。

2.3 创建 VB 应用程序的步骤

VB 应用程序通常由两部分组成：一部分是与用户进行交互的界面；另一部分是用于响应各种事件及对输入的数据进行处理的程序代码。引例是一个非常简单的应用程序实例，下面以引例为例，介绍使用 VB 开发应用程序的基本设计步骤。

创建应用程序的步骤、
风格和编码规划

1. 需求分析，确定算法

1）用户界面分析
引例的用户界面需要创建 3 个标签、3 个文本框和 2 个命令按钮，共 8 个对象。
2）对象属性分析
用户界面创建的对象需要设置的属性见表 2.12。

表 2.12 引例的控件属性

对 象	属 性	值
窗体	Name	Form1
	Caption	加法运算
标签 1	Name	Label1
	Caption	一位数加法运算
标签 2	Name	Label2
	Caption	+
标签 3	Name	Label3
	Caption	=
文本框 1	Name	Text1
	Text	
文本框 2	Name	Text2
	Text	
文本框 3	Name	Text3
	Text	
命令按钮 1	Name	Command1
	Caption	计算
命令按钮 2	Name	Command2
	Caption	下一题

3）代码分析

程序运行时需要执行的事件过程见表 2.13。

表 2.13　引例的事件过程

对象名称	事件名称	算　　法
Command1	Click	Text3 = Val(Text1) + Val(Text2)
Command2	Click	将 3 个文本框清空，并将文本框 1 设置焦点

2. 创建应用程序界面

1）创建工程

选择“开始”|“程序”|“Microsoft Visual Basic 6.0 中文版”|“Microsoft Visual Basic 6.0 中文版”命令，启动 Visual Basic 6.0 后，将打开“新建工程”对话框，如图 2.16(a)所示；或者通过选择“文件”|“新建工程”命令，打开如图 2.16(b)所示的对话框，在“新建工程”对话框中选择需要的选项。例如，选择“标准 EXE”，单击“打开”或“确定”按钮，进入 Visual Basic 的设计工作模式，系统将新建一个工程。

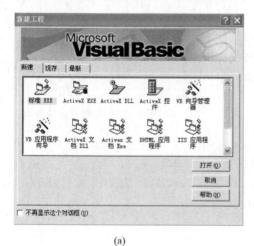

(a)

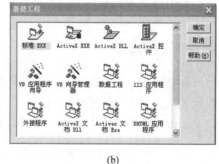

(b)

图 2.16　“新建工程”对话框

2）创建窗体

打开“标准 EXE”工程后，Visual Basic 自动创建一个应用程序窗体。也可以通过选择“工程”|“添加窗体”命令，打开“添加窗体”对话框，如图 2.17 所示。“添加窗体”对话框提供了许多示例窗体。这里选择“窗体”选项，单击“打开”按钮，创建一个新窗体（见图 2.17）。

3）设计程序界面

根据界面分析，在窗体上添加 3 个标签、3 个文本框和 2 个命令按钮，共 8 个对象。

在窗体上添加控件有以下两种方法。

方法一：用鼠标单击工具箱上的控件，例如“标签”控件，然后移动鼠标指针到窗体的

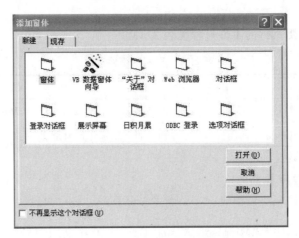

图 2.17　"添加窗体"对话框

适当位置(此时鼠标指针为十字形),再按住鼠标左键拖动,可得到一个矩形框。

　　方法二:双击工具箱中的标签控件(Label)按钮,即可自动在窗体的中部位置上出现一个标签对象。如果需要调整标签框的大小,可将鼠标指针移到矩形框四周的 8 个小矩形块上,当鼠标指针变成双箭头时,按住鼠标左键拖动即可。引例的程序设计界面如图 2.18 所示。

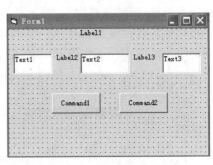

图 2.18　引例的程序设计界面

3. 设置对象属性

　　界面设计好后,可以通过属性窗口来修改各个控件的属性。

　　按照表 2.12,设置各控件的属性。例如,先单击 Label1,将其选中,然后,在属性窗口中将其 Caption 属性的值设置为"一位数加法运算"。

4. 编写程序代码,建立事件过程

　　编写程序代码是创建 VB 应用程序的主要工作环节,用户所需的运算、处理等功能都要通过编写代码来实现。程序代码可以在代码窗口中编写。

　　按照表 2.13,双击 Command1,进入代码窗口,系统自动为 Command1 按钮选择一个 Click 事件,在其 Click 事件过程中编写如下代码。

```
Private Sub Command1_Click()
    Text3=Val(Text1)+ Val(Text2)
End Sub
```

　　在代码窗口(见图 1.13)中的对象列表框中选择 Command2,在事件列表框中选择 Click 事件,在其 Click 事件过程中编写如下代码。

```
Private Sub Command2_Click()
```

```
    Text1=""
    Text2=""
    Text3=""
    Text1.SetFocus
End Sub
```

注意：以上是两种选择对象的事件过程的方法，在实际编程当中，可灵活使用。

5. 保存程序

编写完代码后，单击工具栏上的"保存"按钮，或选择"文件"|"保存工程"命令，打开"文件另存为"对话框，如图 2.19 所示。先保存窗体〔窗体文件的扩展名为.frm，主文件名用户自定。本例中的主文件名是"引例"〕；然后保存工程（工程文件的扩展名为.vbp，主文件名用户自定，一般与窗体文件的主文件名相同）。

图 2.19　"文件另存为"对话框

注意：VB 默认的文件保存位置是 VB 的安装文件夹 VB98（如图 2.19 所示），通常应改变此默认的文件保存位置，将工程文件保存到用户自己建立的文件夹中。

6. 运行和调试程序

单击工具栏上的"启动"按钮 ▶，或选择"运行"|"启动"命令，或按 F5 键，都可运行程序。

VB 提供了两种程序的运行方式：解释方式和编译方式。

1）解释方式

在 VB 集成开发环境中运行程序，是以解释方式运行的，只是对源文件逐句进行解释和执行。在程序运行中，如果遇到错误，则自动返回代码窗口并提示修改错误语句。这种方式便于程序的调试和修改，但运行速度慢。在调试程序和初学阶段，一般都采用这种方式。

2）编译方式

为了使应用程序能够脱离 VB 开发环境，直接在 Windows 环境下独立运行，可以选择编译方式。在编译方式下，可将应用程序编译生成可直接执行的.exe 文件。如果在编译过程中发现错误,系统会向用户报告错误信息,直到修改正确后,才能编译生成可执行文件。

选择"文件"|"生成引例.exe"命令,打开"生成工程"对话框,如图 2.20 所示。可以将工程编译成可执行文件(扩展名为".exe",主文件名与工程文件的主文件名相同。本例中的工程文件主文件名是"引例")。

图 2.20　"生成工程"对话框

如果程序在运行时未能实现预定功能,或发生运行错误,可以在代码窗口中进行修改。VB 开发环境提供了强大而方便的调试程序工具,具体的用法将在后面章节讲解。

综上所述,创建 VB 应用程序的一般步骤如下。

(1) 需求分析,确定算法。

(2) 创建应用程序界面。

(3) 设置对象属性。

(4) 编写程序代码,建立事件过程。

(5) 保存程序。

(6) 运行和调试程序。

2.4　程序设计方法与风格

程序是计算机的一组指令,是程序设计的最终结果。程序的功能要经过编译和执行才能最终完成。和其他的设计一样,程序设计也需要一定的方法来指导。程序设计方法所要做的工作是,如何对实际问题进行抽象和分解以及对程序进行组织、才能使程序的可读性、稳定性、可维护性、效率等更好。目前,程序设计方法主要有两种:结构化程序设计和面向对象程序设计。

对于一个程序来说,除了好的程序设计方法之外,程序设计风格也是非常重要的。程序设计风格通常是指编写程序时的特点、习惯和逻辑思路。良好的程序设计风格可以使程序结构清晰合理,从而使程序便于维护;相反,差的程序设计风格会使程序结构杂乱无章,程序不易于维护。因此,程序设计风格对保证程序的质量是非常重要的。

总体而言,程序设计的风格应该强调简单和清晰,程序必须是可以理解的。一般认为,著名的"清晰第一,效率第二"的论点已成为当今主导的程序设计风格。

要形成良好的程序设计风格,主要应注意以下一些因素。

1．源程序文档化

（1）符号名的命名：符号名的命名应尽量表达一些实际意义,以增强程序的可读性。

（2）程序注释：良好的注释能够帮助读者理解程序。注释一般分为序言性注释和功能性注释,以给出程序的整体说明和程序的主要功能。

（3）视觉组织：为使程序的结构清晰明了,可以在程序中利用空行、空格、缩进等技巧使程序层次清晰。

2．数据说明的方法

（1）数据说明的次序规范化。当一个说明语句说明多个变量时,按照字母顺序排列变量。

（2）说明语句中变量安排有序化。在对数据进行说明时,尽量固定次序,以使数据的属性便于查找,因此有利于测试、排错和维护。

（3）使用注释语句来说明复杂数据的结构。

3．语句的结构

程序应该简单易懂,语句构造应该简单直接,不应该为提高效率而把语句复杂化。一般应注意如下几点。

（1）每一行只写一条语句。

（2）一般情况下,在编写程序时,要做到清晰第一,效率第二。

（3）首先要保证程序的正确性,然后再提高速度。

（4）尽可能使用库函数。

（5）避免使用大量的临时变量。

（6）避免使用复杂的条件嵌套语句。

（7）避免使用无条件转移语句。

（8）尽量做到模块功能单一化。

4．输入和输出

输入和输出的方式应尽可能方便用户的使用。为了做到这一点,在设计程序时应考虑以下几个原则。

（1）检验所有输入数据的合法性。

（2）检查输入项之间的合理性。

（3）输入数据越少越好,操作越简单越好。

（4）在以交互输入输出方式进行输入时,要采用人机会话的方式给出明确的提示信息和运行的状态信息。

（5）设计输出报表格式。

2.5　　VB 编码规则

VB 和任何程序设计语言一样，编写代码也有一定的语法规则，初学者就应严格遵循，否则，会出现编译错误。

1. VB 代码不区分字母的大小写

为了提高程序的可读性，VB 对用户程序代码进行自动转换。

（1）对于程序中的关键字，首字母总被转换成大写，其余字母被转换成小写。

（2）若关键字由多个英文单词组成，它会将每个单词首字母转换成大写。

（3）对于用户自定义的变量、过程名，VB 以首次定义的为准，以后输入的自动向首次定义的转换。

2. 语句书写自由

（1）在同一行上可以书写多条语句，语句间用冒号"："分隔。

（2）一句语句可分若干行书写，在要续行的行尾加入续行符（空格和下画线"_"）。但不能把一个关键字拆开分两行写。

（3）一行允许多达 255 个字符。

3. 注释有利于程序的维护和调试

（1）注释语句。

为了提高程序的可读性，通常用注释语句给程序或语句作注释。注释语句是非执行语句，它有两种格式，一种是用"Rem"关键字开头，只能作为单独语句来使用；另一种是用撇号"'"引导注释内容，用撇号引导的注释可以直接出现在语句后面。在 Visual Basic 程序执行时，遇到以"Rem"和撇号"'"开始的语句时将忽略其后面的内容。

其一般格式为：

Rem　<注释内容>

或

'〈注释内容〉

例如：

Rem 计算圆的面积
r=8 : Rem r 为圆的半径
's 为圆的面积
s=3.14 * r * r

```
Print s      '输出面积 s
```

(2) 可以使用"编辑"工具栏的"设置注释块"和"解除注释块"按钮,使选中的若干行语句(或文字)成为注释或取消注释。

注意：若"编辑"工具栏没有在窗口上显示,只要选择"视图"菜单的"工具栏"子菜单,然后选择"编辑"命令即可。

(3) 注释语句对程序的调试也非常有用,若不想执行某条语句,则可以在该语句前加一个撇号"'",使该语句成为注释语句。

4. 符号约定

在本书中,对于语句、方法和函数等语法格式的描述,采用下面统一的符号约定。

(1)〈〉必选项表示符,尖括号中的内容必须书写。

(2)[ ]可选项表示符,方括号中的内容可选也可省略。

(3)| 多中取一表示符,竖线用于分隔多个选项。

(4){ }用于包含多中取一的各项,花括号中竖线分隔了多个选项,选择其中之一。

(5),…表示同类项目的重复出现,…表示省略了叙述中不涉及的部分。

2.6　综合应用

本章介绍了面向对象程序设计的基本概念,对象的建立和基本操作、对象的三要素、窗体、标签、文本框和命令按钮基本控件的常用属性、事件和方法,创建 VB 应用程序的步骤和程序设计方法与风格。读者应该对面向对象程序设计有一个大体了解,利用这些知识可以设计一个简单的、界面良好的应用程序。

例 2.5　设计一用户登录的界面,如图 2.21 所示。要求：

图 2.21　例 2.5 程序运行界面

(1) 程序运行时,装载一图片文件作为窗体背景,窗体控制图标改为一台计算机的图标,窗体标题为"VB 应用系统"。

(2) 程序运行时,在窗体上显示"Visual Basic 程序设计",字号为 26,加粗。

(3) 窗体上显示的信息通过标签透明显示,但没有边框。

(4) 单击"重置"按钮,清空文本框内容,并将焦点置于文本框 1。

(5) 按 Esc 键将取消登录界面,按 Enter 键和单击"谢谢使用"按钮都将退出登录界面。

分析:

(1) 窗体的 Picture 属性可装载图片文件作为窗体背景,Icon 属性可设置窗体控制图标。

(2) 标签通常用于输出(显示)信息,其 Caption 属性用于设置显示的文本。其 BackStyle 属性可设置标签的背景样式是否透明。

(3) 字体大小通过 FontSize 属性设置,一般格式为:FontSize[=点数];FontBold 属性设置字体是否加粗。

(4) 命令按钮的 Cancel 属性设置命令按钮是否为键盘上的 Esc 键的默认按钮, Default 属性决定窗体的默认命令按钮(即键盘上的 Enter 键的默认按钮)。

(5) End 命令可终止程序的运行。

步骤:

(1) 启动 Visual Basic 6.0 系统,新建一个"标准 EXE"工程,进入窗体窗口,在窗体上创建 3 个标签、2 个文本框和 2 个命令按钮。

(2) 在属性窗口,按照表 2.14 进行属性设置。

(3) 双击窗体,打开代码窗口,建立如图 2.22 所示的事件过程。

(4) 单击工具栏上的"启动"按钮,运行程序,运行界面如图 2.21 所示。

表 2.14 文本框和命令按钮的部分属性设置

对　象	属　性	值
窗体	Name	Form1
	Icon	Computer. ico
	Caption	VB 应用系统
	Picture	桌面. jpg
标签 1	Name	Label1
	AutoSize	True
	Caption	Visual Basic 程序设计
	BackStyle	0
标签 2	Name	Label2
	AutoSize	True
	Caption	用户名
	BackStyle	0

续表

对　象	属　性	值
标签 3	Name	Label3
	AutoSize	True
	Caption	密码
	BackStyle	0
文本框 1	Name	Text1
	Text	
文本框 2	Name	Text2
	Text	
	PasswordChar	*
命令按钮 1	Name	Command1
	Caption	重置
命令按钮 2	Name	Command2
	Caption	谢谢使用
	Cancel	True
	Default	True

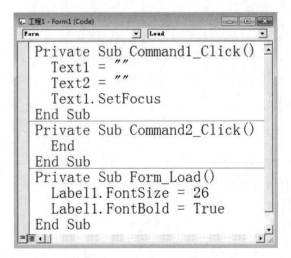

图 2.22　例 2.5 程序代码窗口

　　总结：在窗体上输出（显示）内容，既可用 Print 方法，也可用标签控件。用标签输出的位置比较灵活，而 Print 方法的输出位置由输出内容前的表达式决定。

2.7　练习

1. 一个可执行的 VB 应用程序至少要包括一个_____。

    A. 标准模块　　　　B. 类模块　　　　C. 窗体模块　　　　D. 辅助模块

2. 在设计阶段,当双击窗体上的某个控件时,所打开的窗口是_____。

    A. 工程资源管理器窗口　　　　　　　B. 工具箱窗口

    C. 代码窗口　　　　　　　　　　　　D. 布局窗口

3. 下列叙述中错误的是_____。

    A. 打开一个工程文件时,系统自动装入与该工程有关的窗体文件

    B. 保存 Visual Basic 程序时,应分别保存窗体文件及工程文件

    C. Visual Basic 应用程序只能以解释方式执行

    D. 事件可以由用户引发,也可以由系统引发

4. 用户可通过_____模拟的屏幕小图像来布置应用程序界面。

    A. 快捷菜单　　　　B. 窗体设计器　　　　C. 窗体布局窗口　　　　D. 立即窗口

5. 下列叙述中不正确的是_____。

    A. 注释语句是非执行语句,仅对程序的有关内容起注释作用

    B. 注释语句可以放在程序代码中的任何位置

    C. 注释语句可以单独写在一行

    D. 向程序代码中加入注释语句的目的是提高程序的可读性

6. 设置命令按钮的属性时,只有将_____属性设置为1,Picture 属性才有效,否则无效。

    A. Style　　　　B. Caption　　　　C. Enabled　　　　D. Default

7. 以下程序执行后,当在文本框中输入"ABCD"4 个字符时,窗体上显示_____。

```
Private sub text1_change()
    Print text1;
End Sub
```

    A. ABCD　　　　　　　　　　　　　B. A B C D

    C. AABABCABCD　　　　　　　　　　D. A AB ABC ABCD

8. 下面有关注释语句的格式,错误的是_____。

    A. Rem 注释内容

    B. '注释内容

    C. a＝3:b＝2 '　　对 a、b 赋值

    D. Private Sub Command1_MouseDown(button AS Integer,shift As Integer,
       Rem 鼠标按下事件的命令调用过程 X As Single,Y As Single)

9. 在一行语句内写多条语句时,每个语句之间用_____符号分隔。

    A. ,　　　　　　　B. :　　　　　　　C. 、　　　　　　　D. ;

10. 在窗体上添加一个文本框,名称为 text1,然后编写如下的 load 事件过程,则程序的运行结果是_____。

```
Private Sub Form_Load
    Text1.Text=""
    Text1.SetFocus
    For k=1 to 5
        t=t * k
    Next k
    Text1.Text=t
End Sub
```

  A. 在文本框中显示 120   B. 文本框中仍为空

  C. 在文本框中显示 1   D. 出错

11. 保存一个工程至少应保存两个文件,这两个文件分别是_____。

  A. 文本文件和工程文件   B. 窗体文件和工程文件

  C. 窗体文件和标准模块文件   D. 类模块文件和工程文件

12. 标签控件能够显示文本信息,文本内容只能用_____属性来设置。

  A. Alignment   B. Caption   C. Visible   D. BorderStyle

13. 若要求从文本框中输入密码时在文本框中只显示 * 号,则应当在此文本框的属性窗口设置_____。

  A. Text 属性值为 *   B. Caption 属性值为 *

  C. Password 属性值为空   D. Passwordchar 属性值为 *

14. 若要使用户不能修改文本框 TextBox1 中显示的内容,应设置_____属性。

  A. Locked   B. MultiLine

  C. PassWordChar   D. ScrollBar

15. 能够获得一个文本框中被选取文本的内容的属性是_____。

  A. Text   B. Length   C. Seltext   D. SelStart

第 **3** 章

Visual Basic 程序设计基础

第 2 章介绍了简单的 VB 面向对象程序设计过程、方法与风格,读者已经基本了解了 VB 程序设计的基本过程和步骤。但要编写真正有用的 VB 程序,则离不开 BASIC 语言的基本语法。任何一门程序设计语言都有其特有的语法规则,VB 也不例外,VB 规定了用于编程的数据类型、基本语句、函数和过程等。本章主要介绍 VB 的数据类型、常量、变量、常用内部函数、运算符、表达式等基本的语法知识。

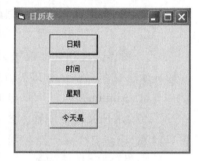

图 3.1 引例程序运行界面

引例:设计一个日历表,其运行界面如图 3.1 所示。当分别单击"日期""时间""星期""今天是"按钮时,分别得到相应的系统日期或时间。

要得到如图 3.1 所示的程序运行界面,并实现相应的功能,需要编写如图 3.2 所示的程序代码。这些程序代码涉及了数据类型、常量、变量、常用内部函数、运算符、表达式等基本的语法知识,这些基本的语法知识对编程非常重要,需要读者掌握,为更好地编写程序代码打下良好的基础。

```
工程1 - Form1 (Code)
Command1                              ▼  Click
Public t As String
Private Sub Command1_Click()
    Label1.Caption = Date
End Sub
Private Sub Command2_Click()
    Label2.Caption = Time()
End Sub
Private Sub Command3_Click()
    t = Choose(Weekday(Now),"星期日","星期一","星期二","星期三","星期四","星期五","星期六")
    Label3.Caption = t
End Sub
Private Sub Command4_Click()
    Label4.Caption = Date & " " & t
End Sub
```

图 3.2 引例程序代码

3.1　基本语法单位

任何一种程序设计语言都规定了一套严密的语法规则和基本语法单位,以便按照语法规则将基本符号构成语言的各种成分,例如,常量、变量、表达式、语句和过程等。

基本语法单位
及数据类型

3.1.1　字符集

各种程序设计语言都规定了允许使用的字符集,以便语言系统能正确识别它们。Visual Basic 语言的字符集如下。

(1) 大、小写英文字母:A~Z,a~z。

(2) 数字:0~9。

(3) 特殊字符:!,",♯,$,%,&,′,(,),*,+,−,/,\,.,,.,:,;,<,=,>,?,@,^,空格等。

3.1.2　标识符

标识符一般是指用户自定义的常量、变量、类型、控件和过程的名字,是起标识作用的一类符号。如对一些数据或对象命名,然后就可以通过这个名字对它们进行操作。标识符的构成规则如下。

(1) 一个标识符必须以字母或汉字开头,后跟字母、汉字、数字或下画线组成的字符序列,长度不超过 255 个字符。

(2) 变量名最后一个字符可以是类型符(即规定数据类型的字符:%,&,!,♯,$,@)。

(3) Visual Basic 语言不区分大小写字母。例如,SUM,sum 和 Sum 被视为同一个标识符。

(4) 不能使用 Visual Basic 中的关键字命名标识符,但可以把关键字嵌入标识符中;同时,标识符也不能是末尾带有类型说明符的关键字。

为使程序有良好的可读性,标识符应尽量选用具有一定含义的英文单词来命名,使读者"见其名而知其意"。例如,代表平均值的标识符 average 或 aver 要比用 a 好。若选用的英文单词太长,可采用公认的缩写方式。对于常用的标识符应当选用既简单又明了的名字。对于由多个单词组成的标识符,建议使用下画线将各单词隔开,以增强可读性。例如,averagescore 可写成 average_score。另外还要注意避免在书写标识符时引起的混淆,如字母 o 的数字 0,字母 I 和数字 1,字母 z 和数字 2。

下面是一些正确的标识符:

```
a  b1  student_name  buf   x12
```

下面是一些非法的标识符:

```
5h              不是以字母开头
no.1            含有不能构成名字的点字符
```

```
double      不能与关键字同名
note book   不能出现空格
```

3.1.3　关键字

关键字是程序设计语言中事先定义的具有特定含义的标识符,也称保留字。在 Visual Basic 语言中的每一个关键字都具有其特定的用处,用于表示系统提供的标准过程、函数、运算符、常量、数据类型等,因此不允许在 Visual Basic 程序中另作他用。例如,String、Single、Mod、If、Then 等都是关键字。Visual Basic 语言的关键字与标识符一样,不区分字母的大小写。但是,Visual Basic 语言规定关键字的首字母为大写字母,其余为小写字母。当用户在代码窗口中输入关键字时,不论以怎样的大小写字母输入,系统都能识别并将输入的关键字自动转换为系统规定的标准格式。例如,输入 IF X>Y THEN,然后按 Enter 键,系统自动将输入的语句转换为 If X>Y Then,其中的关键字 IF 和 THEN 分别转换为 If 和 Then。

Visual Basic 语言的关键字有很多,上面只列举了几个,其余的关键字在后续章节中将逐步涉及。

3.2　数据类型

不管用什么高级语言编写程序,都需要把各种各样的信息以数据的形式存储于计算机中,由于不同类型的数据占用内存单元的大小不同,所以在用高级语言编写程序时,要定义数据的类型。数据类型的定义就好比现实中存放物品,需要量体和有序才能在有限的空间内将物品摆放得更好、更多和更整齐。在各种程序设计语言中,数据类型的规定和处理方法是各不相同的。Visual Basic 提供了系统定义的基本数据类型,并允许用户自定义所需的数据类型。系统提供的数据类型如图 3.3 所示。

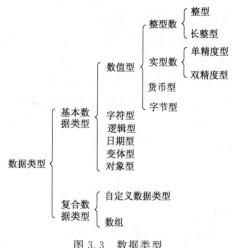

图 3.3　数据类型

3.2.1　基本数据类型

基本数据类型是系统定义的数据类型,表 3.1 列出了 VB 支持的基本数据类型,包括它们占用的存储空间和数值范围。

表 3.1　Visual Basic 的基本数据类型

数据类型	关键字	类型符	占用字节数	范　　围
字节型	Byte	无	1	$0 \sim 2^8-1(0\sim 255)$
逻辑型	Boolean	无	2	True 与 False
整型	Integer	%	2	$-2^{15} \sim 2^{15}-1(-32\,768 \sim 32\,767)$
长整型	Long	&	4	$-2^{31} \sim 2^{31}-1(-2\,147\,483\,648 \sim 2\,147\,483\,647)$
单精度型	Single	!	4	负数:$-3.402\,823E38 \sim -1.401\,298E-45$ 正数:$1.401\,298E-45 \sim 3.402\,823E38$
双精度型	Double	#	8	负数:$-1.797\,693\,134\,862\,32D\,308 \sim$ 　　　$-4.940\,656\,458\,412\,47D-324$ 正数:$4.940\,656\,458\,412\,47D-324 \sim$ 　　　$1.797\,693\,134\,862\,32D\,308$
货币型	Currency	@	8	$-922\,337\,203\,685\,477.580\,8 \sim$ $922\,337\,203\,685\,477.580\,7$
日期型	Date(time)	无	8	100 年 1 月 1 日 $\sim$ 9999 年 12 月 31 日
字符型	String	$	与字符串长度有关	$0 \sim 65\,535$ 个字符
对象型	Object	无	4	任何对象引用
变体型	Variant	无	根据需要分配	

1. 数值型

在 Visual Basic 中,数值(Numeric)型数据分为整型数和浮点(实型)数两类。其中整型数又分为整数和长整数,浮点数分为单精度浮点数和双精度浮点数。

1) 整型数

整型数运算速度快、精确,但表示数的范围小。整型数的类型分为整型和长整型,分别以 Integer 和 Long 表示。

整型数是不带小数点和指数符号的数,在计算机内部以二进制补码形式表示。例如,Integer 类型数 5、-5 在计算机内部分别以下面的形式存放。

```
5      00000000 00000101
-5     11111111 11111011
```

Integer 类型占 2 个字节,考虑有一位符号位,可存放的最大整数为 $2^{15}-1$,即 32 767,当大于该值时,程序运行时就会产生"溢出"而中断;可存放的最小整数为 -2^{15},即

—32 768,当最小值小于—32 768时,也会产生"溢出"。这时,应采用Long类型,用4个字节存放。Long类型可存放的最大整数为$2^{31}-1$,即2 147 483 647;可存放的最小整数为-2^{31},即—2 147 483 648。若超出该范围,就不能使用整数了,可改为浮点数。

在VB中,Integer类型的整数表示形式为±n[%],n是0～9的数字,%是Integer的类型符,可省略。例如,123、—123、+123、123%均表示整型(Integer)数,而123.0就不是整数而是单精度数。123,456是非法数,因为其中出现了逗号(,)。

当要表示Long类型的整数时,只要在数字后加"&"(Long类型符号),即表示形式为±n&。例如,123&、—1234567&均表示长整型(Long)数。

整型数和长整型数除了十进制表示形式外,还有八进制和十六进制两种表示形式。

八进制整型数前面冠以"&"或"&O"(&o)或"&0"。整型取值范围为&0～&177777,长整型取值范围为&0&～&37777777777&;

十六进制整型数前面冠以"&H"(&h),整型取值范围为&H0～&HFFFF,长整型取值范围为&H0&～&HFFFFFFFF&。例如:

八进制整型数:&432、&O5236、—&o340、+&0340

八进制长整型数:&4321&、—&O567654321&、&340340&

十六进制整型数:&H15、&H2F1A、—&HB34

十六进制长整型数:&H123&、—&HA123BCD&、&H129FA&

注意:在程序中使用八进制和十六进制表示的整型数和长整型数,输出时都自动转换为十进制形式。例如,八进制数&377自动转换为十进制数255,十六进制数&H3F自动转换为十进制数63。

2) 实型数

实型数又称为浮点数,是带有小数部分的数值。浮点数表示数的范围大,但有误差,且运算速度慢。浮点数的类型分为单精度和双精度两种类型,分别以Single和Double表示。

浮点数由3部分组成:符号、指数和尾数。单精度浮点数和双精度浮点数的指数分别用"E"(或"e")和"D"(或"d")来表示。例如:

```
456.78E3    或    456.78e+ 3       单精度数,相当于 456.78×10³
234.56789D3    或   234.56789d+ 3    双精度数,相当于 234.56789×10³
```

其中,456.78或234.56789是尾数部分,e+3(也可以写成E3或e3)和d+3(也可以写成D3或d3)是指数部分。

在VB中规定单精度浮点数精度为7位,双精度浮点数精度为16位。Single和Double型用于保存浮点数。

单精度浮点数有多种表示形式:

$±n.n、±n!、±nE±m、±n.nE±m$

即分别为小数形式、整数加单精度类型符和指数形式,其中n,m为无符号整数。

例如,123.45、123.45!、0.123 45E+3(相当于0.123 45×10³)都表示为同值的单精度浮点数。

要表示双精度浮点数,对小数形式只要在数字后加上"♯"或用"♯"代替"!",对指数形式用"D"或"d"代替"E"或"e",或指数形式后加"♯"。

例如,123.45♯、0.123 45D＋3、0.123 45E＋3♯等都表示为同值的双精度浮点数。

3) 货币型

货币型(Currency)是定点实数或整数,最多保留小数点右边 4 位和小数点左边 15 位,用于货币计算。表示形式是在数字后加"@"符号,例如,123.45@、1234@。

浮点数中的小数点是"浮动"的,即小数点可以出现在数的任何位置,而货币类型数据的小数点是固定的,因此,称为定点数据类型。

4) 字节型

字节型(Byte)是在内存中占 1 字节的无符号整数,其取值范围为 0～255。

2. 字符型

字符(Stirng)类型存放字符型数据。字符可以包括所有西文字符和汉字,字符两侧用英文状态下的双引号"""括起,这样的字符序列也叫字符串。双引号内的字符个数叫字符串长度,例如,"68794" "sfdgfh68" "行胜于言"都是字符串,其长度分别是 5、8、4。字符串长度为 0(即不含任何字符)的字符串叫空字符串。""表示空字符串,而" "表示含有一个空格的字符串。

Visual Basic 中的字符串分为两种,即变长字符串和定长字符串。其中,变长字符串的长度是不确定的,可以为 0～2^{31}(约 21 亿)个字符。而定长字符串含有确定个数的字符,最大长度不超过 $2^{16}-1$(65 535) 个字符。

3. 逻辑型

逻辑(Boolean)数据类型用于逻辑判断,它只有 True 与 False 两个值。当逻辑数据转换成整型数据时,True 转换为-1,False 转换为 0。当将其他类型数据转换成逻辑数据时,非 0 数转换为 True,0 转换为 False。

4. 日期型

日期(Date)型数据按 8 字节的浮点数来存储,表示的日期范围从公元 100 年 1 月 1 日到 9999 年 12 月 31 日,而时间范围为 0:00:00～23:59:59。

日期型数据有两种表示方法:一种是以任何字面上可被认作日期和时间的字符,用定界符"♯"将其括起来表示;另一种是以数字序列表示。

例如,♯January 1,2014♯;♯1/12/2014♯和♯2014-5-12　12:30:00 PM♯等都是合法的日期型数据。

当以数字序列表示时,小数点左边的数字代表日期,而小数点右边的数字代表时间,0为午夜,0.5 为中午 12 点,负数代表的是 1899 年 12 月 31 日之前的日期和时间。

例如,下面的程序段:

```
Private Sub Form_Click()
    Dim T As Date
```

```
        T=-2.5
        Print T
End Sub
```

用户单击窗体后,显示由数值转换成日期的结果为 1899-12-28 12:00:00。

5. 变体型

变体(Variant)型是一种特殊的数据类型,为 VB 的数据处理增加了智能性,是所有未定义的变量的默认数据类型,它对数据的处理完全取决于程序上下文的需要。它可以包括上述的数值型、日期型、对象型、字符型等数据类型。要检测变体型变量中保存的数值究竟是什么类型,可以用函数 VarType()进行检测,根据它的返回值可确定是何种数据类型。

6. 对象型

对象(Object)型数据用来表示引用应用程序中的对象,它可以是图形、OLE 对象或其他对象,用 4 个字节存储。

3.2.2 用户自定义数据类型

当所有基本数据类型都无法满足需求时,可以使用自定义的数据类型。自定义的数据类型由若干个基本数据类型组成,类似于 C 语言、VB. NET 中的结构类型,Pascal 中的记录类型。VB 中自定义数据类型通过 Type 语句来实现。

格式:

```
[Private|Public]Type<自定义类型名>
    <元素名 1>[(下标)] as<类型名>
        …
    <元素名 n>[(下标)]as<类型名>
End Type
```

功能:用于定义包含一个或多个元素的用户自定义的数据类型。

说明:

(1) Private:可选项。用于声明只能在包含该声明的模块中使用的用户自定义的类型。例如,在窗体模块中定义,必须是 Private。

(2) Public:可选项。用于声明可在所有工程的所有模块的任何过程中使用的用户定义类型。一般在标准模块(. bas)中定义,默认是 Public。

(3) 自定义类型名:必选项。用户自定义类型的名称遵循标准的变量命名约定。

(4) 元素名 1……元素名 n:必选项。用户自定义类型的元素名称也应遵循标准变量命名约定。

(5) 下标:可选项。数组元素的维数。当定义大小可变的数组时,只需圆括号。

注意：

（1）自定义数据类型中的元素类型可以是字符串，但应是定长字符串。

（2）不要将自定义类型名和该类型的变量名混淆，前者表示如同 Integer、Single 等的类型名，后者 VB 根据变量的类型分配所需的内存空间，存储数据。

（3）区分自定义类型变量和数组的异同。

相同之处：它们都是由若干个元素组成。

不同之处：前者的元素代表不同性质、不同类型的数据，以元素名表示不同的元素。而数组存放的是同种性质、同种类型的数据，以下标表示不同的元素。

用户自定义类型经常用来表示数据记录，记录一般由多个不同数据类型的元素组成。

例如，以下定义了一个有关雇员信息的自定义数据类型：

```
Type Employeetype              'Employeetype 为自定义类型名
    ID As Integer              '身份证号
    Name as string * 20        '姓名
    Sex as String * 1          '性别
    Address As String * 30     '住址
    Phone As Long              '电话
    HireDate As Date           '雇用日期
End Type
```

Employeetype 就是一个自定义的数据类型。一旦定义好了类型，就可以同系统定义的基本数据类型一样在变量的声明时使用了。

3.3　变量与常量

计算机在处理数据时，必须将其装入内存才能处理。在机器语言与汇编语言中，借助于对内存单元的编号（称为地址）访问内存中的数据。而在高级语言中，需要将存放数据的存储空间命名，通过存储空间名来访问其中的数据。这个存储空间名就是变量名，被命名的存储空间称为变量，变量所包含的内存单元可能是一个，也可能是多个，这要看变量的类型。

变量与常量

对于初学者，可以这样来理解变量：一个宾馆是用来住人的，假设以床位为单位来住人，那么一个房间就是变量，房间号是变量名，房间中的床位是内存单元，床位号是内存单元的地址。一个房间的床位数是变量所包含的内存单元数（1 个内存单元存放 1 个字节）。床位数由房间的类型（单人间、双人间、普通间）来决定，而变量所含的内存单元数由变量的类型来决定。

在程序运行期间常量的值是不发生变化的，而变量的值是可变的。

3.3.1　变量

变量是在程序运行过程中其值可以发生变化的量。使用变量前，一般先声明变量名和其类型,以便系统为它分配存储单元和运算规则。变量的声明好比跟前台服务员说你要住宾馆,需要什么样的房间。变量的这种先声明后使用,称为显式声明。

1. 显式声明

格式:

Dim|Private|Static|Public|Global<变量名>[As<类型>][,<变量名>[As<类型>]…]

功能:声明变量并分配存储空间。

说明:

(1) 类型可使用表 3.1 中所列出的关键字。

(2) [As <类型>]:方括号部分表示该部分可以省略。省略方括号部分,则所创建的变量默认为变体类型。

(3) 为了方便定义,可在变量名后加类型符来代替"As 类型"。此时变量名与类型符之间不能有空格。类型符参见表 3.1。

例如:

```
Dim  x  As  Integer, y  As  Integer, Allsum  As  Single
```

等同于:

```
Dim  x%,y%,Allsum!
```

分别创建了整型变量 x、y 和单精度变量 Allsum。

(4) 一条 Dim 语句可以同时定义多个变量,但每个变量必须有自己的类型声明,类型声明不能共用。

例如:

```
Dim  x,yAs  Integer, z  As  Double
```

则创建了变体型变量 x、整型变量 y 和双精度型变量 z。

对于字符串类型变量,根据其存放的字符串长度是否固定,其定义方法有两种。

```
Dim 字符串变量名 As String
Dim 字符串变量名 As String * 字符数
```

前一种方法定义的字符串将是不定长的字符串,最多可存放 2MB 字符;后一种方法可定义定长的字符串,存放的最多字符数由 * 号后面的字符数决定。

例如,变量声明:

```
Dim a As String                  '声明可变长字符串变量
Dim b As String * 20             '声明定长字符串变量可存放 20 个字符
```

对上例声明的定长的字符串变量 b,若赋予的字符少于 20,则其右补空;若赋予的字符超过 20 个,则多余部分截去。在 VB 中,一个汉字与一个西文字符一样都算作一个字符。因此,上述定义的 b 字符串变量,表示可存放 20 个西文字符或 20 个汉字。

（5）在 VB 中，变量根据不同的类型有不同的默认初值，如表 3.2 所示。

表 3.2　不同类型变量的默认初值

变量类型	默认初值	变量类型	默认初值
数值类型	0	Object	Nothing
String	" "（空字符串）	Date	0/0/0
Boolean	False		

（6）Dim：在窗体模块、标准模块或过程中声明变量。

Private：在窗体模块或标准模块中声明模块级变量，变量仅在该模块中有效。

Static：在过程中定义静态变量，即使该过程结束，也仍然保留变量的值。

Public：在窗体模块或标准模块中声明全局变量，使变量在整个应用程序中有效。

Global：在标准模块中声明全局变量。

Private、Static、Public、Global 的用法在后面"函数过程的定义和调用"部分讨论。

2. 隐式声明

在 VB 中，允许对使用的变量未进行上述的声明而直接使用，称为隐式声明。所有隐式声明的变量都是 Variant 类型的。

例如，如下程序段：

```
Private Sub Command1_Click()
    Dim  Mov  As  Integer,x  As  Integer
    Mov=10
    x=60/Nov          'Nov 是未声明的变量,默认初值为 0
End Sub
```

程序运行时显示"除数为 0"的错误提示信息。原因是变量 Mov 声明为整型，并被赋值 10；当程序运行到"x＝60/Nov"语句时，遇到新变量 Nov，系统认为 Nov 就是隐式声明，对该变量初始化为 0，实际上是因变量名拼错了而引起的错误。虽然隐式声明这种方法很方便，但不提倡这么做，因为一旦把变量名写错，系统也不会提示错误。

3. 强制声明

为了避免系统因为变量未声明而出现的错误，在 VB 中提供了强制声明的方法。

强制声明变量的方法如下。

（1）选择"工具"菜单下的"选项"命令，打开"选项"对话框，单击"编辑器"选项卡标签，然后在该选项卡中选定"要求变量声明"复选框，再单击"确定"按钮即可。

注意：这样 VB 就会在任何新模块中自动插入 Option Explicit 语句，但只会在新建立的模块中自动插入。所以对于已经建立的模块，只能用手工方法向现有模块添加 Option Explicit 语句（只有再重新启动 VB，这项功能才有效）。

（2）在窗体模块或标准模块的通用声明段使用如下语句：

```
Option Explicit
```

这条语句要求编译器检查每个变量的声明，如果使用的变量没有声明，则发出一条出错信息。

3.3.2 常量

常量是在程序运行中其值不变的量，在 VB 中有 3 种常量：直接常量、用户声明的符号常量和系统提供的常量。

1. 直接常量

在 3.2 节中介绍的各种类型的常数值，其常数值直接反映了其类型，也可以在常数值后紧跟类型符显式地说明常数的数据类型。

例如，133、133&、133.35、1.334E2、133D3、&O133、&H3BCD、－&O576546231&、&H192FA&，分别为整型、长整型、单精度浮点数（小数形式）、单精度浮点数（指数形式）、双精度浮点数、八进制整型数、十六进制整型数、八进制长整型数、十六进制长整型数。

2. 用户声明符号常量

如果在程序中经常用到某些常数值，或者为了便于程序的阅读或修改，则有些常量可以由用户定义的符号常量表示。

格式如下：

```
[Public|Private] Const<符号常量名>[As<类型>]=<表达式>[,<符号常量名>[As<类型>]
=<表达式>…]
```

说明：

（1）符号常量名：常量名的命名规则同变量名，为了便于与一般变量名区别，常量名一般用大写字母。

（2）As 类型：说明了该常量的数据类型，若省略该选项，则数据类型由表达式决定。用户也可在常量后加类型符来定义该常量的类型。

（3）表达式：可以是数值常量、字符串常量以及由运算符组成的表达式。

例如：

```
Const  PI=3.1415926          '声明了常量 PI,代表 3.1415926,单精度型
Const  XY  As Integer=&O123  '声明了常量 XY,代表了八进制数 123,整型
Const  DOCT#=65.67           '声明了常量 DOCT,代表 65.67,双精度型
```

注意：常量一旦声明，在其后的代码中只能引用，不能改变，即只能出现在赋值号的右边，不能出现在赋值号的左边。例如，对于符号常量 PI，赋值语句 PI＝PI＋2 是错误的。

（4）Public 为可选项，用于在标准模块的通用声明段定义全局常量，这些常量可在整

个应用程序中使用。

（5）Private 为可选项，用于在模块的通用声明段定义模块级常量，这些常量只能在该模块中使用。默认为 Private。

注意：在某过程内定义的符号常量只能在该过程内使用，且符号常量定义语句中不能使用 Public 和 Private 关键字。

例 3.1　编写命令按钮的单击事件过程，计算相同半径下的圆周长、圆面积和圆球体积。

程序代码如下：

```
Private Sub Command1_Click()
    r=10
    l=2 * 3.14159 * r
    s=3.14159 * r^2
    v=4/3 * (3.14159 * r^3)
    Print "圆周长=";l, "圆面积=";S, "圆球体积=";v
End Sub
```

在这个事件过程中，如果要将 3.14159 改为 3.14，就得逐个进行修改，非常麻烦。使用符号常量即可避免这个问题。将上述程序段改为：

```
Private Sub Command1_Click()
    Const PI=3.14159
    r=10
    l=2 * PI * r
    s=PI * r^2
    v=4/3 * (PI * r^3)
    Print "圆周长=";l, "圆面积=";S, "圆球体积=";v
End Sub
```

如果要将 3.14159 改为 3.14，只需将 Const 语句中的 3.14159 改为 3.14 即可。

3. 系统提供的常量

除了用户通过声明创建符号常量外，VB 系统还提供了应用程序和控件定义的常量，简称系统常量。这些常量位于对象库中，在"对象浏览器"中的 Visual Basic(VB)、Visual Basic for Application(VBA)等对象库中列举了 Visual Basic 的常量。其他提供对象库的应用程序，如 Microsoft Excel 和 Microsoft Project，也提供了常量列表，这些常量可与应用程序的对象、方法和属性一起使用。在每个 ActiveX 控件的对象库中也定义了常量。

为了避免不同对象中同名常量之间的混淆，在引用时可使用 2 个小写字母前缀，限定在哪个对象库中，例如：

vb：表示 VB 和 VBA 中的常量。

xl：表示 Excel 中的常量。

db：表示 Data Access Object 库中的常量。

通过使用常量,可使程序变得易于阅读和编写。同时,常量值在 Visual Basic 更高版本中可能还要改变,常量的使用也可使程序保持兼容性。

例如,窗口状态属性 WindowsState 可接受下列系统常量,见表 3.3。

表 3.3　WindowsState 常量

系 统 常 量	值	描　述	系 统 常 量	值	描　述
vbNormal	0	正常	vbMaximized	2	最大化
vbMinimized	1	最小化			

在程序中使用语句 Form1. WindowsState ＝ vbMaximized,将窗口最大化,显然要比使用语句 Form1. WindowsState＝2 易于阅读。

3.4　运算符和表达式

和其他高级程序设计语言一样,VB 提供了满足所有运算的运算符。将运算符和操作数(各个操作变量或者常量的值)进行组合变成表达式,从而实现程序设计中所需的各种运算操作。

3.4.1　运算符

运算符是表示实现某些运算的符号。VB 中的运算符可分算术运算符、字符运算符、关系运算符、逻辑运算符和日期运算符 5 类。

1. 算术运算符

表 3.4 列出了 VB 中所有的算术运算符。运算优先级指的是当表达式中含有多个运算符时,各运算符执行的优先顺序。其中"－"运算符在单目运算(单个操作数)中做取负号运算,在双目运算(两个操作数)中做算术减运算,其余都是双目运算符。现以优先级由高到低的顺序介绍各运算符(设 m 变量为整型,值为 2)。

表 3.4　算术运算符

运算符	功　能	优先级	举例	结果
^	幂运算	1	$125^{(1/3)}$	5
－	负号	2	－m	－2
*	乘	3	m * m * m	8
/	除	3	9/m	4.5
\	整除	4	9\m	4
Mod	取余数	5	9 Mod m	1
＋	加	6	9＋m	11
－	减	6	m－10	－8

运算符和表达式

1）乘方运算

乘方运算用来计算乘方和方根。

例如：

10^2	'10 的平方,结果为 100
10^(-2)	'10 的平方的倒数,即 1/100,结果为 0.01
25^0.5	'25 的平方根,结果为 5
8^(1/3)	'8 的立方根,结果为 2
2^2^3	'运算顺序从左到右,结果为 64
(-8)^(-1/3)	'错误,当底数为负数时,指数必须是整数

2）整数除法

执行整除运算,结果为整型值。参加运算的操作数一般为整型数。当操作数带有小数点时,先被四舍五入为整型数,后整除。

例如：

10\4	'结果为 2
25.68\6.99	'先四舍五入再整除,结果为 3

3）取模运算

取模运算符 Mod 用于求余数,为第一操作数整除第二操作数所得的余数。操作数带小数时,先四舍五入取整型数,后求余,运算结果符号取决于第一个操作数。

例如：

10 Mod 4	'结果为 2
25.68 Mod 6.99	'先四舍五入再求余数,结果为 5
11 Mod -4	'结果为 3
-11 Mod　5	'结果为-1
-11 Mod -3	'结果为-2

注意：算术运算符两边的操作数一般情况下应是数值型,但有时候也可以是其他类型。若操作数是数字字符,数字字符直接转换为相应的数值。若操作数是逻辑型,逻辑型转换为数值型的规则是：True 转换为-1,False 转换为 0。

例如：

25 -True	'结果是 26
False+8+"3"	'结果是 11

2. 关系运算符

关系运算符是双目运算符,作用是将两个操作数进行比较大小,若关系成立,则返回 True,否则返回 False。操作数可以是数值型、字符型等。表 3.5 列出了 VB 中的关系运算符。

表 3.5 关系运算符

运算符	功　能	举　　例	结果
=	等于	"EFGH"="EFK"	False
>	大于	"EFGH">"EFK "	False
.　>=	大于或等于	"bce">="bcd"	True
<	小于	34<37	True
<=	小于或等于	"26"<="26"	True
<>	不等于	"cde"<>"CDE"	True
Like	字符串匹配	"RWETYU"Like" * ET * "	True

在比较时,应注意以下规则:

(1) 如果两个操作数是数值型,则按其大小比较。

(2) 如果两个操作数是字符型,则按字符的 ASCII 码值从左到右逐一进行比较,即首先比较两个字符串中的第 1 个字符,其 ASCII 码值大的字符串为大;如果第 1 个字符相同,则比较第 2 个字符,以此类推,直到出现不同的字符时为止。

(3) 汉字字符大于西文字符。

(4) 汉字以拼音为序进行比较。

(5) 关系运算符的优先级相同。

(6) 在 VB 6.0 中,增加的"Like"运算符,与通配符"?""*""♯"、[字符列表]、[!字符列表]结合使用,在数据库的 SQL 语句中经常使用,用于模糊查询。其中,"?"表示任何单一字符,"*"表示零个或多个字符,"♯"表示任何一个数字(0~9),[字符列表]表示字符列表中的任何单一字符,[!字符列表]表示不在字符列表中的任何单一字符。

例如,找姓名变量中姓王的学生,则表达式为:

```
姓名 Like  "王 * "
```

又如,

```
"F"  Like  "[A-Z]"      '结果为 True
"a2a"  Like  "a#a"      '结果为 True
"F"  Like  "[!A-Z]"     '结果为 False
```

3. 逻辑运算符

逻辑运算符除 Not 是单目运算符外,其余都是双目运算符,作用是将操作数进行逻辑运算,结果是逻辑值 True 或 False。表 3.6 列出 VB 中的逻辑运算符和运算优先级等(在表中假定 T 表示 True,F 表示 False)。

表 3.6　逻辑运算符

运算符	功能	优先级	说　　明	举例	结果
Not	取反	1	当操作数为假时,结果为真 当操作数为真时,结果为假	Not F Not T	T F
And	与	2	两个操作数均为真时,结果才为真	T And T F And F T And F F And F	T F F F
Or	或	3	两个操作数中只要有一个为真时,结果为真	T Or T T Or F F Or T F Or F	T T T F
Xor	异或	3	两个操作数不相同时,即一真一假时,结果才为真,否则为假	T Xor F T Xor T	T F

4. 字符串运算符

字符串运算符有两个：“&”和“+”,它们的功能都是将两个字符串拼接起来。例如：

```
"23456"+34567        '结果为 58023,先把"23456"转换为数值型,再进行算术加运算
"23456"+"34567"      '结果为"2345634567",字符串连接
"abcdef"+34567       '出错,字符串与数值分属两种类型,不能运算
"21344a"+34567       '出错,只要含有非数字字符的字符串,则不转换,按字符串处理,
                      '与数值分属两种类型,不能运算
"abcdef"& 34567      '结果为"abcdef34567",先把"&"连接符两边的操作数转换为
                      '字符串,再连接
"23456"&"34567"      '结果为"2345634567",同上
23456 & 34567        '结果为"2345634567",同上
23456+"345"& 100     '结果为"23801100",先进行算术运算,后进行字符串连接运算,
                      '"+"优先级高于"&"
```

注意：对于上述的这些运算结果,读者可以在立即窗口中验证,如图 3.4 所示。

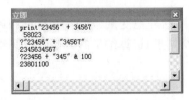

图 3.4　立即窗口验证表达式的输出结果

注意：用“print”或“?”输出都可以。

在字符串变量后使用运算符“&”时应注意,变量与运算符“&”间应加一个空格。这是因为符号“&”还是长整型的类型定义符。当变量与符号“&”接在一起时,VB 先把它作为类型定义符处理,这会造成出错。

如果"&"运算符左边是字符串常量,而右边是整数,并且"&"与整数紧挨着,在两者可构成一个合法的八进制数的情况下,则必须在"&"与整数之间加一个空格;当"&"与整数紧挨着,两者不能构成一个合法的八进制数,此时在"&"与整数之间的空格可加也可不加。

如果"&"运算符左边是整数,则整数与运算符"&"之间应加一个空格,原因是符号"&"还是长整型的类型符,当整数与"&"紧挨着时,Visual Basic 把"&"作为类型符处理,所以,为了避免出现一些错误,在使用"&"时应注意,"&"前后应加一个空格。

连接符"&"与"+"的区别如下。

"+"运算符两边的操作数应均为字符串。如果都为数值型,或其中的一个字符串是纯数字字符,则进行算术运算;如果有一个为含有非数字字符的字符串,另一个为数值型,则出错。

"&":连接符两旁的操作数不管是字符型还是数值型,进行连接操作前,系统先将操作数转换为字符型,然后再连接。

5. 日期运算符

日期运算符有:"+"和"−"。

"−"运算可完成两个日期型数据相减,结果是两个日期相差的天数,即为整数;

一个日期型数据减去一个整数,结果仍为一个日期型数据;

"+"运算只可完成一个日期型数据加上一个整数,结果仍为一个日期型数据;

"+"运算不能对两个日期型数据进行相加。

例如:

```
#01/01/2013#-#02/20/2013#      '结果为-50
#02/20/2013#-15                '结果为 2013-2-5
#02/20/2013#+15                '结果为 2013-3-7
```

3.4.2 表达式

1. 表达式组成

表达式是通过运算符和圆括号把变量、常量、运算符和函数连接起来的有意义的式子。表达式通过运算后有一个结果,运算结果的类型由数据和运算符共同决定。

2. 表达式的书写规则

(1) 乘号不能省略。例如,x 乘以 y 应写成:x * y。

(2) 括号必须成对出现,均使用圆括号,可以出现多个圆括号,但要配对。

(3) 表达式从左到右在同一基准上书写,无高低、大小区分。

例如,已知数学表达式 $\dfrac{\sqrt{2x+y-z}}{(xy)^3}$,写成 VB 表达式为:sqr(2 * x+y−z)/(x * y)^3。

说明:sqr()是求平方根函数,在 3.5 节介绍。

3. 不同数据类型的转换

在算术运算中,如果操作数具有不同的数据精度,则 VB 规定运算结果的数据类型采用精度高的数据类型。即:

```
Integer<Long<Single<Double<Currency
```

但当 Long 型数据与 Single 型数据运算时,结果为 Double 型数据。

4. 优先级

如前所述,算术运算符、逻辑运算符都有不同的优先级,关系运算符优先级相同。当一个表达式中出现了多种不同类型的运算符时,不同类型的运算符优先级如下:

算术运算符>字符运算符>关系运算符>逻辑运算符

注意:对于多种运算符并存的表达式,可通过增加圆括号来改变优先级或使表达式的含义更清晰。

例如,若选拔优秀生的条件为:年龄(Age)小于 19 岁,三门课总分(Total)高于 285 分,其中有一门为 100 分,如果其表达式写为:

```
Age<19 And Total>285 And Mark1=100 Or Mark2=100 Or Mark3=100
```

有何问题?应如何改正,请读者考虑。

3.5 常用内部函数

Visual Basic 提供了大量的内部函数(或称标准函数)供用户在编程时调用。内部函数按其功能可分为数学函数、转换函数、字符串函数、日期函数和格式输出函数等。以下叙述中,用 N 表示数值表达式、C 表示字符表达式、D 表示日期表达式。凡函数名后有 $ 符号,表示函数返回值为字符串。用户可以通过"帮助"菜单,获得所有内部函数的使用方法。

常用内部函数

3.5.1 数学函数

数学函数与数学中的定义一致,表 3.7 列出了常用的数学函数。

表 3.7 常用数学函数

函数格式	功　能	举　例	结　果
Sin(N)	返回 N 的正弦值	Sin(0)	0
Cos(N)	返回 N 的余弦值	Cos(0)	1
Tan(N)	返回 N 的正切值	Tan(0)	0

续表

函数格式	功　　能	举　　例	结　　果
Atn(N)	返回 N 的余切值	Atn(0)	0
Abs(N)	返回 N 的绝对值	Abs(−2.3)	2.3
Sqr(N)	返回 N 的正平方根	Sqr(9)	3
Exp(N)	返回以 e 为底的指数,即 e^N	Exp(3)	20.086
Log(N)	返回以 e 为底的自然对数,即 lnN	Log(10)	2.3
Int(N)	取不大于 N 的最大整数	Int(−2.6) Int(2.6)	−3 2
Fix(N)	返回 N 的整数部分	Fix(−2.6) Fix(2.6)	−2 2
Round(N [,x])	对 N 进行四舍五入处理 由 x 指定保留的小数位数	Round(−2.6,0) Round(2.6)	−3 3
Sgn(N)	当 N>0 时返回 1 当 N=0 时返回 0 当 N<0 时返回−1	Sgn(3.5) Sgn(0) Sgn(−3.5)	1 0 −1
Rnd[(N)]	产生随机小数	Rnd	[0~1]之间的小数

说明:

(1) 在三角函数中,参数 N 的单位为弧度。

(2) Sqr 函数的参数不能是负数。

例如,将数学表达式: $|x| + e^3 + \sin30° - \sqrt{xy}$ 写成 VB 表达式:

```
Abs(x)+Exp(3)+Sin(30 * 3.1416/180)-Sqr(x * y)
```

(3) Log 和 Exp 互为反函数,即 Log(Exp(N))、Exp(Log(N))的结果还是原来各参数 N 的值。

(4) Rnd 函数返回的范围为:[0,1),即是小于 1 但大于或等于 0 的双精度随机数。

默认情况下,每次运行一个应用程序,VB 提供相同的种子,即 Rnd 产生相同序列的随机数。为了每次运行时,产生不同序列的随机数,可执行 Randomize 语句。该语句格式如下:

```
Randomize [number]
```

用 number 将 Rnd 函数的随机数生成器初始化,给该随机数生成器一个新的种子值。如果省略 number,则用系统计时器返回的值作为新的种子值。

例如,要产生[20~40]之间的随机数(包括 20,40): Int(Rnd * 21+20)。

注意:产生一定范围内的随机整数通常表示为:Int(Rnd * (上限−下限+1)+下限)。

3.5.2　转换函数

常用的转换函数见表 3.8。

表 3.8　常用的转换函数

函数格式	功　　能	举　　例	结　　果
Asc(C)	字符转换成 ASCII 码值	Asc("B")	66
Chr[$](N)	ASCII 码值转换成字符	Chr(66)	"B"
Hex[$](N)	十进制转换成十六进制	Hex $ (120)	"78"
Oct[$](N)	十进制转换成八进制	Oct $ (120)	"170"
Lcase[$](C)	大写字母转为小写字母	Lcase $ ("ASD")	"asd"
Ucase[$](C)	小写字母转为大写字母	Ucase("asd")	"ASD"
Str[$] (N)	数值转换为字符串	Str(456.78)	"456.78"
Val(C)	数字字符串转换为数值	Val("456CD")	456

说明：

（1）Asc() 和 Chr() 函数互为反函数，即 Chr(Asc(C))、Asc(Chr(N)) 的结果为原来各自参数的值。例如，表达式 Asc(Chr(122)) 的结果还是 122。

（2）Str() 函数将非负数值转换成字符型值后，会在转换后的字符串左边增加空格即数值的符号位。例如，表达式 Str(456) 的结果为 " 456"（456 前有一空格），而不是 "456"（456 前没有空格）。

（3）Val 将数字字符串转换为数值类型，当字符串中出现数值类型规定的字符外的字符，则停止转换，函数返回的是停止转换前的结果。例如，表达式 Val("−456.78er") 的结果为 −456.78。同样表达式 Val("−456.78E4") 结果为 −4567800，E 为指数符号。

（4）要区分取整函数 Int()、Fix() 和 Round() 的异同。

3.5.3　字符串函数

从前面的 String 字符串类型的说明中知道，VB 中字符串长度是以字（习惯称字符）为单位，也就是每个西文字符和每个汉字都作为一个字，占两个字节。这与传统的概念有所不同，原因是编码方式的不同。

Windows 系统对字符采用了 DBCS 编码（Double Byte Character Set），用来处理使用象形文字字符的东亚语言。DBCS 编码实际上是一套单字节与双字节的混合编码，即西文与 ASCII 编码一样，是单字节；中文以两字节编码。

而在 VB 中采用的 Unicode（国际标准化组织 ISO 字符标准）来存储和操作字符串。Unicode 是全部用两个字节表示一个字符的字符集。为了保持与 ASCII 码的兼容性，保留 ASCII 码，仅将其每码的字节数变为两个，增加的字节以零填入。

VB 的字符串函数相当丰富,给字符类型变量的处理带来了极大的方便。字符串函数见表 3.9。

表 3.9　字符串函数

函 数 格 式	功　　能	举　　例	结　　果
InStr ([N1,] C1, C2[,M])	在 C1 中从 N1 开始找到 C2,省略 N1 从头开始找,找不到为 0	InStr (2," CDABCDEFG ", "CD")	5
Left(C,N)	取出字符串左边 N 个字符	Left("abcd",2)	"ab"
Right(C,N)	取出字符串右边 N 个字符	Right("FGHJKLI",3)	"KLI"
Mid(C,N1[,N2])	取字符子串,在 C 中从 N1 位开始向右取 N2 个字符,省略 N2 到结束	Mid("FJFFDFH",2,3)	"JFF"
Len(C)	字符串长度	Len("df 学然后知不足")	8
LenB(C)	字符串所占的字节数	LenB("df 学然后知不足")	16
Ltrim(C)	去掉字符串左边空格	Ltrim(" tettet")	"tettet"
Rtrim(C)	去掉字符串右边空格	Rtrim("RERY ")	"RERY"
Trim(C)	去掉字符串两边的空格	Trim(" RTYU ")	"RTYU"
Space(N)	产生 N 个空格的字符串	Space(3)	" "
String(N,C)	返回由 C 中首字符组成的 N 个字符	String(3,"JKL")	"JJJ"
* Replace(C,C1, C2 [,N1] [,N2] [,M])	在 C 字符串中从 1(或[N1])开始将 C2 替代 C1(有 N2,替代 N2 次)	Replace("ABCDABCD", "AB","123")	"123CD123CD"
* Join(A[,D])	将数组 A 各元素按 D(或空格)分隔符连接成字符串	A=array("12","ab") Join(A,"")	"12ab"
* Split(C[,D])	将字符串 C 按分隔符 D(或空格)分隔成字符数组,与 Join 作用相反	L=Split("123.56.ab",".")	L(0)="123" L(1)="56" L(2)="ab"
* StrReverse(C)	将字符串反序	StrReverse("JKLMN")	"NMLKJ"

　　说明:

　　(1) 在众多的字符串函数中,最常用的函数是找子串 InStr()、取子串 Mid()、求字符串长度 Len()等函数,必须熟练掌握。

　　(2) 函数名前有 * ,表示是 VB 6.0 新增的函数,具体应用例子在后面数组部分介绍。

3.5.4　日期和时间函数

　　日期与时间函数提供时间和日期信息,常用的日期与时间函数见表 3.10。

表 3.10 日期函数

函 数 格 式	功 能	举 例	结 果
Date[()]	返回系统日期	Date＄()	2014-02-22
Time[()]	返回系统时间	Time	11:10:44
Now[()]	返回系统日期和时间	Now	2014-2-22 11:08:18
DateSerial(年,月,日)	返回一个日期形式	DateSerial(14,2,18)	2014-2-18
DateValue(C)	同 DateSerial,但参数为字符串	DateValue("14,2,18")	2014-2-18
Year(C|D|N)	返回年代号(1753～2078)	Year(365) 相对于 1899 年 12 月 30 日为 0 天后 365 天的年代号	1900
Month(C|D|N)	返回月份代号(1～12)	Month("14,03,08")	3
＊ MonthName(N)	返回月份名	MonthName(3)	三月
Day(C|D|N)	返回日期代号(1～31)	Day("14,02,23")	23
Hour(C|D|N)	返回小时(0～24)	Hour(♯2:15:58PM♯)	14
Minute(C|D|N)	返回分钟(0～59)	Minute(♯2:15:58PM♯)	15
Second(C|D|N)	返回秒(0～59)	Second(♯2:15:58PM♯)	58
WeekDay(C|D|N)	返回星期代号(1～7),星期日为1,星期一为2	WeekDay("14,2,18")	3(即星期二)
＊ WeekDayName(N)	将星期代号(1～7)转换为星期名称,星期日为1	WeekDayName(3)	星期二

说明:

(1) Date()、Now()、Time()函数都是返回系统日期或时间的函数,注意它们返回值的区别。

(2) 日期函数中参数"C|D|N"表示可以是字符串表达式,也可以是日期表达式,还可以是数值表达式,其中"N"表示相对于 1899 年 12 月 30 日前后的天数。

(3) 函数名前有＊,是 VB 6.0 新增的函数。

除了上述日期和时间函数外,还有两个函数比较有用,由于其参数形式必须加以说明,故在此专门介绍。

1. DateAdd()增减日期函数

格式:

DateAdd(要增减日期形式,增减量,要增减的日期变量)

功能:对要增减的日期变量按日期形式做增减。要增减日期形式见表 3.11。

例如:

```
DateAdd("ww",2,#2/14/2014#)
```

表示在指定的日期上加2周,函数的结果为:♯2/28/2014♯。

表 3.11 日期形式

日期形式	yyyy	q	m	y	d	W	ww	h	n	s
意义	年	季	月	一年的天数	日	一周的天数	星期	时	分	秒

2. DateDiff()日期差函数

格式:

```
DateDiff(要间隔日期形式,日期1,日期2)
```

功能:对两个指定的日期按日期形式求相差的日期。要间隔日期形式见表3.11。

例如:要计算现在离放暑假(假定2014年7月12日)还有多少天?

应用函数:DateDiff("d",Now,♯2014/7/12♯)。

3.5.5 格式输出函数

格式输出函数 Format()可以使数值、日期或字符串按指定的格式输出。在 VB 6.0 中,针对不同的数据,还增加了 FormatCurrency(货币格式)、FormatNumber(数字格式)和 FormatPercent(百分比格式),系统已预定义了,用户只要调用对应的格式即可。格式输出函数一般用于 Print 方法中。本节主要介绍适用面广、格式丰富的 Format()函数。其格式如下:

```
Format[$](表达式[,格式字符串])
```

其中,"表达式"为要格式化的数值、日期和字符串类型表达式。"格式字符串"表示按其指定的格式输出表达式的值。格式字符串有3类:数值格式、日期格式和字符串格式。格式字符串要加引号。

1. 数值格式化

数值格式化是将数值表达式的值按"格式字符串"指定的格式输出。有关格式及举例见表3.12。

表 3.12 常用数值格式符及举例

符号	功　能	数值表达式	格式字符串	结　果
0	实际数字位数小于符号位数,数字前后加0,大于见表下的说明	3456.789 3456.789	"00000.0000" "000.00"	03456.7890 3456.79
#	实际数字位数小于符号位数,数字前后不加0,大于见表下的说明	3456.789 3456.789	"#####.####" "###.##"	3456.789 3456.79

续表

符号	功　　能	数值表达式	格式字符串	结　　果
.	加小数点	3456	"0000.00"	3456.00
,	千分位	3456.789	"＃＃,＃＃0.0000"	3,456.7890
％	数值乘以 100,加百分号	3456.789	"＃＃＃.＃＃％"	345678.9％
$	在数字前加 $	3456.789	"$＃＃.＃＃"	$ 3456.79
＋	在数字前加＋	－3456.789	"＋＃＃.＃＃"	－＋3456.79
－	在数字前加－	3456.789	"－＃＃.＃＃"	－3456.79
E＋	用指数表示	0.3456	"0.00E＋00"	3.46E－01
E－	与 E＋相似	3456.789	".00E－00"	.35E04

说明：符号"0"和"＃"既有相同之处,也有不同之处。其相同之处是：若要显示数值表达式整数部分的位数多于格式字符串的位数,按实际数值显示;若小数部分的位数多于格式字符串的位数,按四舍五入显示。其不同之处是："0"按其规定的位数显示,"＃"对于整数前的 0 或小数后的 0 不显示。

2. 日期和时间格式化

日期和时间格式化是将日期类型表达式的值或数值表达式的值以日期、时间的序数值按"格式字符串"指定的格式输出。有关格式见表 3.13。

表 3.13　常用日期和时间格式符

符　　号	功　　能
d	显示日期(1～31),个位前不加 0
dd	显示日期(01～31),个位前加 0
ddd	显示星期缩写(Sun～Sat)
dddd	显示星期全名(Sunday～Saturday)
ddddd	显示完整日期(yy/mm/dd)
dddddd	显示完整长日期(yyyy 年 m 月 d 日)
w	星期为数字(1～7,1 是星期日)
ww	一年中的星期数(1～53)
m	显示月份(1～12),个位前不加 0
mm	显示月份(01～12),个位前加 0
mmm	显示月份缩写(Jan～Dec)

续表

符　号	功　能
mmmm	月份全名(January～December)
y	显示一年中的天(1～366)
yy	两位数显示年份(00～99)
yyyy	4位数显示年份(0100～9999)
q	季度数(1～4)
h	显示小时(0～23),个位前不加0
hh	显示小时(00～23),个位前加0
m	在h后显示分(0～59),个位前不加0
mm	在h后显示分(00～59),个位前加0
s	显示秒(0～59),个位前不加0
ss	显示秒(00～59),个位前加0
ttttt	显示完整时间(小时、分和秒)默认格式为hh:mm:ss
AM/PM 或 am/pm	12小时的时钟,午前为AM或am,午后为PM或pm
A/P 或 a/p	12小时的时钟,中午前A或a,中午后P或p

说明:

(1) 时间分钟的格式说明符m、mm与月份的说明符相同,区分的方法是:跟在h、hh后的为分钟,否则为月份。

(2) 非格式说明符"—"""/""":"等照原样显示。

例3.2　利用Format()函数显示有关的日期和时间,在窗体的标题栏显示"Format函数应用示例"。运行界面如图3.5所示。

图3.5　例3.2运行界面

在窗体的单击事件过程中编写代码如下。

```
Private Sub Form_Click()
    Form1.Caption="Format 函数应用示例"
    MyTime=#5:26:48 PM#
    MyDate=#2/21/2014#
    Print Format(Date, "dddddd")        '显示系统当前日期
    Print Format(Now)                   '以系统预定义的格式显示系统当前日期和时间
    Print Format(MyDate, "m/d/yy")
    Print Format(MyDate, "mmmm-dddd-yyyy")
    Print Format(MyTime, "h-m-s AM/PM")
    Print Format(MyTime, "hh:mm:ss A/P")
End Sub
```

3. 字符串格式化

字符串格式化是将字符串按指定的格式进行大小写显示。常用的字符串格式符及使用举例见表 3.14。

表 3.14　常用字符串格式符及举例

符号	功　　能	字符串表达式	格式字符串	显 示 结 果
@	实际字符位数小于符号位数,字符前加空格	CDDEF	"@@@@@@@"	□□CDDEF
&	实际字符位数小于符号位数,字符前不加空格	CDDEF	"&&&&&&&"	CDDEF
<	强迫以小写显示	GOOD	"<"	good
>	强迫以大写显示	Good	">"	GOOD

3.5.6　Shell()函数

凡是能在 DOS 下或 Windows 下运行的可执行程序,也可以在 VB 中通过 Shell()函数来实现。

函数格式:

```
Shell(命令字符串[,窗口类型])
```

功能:调用外部应用程序。

说明:

(1) 命令字符串:要执行的应用程序名,包括路径,它必须是可执行文件(扩展名为 .com、.exe、.bat)。

(2) 窗口类型:表示要执行应用程序的窗口大小,可选择 0~4 或 6 的整型数值。一般取 1,表示正常窗口状态。默认值为 2,表示窗口会以一个具有焦点的图标来显示。

函数成功调用的返回值为一个任务标识 ID,它是运行程序的唯一标识,用于程序调试时判断执行的应用程序正确与否。

(3) 因为 Shell()函数不是命令,必须将其赋给一个变量。

例如,当程序在运行时,先启用 Windows 的记事本,接着进入 VB 6.0 环境。则调用 Shell 函数如下:

```
i=Shell("notepad.exe", 1)
j=Shell("C:\Program Files\Microsoft Visual Studio\VB98\vb6.exe", 1)
```

注意:对于执行 Windows 系统自带的软件,如计算器、记事本等各种程序,可以不写明程序的路径;对于其他软件,必须写明程序所在的路径,如 VB 6.exe。

3.6 综合应用

本章介绍了 Visual Basic 语言基本语法单位、数据类型、变量与常量、运算符和表达式以及常用内部函数,这些基础知识对后面几章的学习起着非常重要的作用,需要熟练掌握并灵活应用。

例3.3 随机产生一个 3 位正整数,然后逆序输出,产生的随机数与逆序数同时显示。

分析:

(1)产生一定范围内的随机整数的通用公式为:Int(Rnd * (上限-下限+1)+下限)。

(2)利用"Mod"和"\"将一个 3 位数分离出 3 个 1 位数,然后连接成一个逆序的 3 位数。

程序代码如下。

```
Dim sum As Integer, a As Integer, b As Integer, c As Integer, m As Single
                                                   '在通用声明段声明
Private Sub Command1_Click()
    Randomize
    m=Int(Rnd * 900+100)
    Print m
    a=m \ 100
    b= (m Mod 100) \ 10
    c=m Mod 10
    sum=c * 100+b * 10+a
    Print sum
End Sub
```

总结:在实际应用的过程中需注意以下几个问题。

(1)逻辑表达式书写错误,在 Visual Basic 中没有造成语法错误而形成的逻辑错误。例如,数学表达式为 $3 \leqslant x < 10$,VB 表达式为 3<=x<10(错)。

问题在于 Visual Basic 中的逻辑量与数值量可相互转换。

(2)同时给多个变量赋值,在 Visual Basic 中没有造成语法错误而形成的逻辑错误。例如:

```
Dim  x%,y%,z%
x==z=1
```

(3)标准函数名写错。

(4)变量名写错。

检查方法:在通用声明段中加 Option Explicit。

（5）语句书写位置错误。

在通用声明段只能有 Dim 语句，不能有赋值等其他语句。

3.7　练习

1. 假设变量 intVar 是一个整型变量，则执行赋值语句 intVar＝"2"＋3 之后，变量 intVar 的值是 _____。

  A. 2　　　　　　　B. 3　　　　　　　C. 5　　　　　　　D. 23

2. 下面_____是不合法的整常数。

  A. 100　　　　　　B. &O100　　　　　C. &H100　　　　　D. %100

3. 下面_____是合法单精度型变量。

  A. num!　　　　　B. sum%　　　　　C. xinte$　　　　　D. mm#

4. 若要处理一个值为 50 000 的整数，应采用的 VB 基本数据类型描述更合法的是_____。

  A. Integer　　　　B. Long　　　　　C. Single　　　　　D. String

5. 货币型数据需_____字节内存容量。

  A. 2　　　　　　　B. 4　　　　　　　C. 6　　　　　　　D. 8

6. 用户自定义数据类型时，其成员不能是_____。

  A. 定长字符串和数组　　　　　　　　B. 变长字符串

  C. 货币型和日期型　　　　　　　　　D. 定长字符串和货币型

7. 下列选项中，为字符串常量的是_____。

  A. 6/12/2001　　　　　　　　　　　B. "6/12/2001"

  C. #6,12,2001#　　　　　　　　　　D. 6,12,2001#

8. 如果一个变量未经定义就直接使用，则该变量的类型为_____。

  A. Integer　　　　B. Byte　　　　　C. Boolean　　　　D. Variant

9. 数学表达式 3≤x<10 在 VB 中的逻辑表达式为_____。

  A. 3<=x<10　　　　　　　　　　　B. 3<=x AND x<10

  C. x>=3 OR x<10　　　　　　　　　D. 3<=x AND <10

10. 下列叙述中不正确的是_____。

  A. 变量名可以包含小数点或者内嵌的类型声明字符

  B. 变量名的长度不超过 255 个字符

  C. 变量名的第一字符可以是字母

  D. 变量名不能使用关键字

11. 以下能作为 Visual Basic 变量名的是_____。

  A. E1　　　　　　B. 12-E　　　　　C. E-12　　　　　D. 12.5

12. 声明一个变量为局部变量应该用 _____。

  A. Global　　　　B. Private　　　　C. Static　　　　　D. Public

13. 如果要在任何新建的模块中自动插入 Option Explicit 语句,则应采用下列_____操作步骤。

    A. 在"工具"菜单中选取"选项"命令,打开"选项"对话框,"编辑器选项卡"选中"要求变量声明"选项

    B. 在"编辑"菜单中执行"插入文件"命令

    C. 在"工程"菜单中执行"添加文件"命令

    D. 其他操作均不对

14. 下面表达式中,_____的运算结果与其他3个不同。

    A. $\mathrm{Exp}(-3.5)$ B. $\mathrm{Int}(-3.5)+0.5$

    C. $-\mathrm{Abs}(-3.5)$ D. $\mathrm{Sgn}(-3.5)-2.5$

第 **4**章

控 制 结 构

在了解数据存储结构和访问算法以后,就可以进行实际程序的编写,也就是事件过程代码的编写,这是应用程序开发的难点。编写所有的事件过程代码都要用到结构化程序设计思想和方法,结构化程序设计方法引入了工程思想和结构化思想,使大型软件的开发和编程都得到了极大的改善。

引例:求解方程 $ax^2+bx+c=0$ 的解,其中 a,b,c 为实数,且 a 不为零。

对于该引例,在编写程序时,首先要对已输入值的 a,b,c 进行分析,看是否满足 b∗b−4∗a∗c≥=0;如果 b∗b−4∗a∗c≥=0,则根据平方根求解公式,分别计算 x1、x2 的值;如果 b∗b−4∗a∗c<0,则重新输入 a,b,c 的值。显然,在这个程序段中就要用到选择结构,也叫分支结构。任何复杂的实际问题,都可以由 3 种基本的程序控制结构通过合理的组合而进行解决,这 3 种基本的程序控制结构是顺序结构、选择结构(又称分支结构)和循环结构。本章主要介绍这 3 种控制结构的特点及使用方法,并在此基础上进行相应的组合应用来解决实际编程问题。

4.1　顺序结构

顺序结构是一种线性结构,也是程序设计中最简单、最常用的基本结构。其执行特征为:按照语句出现的先后顺序,依次执行,顺序结构的流程图如图 4.1 所示。

在一般的程序设计语言中,顺序结构的语句主要是赋值语句和输出语句等。在 VB 中也有赋值语句和输出语句,输入输出数据还可以通过文本框控件、标签控件、InputBox 函数、MsgBox 函数和过程来实现。

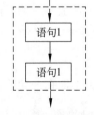

图 4.1　顺序结构流程图

4.1.1　输入数据

在 VB 中,要输入数据可以通过赋值语句来实现。

1. 赋值语句

输入数据-赋值语句

赋值语句是程序设计中最简单的语句,主要用于给变量赋值(将赋值号"="右边表达式的值赋给赋值号左边的变量)或对控件设定属性值。

赋值语句格式如下:

变量名=表达式

或

[对象名.]属性名=表达式

在向对象的属性赋值时,应指明对象名,若省略对象名,系统默认的对象是当前窗体。表达式可以是常量、变量、函数等任何类型的表达式。但一般应与变量名的类型一致。例如:

```
R=5
S=3.14*R*R
Label1.Caption="天行健,君子自强不息"
```

在赋值时还应注意以下情况。

(1) 赋值语句具有计算和赋值的双重功能。它首先计算"="号右边的表达式,然后把结果赋给"="号左边的变量或对象的属性。

(2) 虽然赋值号与关系运算符等于号都用"="表示,但 VB 系统会根据所处的位置自动判断是何种意义的符号。也就是在关系表达式中出现的是等号,否则是赋值号。

例如:

```
Private Sub Form_Click()
    a=5          '赋值语句
    Print a
    Print a=5    '关系表达式
End sub
```

(3) 赋值号左侧只能是变量名,不能是常量或表达式。例如:

```
x+y=2          'x+y 是一个表达式,不是合法的变量名,这是一个错误的赋值语句
5=R            '5 是个常量,这是一个错误的赋值语句
```

(4) 不能在一句赋值语句中,同时给多个变量赋值。例如:

```
dim x%,y%,z%
x=y=z=1
```

(5) 赋值时,左右两边类型不同时应注意以下几点。

① 当数值型表达式与赋值号"="左边的变量精度不同时,右边的数值型表达式强制转换为左边变量的精度。

② 当赋值号"＝"左边的变量是数值型,右边的字符串中有非数字字符或空字符串时,则系统会出现错误。

③ 当逻辑型数据赋给数值型变量时,True 转换为－1。False 转换为 0;反之,给逻辑型变量赋值时,非 0 转换为 True,0 转换为 False。

④ 任何非字符型数据赋值给字符型变量,将自动转换为字符型。

(6) 数值型变量可以与自身相运算,字符型变量可以与自身相连接。例如:

```
x=5
x=x+1
```

表示将 x 的原值 5 加 1,把它们的和 6 送回变量 x 中。

在写程序时,如果变量的值是已知的、固定的,可在写程序时把值直接写在赋值号右边;如果其值是未知或变化的,则不能在写程序时给变量赋值,这时,就要借助文本框或 InputBox 函数,在程序的运行过程中,由用户在文本框中或 InputBox 函数对话框中输入数据,并将输入的数据赋给变量。

在引例中,对变量 a、b、c 的赋值就借助了文本框,其求解运行界面如图 4.2 所示。程序运行时,由用户在文本框中分别输入值,从而将其赋给变量 a、b、c,其赋值语句如下。

```
a=Val(Text1.Text)
b=Val(Text2.Text)
c=Val(Text3.Text)
```

输入数据-文本框输入
和 InputBox 函数输入

说明:由于文本框中的 Text 值是字符型的,而变量 a、b、c 的类型是数值型的,为了使赋值号两边的数值类型一致,用 Val 函数将文本框中的 Text 值转成数值型的。

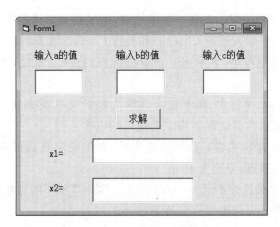

图 4.2 引例运行界面

程序代码段如图 4.3 所示。

```
工程1 - Form1 (Code)
Command1                    ▼   Click                    ▼
Private Sub Command1_Click()
    Dim a As Double, b As Double, c As Double, d As Double
    Dim x1 As String, x2 As String
    a = Val(Text1.Text)
    b = Val(Text2.Text)
    c = Val(Text3.Text)
    d = b * b - 4 * a * c
    If d >= 0 Then
      x1 = Str((-b + Sqr(d)) / (2 * a))
      x2 = Str((-b - Sqr(d)) / (2 * a))
    Else
      MsgBox ("您输入的方程没有实数解,请重新输入数据")
      Text1 = ""
      Text2 = ""
      Text3 = ""
    End If
    Text4 = x1
    Text5 = x2
End Sub
```

图 4.3　引例代码窗口

2. 输入对话框 InputBox 函数

InputBox 函数运行时可以产生一个对话框,等待用户向文本框中输入数据,当用户单击"确定"按钮或按 Enter 键时,将输入的内容作为函数的返回值。其值的类型为字符型。

InputBox 函数的格式为:

`InputBox (<提示>[,标题][,默认值][,x坐标位置][,y坐标位置])`

说明:

(1) 提示:不能省略此项。它是一个字符串,用于指定对话框中显示的文本;若要多行显示,必须在字符串中加入回车 Chr(13) 和换行 Chr(10) 控制符或 vbCrLf 符号常量。

(2) 标题:是一个字符串,显示在对话框的标题栏中;若省略,则标题栏中显示应用程序名。

(3) 默认值:是一个字符串,用于指定在输入框的文本框中显示的默认文本。当用户没有输入信息时,则函数默认此字符串为输入的内容。

(4) x坐标位置、y坐标位置:是整型表达式,用于确定对话框左上角在屏幕上的位置,屏幕左上角为坐标原点,单位为 twip。

(5) 函数中各项参数次序必须一一对应,除了"提示"项不能省略外,其余各项均可省略,处于中间的缺省部分要用逗号占位符跳过。

例如:

`sname=InputBox("请输入参赛者姓名,然后按确定按钮", "知识竞赛", , 100, 100)`

其运行界面如图 4.4 所示。

图 4.4 运行界面

（6）每次执行 InputBox 函数只能输入一个值。如果要输入多个值时，需多次调用该函数。

（7）InputBox 函数返回值必须赋值给变量，否则返回值不保留。

在引例中，也可以通过 InputBox 函数给变量 a、b、c 赋值，其赋值语句改为：

```
a=Val(InputBox("请输入 a 的值"))
b=Val(InputBox("请输入 b 的值"))
c=Val(InputBox("请输入 c 的值"))
```

修改后的程序运行界面如图 4.5 所示，修改后的代码如图 4.6 所示。

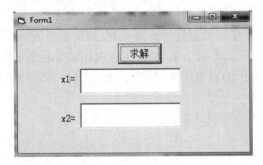

图 4.5 引例修改后的程序运行界面

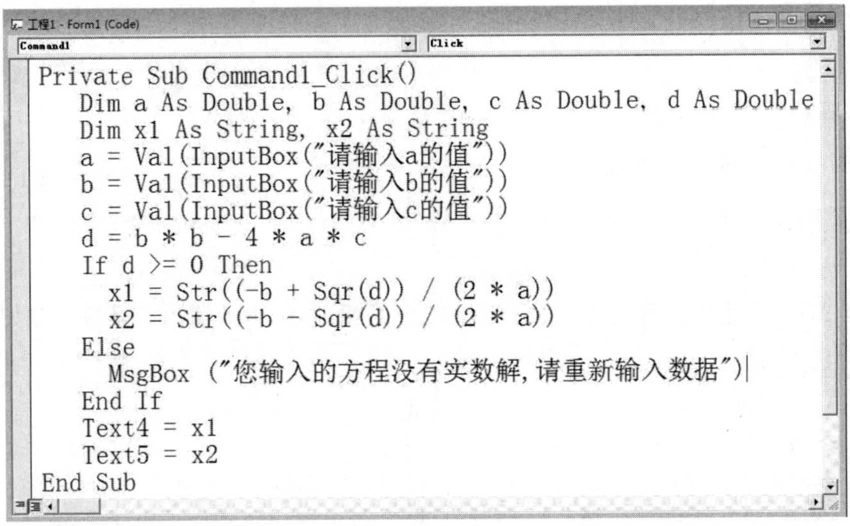

```
Private Sub Command1_Click()
    Dim a As Double, b As Double, c As Double, d As Double
    Dim x1 As String, x2 As String
    a = Val(InputBox("请输入a的值"))
    b = Val(InputBox("请输入b的值"))
    c = Val(InputBox("请输入c的值"))
    d = b * b - 4 * a * c
    If d >= 0 Then
        x1 = Str((-b + Sqr(d)) / (2 * a))
        x2 = Str((-b - Sqr(d)) / (2 * a))
    Else
        MsgBox ("您输入的方程没有实数解,请重新输入数据")
    End If
    Text4 = x1
    Text5 = x2
End Sub
```

图 4.6 引例修改后的代码窗口

4.1.2 输出数据

VB 中除了使用标签、文本框等控件显示或输出信息外,还提供了专门的 Print 方法。消息对话框 MsgBox 函数和过程也常用来输出信息。

1. Print 方法

格式:

```
[对象名].Print[{Spc(n)|Tab(n)}][表达式列表][;|,]
```

功能:用于在窗体、图片框、打印机等对象上输出信息。

说明:

(1) 对象名:可以是窗体(Form)、图片框(PictureBox)或打印机(Printer)。若省略对象名,则默认在当前窗体上输出。

(2) Spc(n)函数:在输出下一项之前插入 n 个空格。除 Spc()函数外,还可以用 Space()函数。该函数与 Spc()函数的功能类似,但有区别:Space()函数能产生 n 个空格的字符串,可参与字符串连接运算,而 Spc()函数则不能。

(3) Tab(n)函数:把输出位置定位到第 n 列(从对象界面最左端第 1 列开始计算)。

(4) 表达式列表:可以是一个或多个表达式,各表达式之间用逗号或分号间隔。Print 方法具有计算和输出的双重功能,对于表达式,先计算,后输出。

(5) 分号:定位在上一个显示的字符之后。

(6) 逗号:定位在下一个打印区(每隔 13 列)开始处。

例如:

```
Print "ABC",Spc(5);"DEF"              '"ABC"和"DEF"之间有 16 个空格
Print Tab(10);"年龄";Tab(20);"姓名"    '在第 10 列输出"年龄",在第 20 列输出"姓名"
```

在引例中,输出 x1、x2 的值,用的是文本框:

```
Text4=x1
Text5=x2
```

也可以改用 Print 方法输出:

```
Print "x1=";x1
Print "x2=";x2
```

(7) Print 方法后没有任何函数、表达式、分号或逗号,表示输出后换行。例如:

```
Private Sub Form_Click()
    a=12.2345
    b=12
    Print "a="; Format(a, "0.00"); "b="; Format(b, "0.00")
    Print "a=" & Format(a, "#.##") & "b=" & Format(b, "#.##")
    Print            '产生一空行
```

```
      Print a; "+"; b; "="; a+b
      Print a & "+" & b & "="; a+b
End Sub
```

2. 消息对话框 MsgBox 函数和过程

MsgBox 函数和 MsgBox 过程运行时可以产生一个对话框来显示消息,并等待用户在消息框中选择一个按钮。MsgBox 函数返回所选按钮的整数值;若不需返回值,则可使用 MsgBox 过程。引例就用了 MsgBox 过程输出信息:MsgBox("您输入的方程没有实数解,请重新输入数据"),如图 4.3 所示。

MsgBox 函数的格式为:

```
变量[%]=MsgBox(<提示>[,按钮][,标题])
```

MsgBox 过程的格式为:

```
MsgBox <提示>[,按钮][,标题]
```

说明:

(1) "提示"和"标题"的意义与 InputBox 函数中用法相同。

(2) 按钮:是一个整型表达式或系统常量,用来确定消息框中显示的按钮、图标的种类及数量。其取值和含义如表 4.1 所示。

表 4.1　"按钮"设置值及含义

分　组	系 统 常 量	按 钮 值	描　　述
按钮数目	vbOkOnly	0	只显示"确定"按钮
	vbOkCancel	1	显示"确定""取消"按钮
	vbAboutRetryIgnore	2	显示"终止""重试""忽略"按钮
	vbYesNoCancel	3	显示"是""否""取消"按钮
	vbYesNo	4	显示"是""否"按钮
	vbRetryCancel	5	显示"重试""取消"按钮
图标类型	vbCritical	16	关键信息图标 红色 STOP 标志
	vbQuestion	32	询问信息图标?
	vbExclamation	48	警告信息图标!
	vbInformation	64	信息图标!
默认按钮	vbDefaultButtonl	0	第 1 个按钮为默认
	vbDefaultButton2	256	第 2 个按钮为默认
	vbDefaultButton3	512	第 3 个按钮为默认
模式	vbApplicationModule	0	应用模式
	vbSystemModul	4096	系统模式

说明：

(1) 表 4.1 中 4 组方式可以组合使用。按钮数目和图标类型相加结合使用，可使 MsgBox 函数界面不同。如"按钮"设置表示为：5＋48、53、vbRetryCancel＋48、5＋ vbExclamation，效果是相同的。VB 系统不会与其他按钮形式混淆，因为它们是以二进制位的不同组合来表示。

(2) 以应用模式建立的对话框，用户必须响应对话框才能继续当前的应用程序。若以系统模式建立对话框时，所有的应用程序都将被挂起，直到用户响应了对话框为止。

(3) MsgBox 函数的返回值是一个整数。该整数与所选择的按钮有关。每个按钮对应一个返回值，共有 7 种按钮。MsgBox 函数返回所选按钮整数值的意义如表 4.2 所示。

表 4.2　MsgBox 函数返回所选按钮整数值的意义

被单击的按钮	返回值	符号常量
确定	1	vbOk
取消	2	vbCancel
终止	3	vbAbort
重试	4	vbRetry
忽略	5	vbIgnore
是	6	vbYes
否	7	vbNo

例如，在消息框中显示"确定"和"取消"两个按钮、询问信息图标，并把"取消"按钮设置为默认按钮，可以使用如下语句：

```
s=MsgBox("确定吗?",1+32+256,"消息框示例")
```

运行时，弹出的消息框如图 4.7 所示。

如果用户单击"确定"按钮，变量 s 的值是 1；如果用户单击"取消"按钮，则变量 s 的值是 2。

例 4.1　建立如图 4.8 所示的窗体。运行时，单击"季节"按钮，出现输入"季节"对话框，如图 4.9 所示，默认的季节为"春"，输入你喜欢的季节，并在窗体的文本框里显示出来季节名称，单击"确定"按钮，出现如图 4.10 所示的消息框。

图 4.7　消息框示例界面

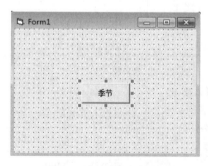

图 4.8　例 4.1 设计界面

图 4.9 输入季节对话框

图 4.10 消息框

分析：本题需在窗体上建立一个命令按钮，其 Caption 属性值为"季节"，在命令按钮的 Click 事件过程中编写程序代码。根据题目要求，程序代码中要用到 InputBox 函数和 MsgBox 过程。InputBox 函数中的"提示"信息为"请输入你喜欢的季节："，"标题"为"季节"，"默认值"为"春"；MsgBox 过程的"提示"信息为"我喜欢的季节是："& name，"按钮"值为 0 + 64，"标题"为"我喜欢的季节"。

命令按钮的 Click 事件过程代码如图 4.11 所示。

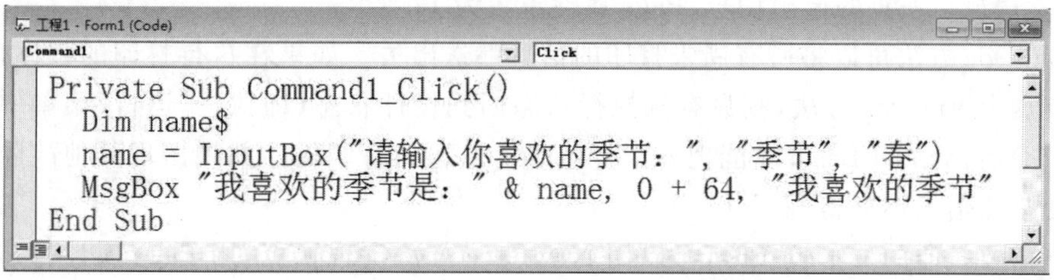

```
工程1 - Form1 (Code)
Command1                    ▼  Click                      ▼
Private Sub Command1_Click()
    Dim name$
    name = InputBox("请输入你喜欢的季节：", "季节", "春")
    MsgBox "我喜欢的季节是：" & name, 0 + 64, "我喜欢的季节"
End Sub
```

图 4.11 命令按钮的事件过程代码窗口

3. 打印机输出

1) 直接输出

所谓直接输出，就是把信息直接送往打印机，所使用的仍是 Print 方法，只是把 Print 方法的对象改为 Printer 而已，其格式为：

`Printer.Print[表达式]`

这里的"Print"以及"表达式"的含义与前面所讲的 Print 一样。运行上面的语句后，将要输出的内容在打印机上打印出来。

Printer 对象的常用属性和方法有以下几个。

(1) Page 属性。

Page 属性用来设置页号，格式为：

`Printer.Page`

Printer.Page 在打印时被设置成当前页号，并由 Visual Basic 解释程序保存。每当一个应用程序开始执行时，Page 属性就被设置成 1，打印完一页后，Page 属性值就自动加 1。在应用程序中，通常用 Page 属性打印页号。例如：

```
Printer.Print "page:"; Printer.Page
```

（2）NewPage 方法。

NewPage 方法是用来实现换页操作的,格式为:

```
Printer.NewPage
```

通常,打印机打印完一页后就自动换页,若使用 NewPage 方法,则可强制打印机跳到下一页打印。在执行 NewPage 方法时,打印机退出当前正在打印的页,把退出的信号保存在打印机程序中,并在需要的时候发送到打印机中,继续打印。执行 NewPage 方法后,Page 的属性值将自动加 1。

（3）EndDoc 方法。

EndDoc 方法用来结束文件打印,其格式为:

```
Printer.EndDoc
```

执行 EndDoc 方法表明应用程序内部文件的结束,并向 Printer Manager(打印机管理程序)发送最后一页的退出信号,Page 属性重置为 1。

EndDoc 方法可以将所有尚未打印的信息都送出去。如果在执行打印的程序代码最后没有加上 EndDoc 方法,则只有从执行状态回到设计状态(即执行"运行"菜单中的"结束"命令)后,Visual Basic 才能把尚未打印的信息送到打印机。如果出现其他故障,则有可能使打印信息不完整。

当需要打印的文本较长时,可以用 NewPage 方法实现换页,用 Page 属性打印页码。下面的程序片段说明了它们的用法。

```
PrivateSubForm_Click()
    …
    GoSubNewheader          '调用子程序 Newheader
    …
    Printer.NewPage         '换页
    Newheader               '调用过程
    …
    Printer.EndDoc          '打印结束
    ExitSub                 '退出过程
EndSub
```

上面程序中的 Newheader 是过程的名字,该过程用来输出表头,可以这样编写:

```
Sub Newheader()            '过程开始
    head$="2014 年度报表"
    printer.PrintTab(30);head$;
    Printer.PrintTab(70);"Page: ";Printer.Page
    Printer.Print
    Printer.Print "第一项","第二项","第三项","第四项"
EndSub                     '过程结束
```

上面的程序段使用了过程调用(见第 6 章)。过程 Newheader 用来输出标题、打印页号和表头。在主程序中,先用 Printer. NewPage 执行换页操作,然后调用过程 Newheader,过程中的 Printer. Page 自动加 1,从而打印出当前的页号。

2) 窗体输出

在 Visual Basic 中除了直接输出外,还有一种窗体输出,即用 PrintForm 方法通过窗体来打印信息,其格式为:

[窗体.]PrintForm

直接输出是要把打印的内容直接在打印机上打印出来,而窗体打印则是把要输出的内容先送到窗体上,然后再用 PrintForm 方法把窗体上的内容打印出来。格式中的"窗体"是要打印的窗体名,如果打印当前窗体的内容,或者只对一个窗体操作,则窗体名可以省略。例如:

```
PrivateSubForm_Click()
    FontName="Courier"
    FontSize=20
    CurrentX=800
    CurrentY=500
    Print"诚信处世世界大"
    FontName="宋体"
    CosrentX=800
    CurrentY=1000
    Print"奸诈为人人格低"
    PrintForm
EndSub
```

该例先把指定的信息输出到窗体上,最后一行 PrintForm 把窗体上的信息输出到打印机。

说明:

(1) 窗体输出比直接输出更实用,因为它可以先在屏幕上修改要输出的内容格式,满意后再在打印机上打印出来,这样可以减少不必要的纸张浪费,同时可以节省时间。

(2) 为了使用窗体输出,必须在属性窗口中把要输出窗体的 AutoRedraw 属性设置为 True,该属性可以用来保存窗体上的信息。AutoRedraw 属性的默认值为 False。

(3) 用 PrintForm 方法不仅可以打印窗体上的文本,而且可以打印出窗体上的任何可见控件及图形。

4.2　选择结构

计算机要处理的问题往往是复杂多变的,仅采用顺序结构是不够的。还需要利用选择结构等来解决实际应用中的各种问题。选择结构又称为分支结构,程序对约定的条件进行判断,根据判断的结果来控制程序的执行流程。常见的选择结构有单分支结构,双分支结构和多分支结构。VB中的选择结构语句主要分为If语句和select case语句。

4.2.1　If 条件语句

If 条件语句有多种形式:单分支、双分支和多分支等。

单分支和双分支

1. If … Then 语句(单分支结构)

使用 If…Then 语句可以有条件地执行一条或多条语句。

If… Then 语句有两种语句格式。

(1) 块结构格式。

```
If <表达式> Then
    <语句块>
End If
```

(2) 单行结构格式。

```
If <表达式> Then <语句>
```

功能:如果表达式的值为 True 或非零时,执行 Then 后面的语句块或语句,否则直接执行下一条语句或 End If 后面的语句。

语句执行的流程如图 4.12 所示。

说明:

(1) 表达式:一般为关系表达式或逻辑表达式,也可为算术表达式。表达式值按非零为 True、零为 False 进行判断。

(2) 语句块:可以是一条或多条语句。若用单行结构格式表示,则只能有一条语句或各条语句间用冒号分隔,并且只能在同一行上书写。

(3) 单行结构格式没有 End If。

例 4.2　已知两个变量 M 和 N,比较它们的大小,若 M 小于 N,则互换二者的值,使得 M 大于 N。

分析:由于一个变量多次赋值,保留最后的值,因此,计算机中交换两个变量的值只能采用借助于第三个变量间接交换的方法。交换过程如图 4.13 所示。

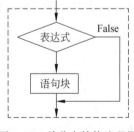

图 4.12　单分支结构流程图

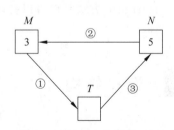

图 4.13　两个数交换过程

程序代码如下：

```
Private Sub Form_Click()
    Dim M As Integer, N As Integer, T As Integer
    M=InputBox("请输入 M 的值", "输入整数")
    N=InputBox("请输入 N 的值", "输入整数")
    If M<N Then            '单分支结构实现交换两个变量中的值
        T=M                'T 是中间变量
        M=N
        N=T
    End If
    Print "M=" & M, "N=" & N
End Sub
```

总结：单分支块结构也可以写成单行结构：If $M<N$ Then $T=M$：$M=N$：$N=T$，注意，单行结构没有 End If。

2. If…Then…Else 语句（双分支结构）

If…Then…Else 语句有两种语句格式。

（1）块结构格式。

```
If <表达式> Then
    <语句块 1>
Else
    <语句块 2>
End  If
```

（2）单行结构格式。

```
If <表达式> Then <语句 1> Else <语句 2>
```

功能：当表达式的值为 True(非零)时，执行 Then 后面的语句块 1(或语句 1)，否则执行 Else 后面的语句块 2(或语句 2)，执行完后，再执行 End If 后面的语句。

其执行流程如图 4.14 所示。

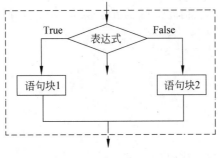

图 4.14 双分支结构流程图

例 4.3 输出两个变量 M 和 N 中较大者。

分析：此题既可以用单分支语句实现,也可以用双分支语句实现。如果用单分支语句实现,可用例 4.2 的程序。如果用双分支语句实现,可在程序执行的过程中,通过输入对话框将输入的值赋给 M 和 N。如果 $M < N$,将 N 赋给 MAX,否则,将 M 赋给 MAX,最后输出 MAX。

用双分支语句实现的程序代码如下：

```
Private Sub Form_Click()
    Dim M As Integer, N As Integer, MAX As Integer
    M=InputBox("请输入 M 的值", "输入整数")
    N=InputBox("请输入 N 的值", "输入整数")
    If M<N Then        '用双分支结构找出 M 和 N 中较大者
        MAX=N
    Else
        MAX=M
    End If
    Print "M 和 N 中较大者为" & MAX
End Sub
```

总结：此题虽然可用单分支语句实现,但通过比较可以发现,单分支结构不如双分支结构简练,并且双分支结构易于理解。双分支块结构也可写成单行结构：If $M >= N$ Then MAX$=M$ Else MAX$=N$,但要注意：单行结构没有 End If。

例 4.4 计算分段函数

$$y = \begin{cases} \sin x + \dfrac{\sqrt{x^3+1}}{x}, & x \neq 0 \\ \cos x - x^2 + 2x, & x = 0 \end{cases}$$

分析：在程序执行的过程中,通过输入对话框将输入的值赋给变量 x,根据 x 的值是否等于 0 来判断执行哪个分支。此题可用双分支语句实现,并且容易理解,当然也可用单分支语句实现,但容易出错。

用双分支语句实现的程序代码如下：

```
Private Sub Form_Click()
    Dim x As Single, y As Single
    x=InputBox("请输入 x 的值", "x 的值")
    If x<>0 Then'用双分支结构实现
        y=Sin(x)+Sqr(x*x*x+1)/x
    Else
        y=Cos(x)-x^2+2*x
    End If
    Print "y 的值为" & y
End Sub
```

用单分支语句实现的程序代码如下：

```
Private Sub Form_Click()
```

```
    Dim x As Single, y As Single
    x=InputBox("请输入 x 的值", "x 的值")
    y=Cos(x)-x ^ 2+2 * x
    If x<>0 Then y=Sin(x)+Sqr(x * x * x+1)/x          '用一条单分支语句实现
    Print "y 的值为" & y
End Sub
```

总结：用单分支语句虽然能够实现，但一定要注意：

```
y=Cos(x)-x ^ 2+2 * x
If x< >0 Then y=Sin(x)+Sqr(x * x * x+1)/x
```

两语句的先后顺序。若把语句 $y=\cos(x)-x^2+2*x$ 放在后面，则不管 $x=0$，还是 $x<>0$，y 的值始终都是 $\cos(x)-x^2+2*x$，计算的结果肯定就出错了。所以，相比单分支结构，双分支结构既好理解，又不容易出错。

3．If…Then…ElseIf 语句（多分支结构）

当处理的问题中有多个条件时，可以使用多分支结构。

多分支

If…Then…ElseIf 语句格式：

```
If<表达式 1>Then
    <语句块 1>
ElseIf< 表达式 2>Then
    <语句块 2>
…
[Else
    <语句块 n+1>]
End If
```

功能：根据不同的表达式值确定执行哪个语句块，VB 测试条件的顺序为表达式 1，表达式 2，表达式 3……，一旦遇到表达式值为 True（或非 0），则执行该条件下的语句块，然后执行 End If 后面的语句。

其执行流程如图 4.15 所示。

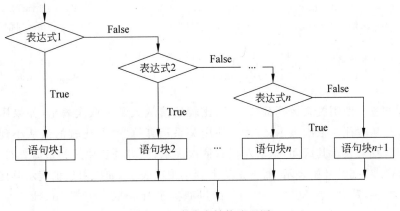

图 4.15　多分支结构流程图

说明：

(1) 当表达式 1 的值为 True(或非 0) 时，执行 Then 后面的语句块 1，当表达式 1 的值为 False(或 0) 时，则依次判断其他表达式是否为 True(或非 0)。若为 True(或非 0)，则执行 Then 后面对应的语句块；如果所有表达式均为 False(或 0)，若有 Else 语句，则执行 Else 后的语句块。在执行了 Then 或 Else 后面的语句块后，继续执行 EndIf 后面的语句。

(2) 不管有几个分支，程序执行了一个分支后，其余分支就不再执行。

(3) ElseIf 不能写成 Else If。

(4) 当多分支中有多个表达式同时满足，则只执行第一个与之匹配的语句块。因此，要注意多分支表达式的书写次序，防止某些值被过滤掉。

例 4.5 根据学生某科百分制成绩 mark，显示出对应的 5 级制成绩。转换方式如表 4.3 所示。

表 4.3 等级制与百分制对应表

等级	分 数	等级	分 数
优	$90 \leqslant mark \leqslant 100$	及格	$60 \leqslant mark < 70$
良	$80 \leqslant mark < 90$	不及格	$0 \leqslant mark < 60$
中	$70 \leqslant mark < 80$		

分析：根据评定条件，评定程序段以如下 3 种不同方法表示。

方法一

```
If mark >=90 Then
   grade="优"
ElseIf mark >=80 Then
   grade="良"
ElseIf mark >=70 Then
   grade="中"
ElseIf mark >=60 Then
   grade="及格"
Else
   grade="不及格"
End If
```

方法二

```
If mark <60 Then
   grade="不及格"
ElseIf mark <70 Then
   grade="及格"
ElseIf mark <80 Then
   grade="中"
ElseIf mark <90 Then
   grade="良"
Else
   grade="优"
End If
```

方法三

```
If mark >=60 Then
   grade="及格"
ElseIf mark >=70 Then
   grade="中"
ElseIf mark >=80 Then
   grade="良"
ElseIf mark >=90 Then
   grade="优"
Else
   grade="不及格"
End If
```

其中，方法一使用关系运算符"$>=$"，比较的值从大到小依次表示，如果用数轴来表示其区间，是从右往左依次表示；方法二使用关系运算符"$<$"，比较的值从小到大依次表示，如果用数轴来表示其区间，是从左往右依次表示；而方法三使用关系运算符"$>=$"，但比较的值从"$>=60$"开始表示，而不是从大到小依次表示，如果用数轴表示其区间，"$>=60$"包含了"$>=70$""$>=80$""$>=90$"，即过滤掉了"mark$>=70$""mark$>=80$""mark$>=90$"这 3 个条件，使得成绩 mark 只有两个结果："及格"或"不及格"。因此，3 种方法中,方法一、方法二正确,而方法三语法没错,但因比较的顺序不对,造成比较的结果不对。

程序设计界面如图 4.16 所示。

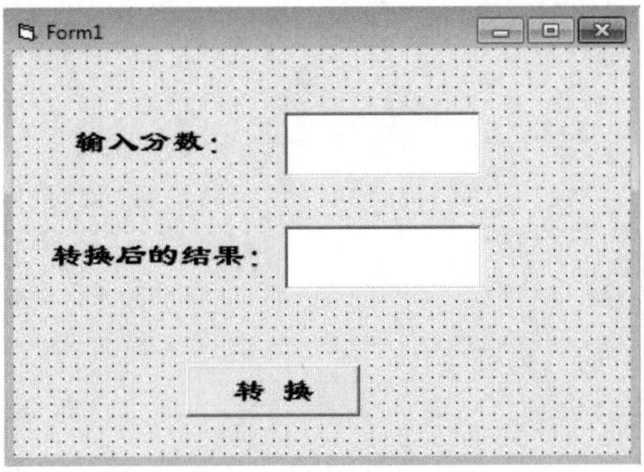

图 4.16 程序设计界面

程序代码如下:

```
Private Sub Command1_Click()
    Dim grade As String
    Dim mark!
    mark=Val(Text1.Text)
    If mark>=90 Then
        grade="优"
    ElseIf mark>=80 Then
        grade="良"
    ElseIf mark>=70 Then
        grade="中"
    ElseIf mark>=60 Then
        grade="及格"
    Else
        grade="不及格"
    End If
    Text2.Text=grade
End Sub
```

总结:在多分支结构中,一定要注意多分支表达式的书写次序,防止某些值被过滤掉。

4. If 语句的嵌套

在条件语句中,如果 If…Then 或 Else 语句后又包含另一个条件语句,这就是 If 语句的嵌套,在程序设计中,书写时常用缩进的方法表示嵌套的层次,增强程序的可读性。

一般格式如下:

```
If<表达式 1>Then
    ...
```

```
        If <表达式 2>Then
            …
        End If
        …
    Else
        …
    End  If
```

或

```
    If<表达式 1>Then
        …
    Else
        …
        If <表达式 2>Then
            …
        End If
        …
End If
```

在使用 If 嵌套语句时,要注意 End If 与 If 之间的匹配关系。一般来说,End If 语句都与上面最近的 If 语句相匹配。为了增强程序的可读性,书写时采用锯齿形布局。

4.2.2　Select Case 语句

虽然使用 If 语句的嵌套可以实现多分支选择,但结构不够简明。在 VB 中提供了另一种结构更清晰的多分支语句 Select Case。Select Case 语句也称为情况语句。

Select Case 语句的一般格式为:

```
Select Case<变量或表达式>
    Case<表达式列表 1>
        <语句块 1>
    Case<表达式列表 2>
        <语句块 2>
…
    [Case Else
        <语句块 n+1>]
End Select
```

功能:先计算 Select Case 后"变量或表达式"的值,然后将该值依次与每个 Case 子句中表达式列表的值相比较,决定执行哪一组语句块。如果该值与多个 Case 子句中的表达式列表相匹配,则执行第一个与之匹配的的语句块,然后执行 End Select 后的语句;如果该值与所有 Case 子句中的表达式列表都不匹配,若有 Case Else 语句,则执行 Case Else 后的语句块,然后执行 Select Case 后的语句。

其执行流程如图 4.17 所示。

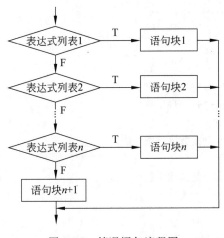

图 4.17 情况语句流程图

说明：

（1）变量或表达式：可以是数值表达式或字符串表达式，通常为变量。

（2）表达式列表：必须与“变量或表达式”的数据类型相同，可以有如下 4 种形式：

① 表达式。例如：A＋5

② 一组用逗号分隔的枚举值。例如：2,4,6,8。

③ 表达式 1～表达式 2。例如：60 To 100 或者"a" To "z"。

④ Is 关系运算符表达式。例如：Is＜60。

例 4.6 已知变量 ch 中存放了一个字符，判断该字符是字母字符、数字字符还是其他字符。

分析：变量 ch 中的字符有多种可能，显然需要用多分支语句进行分析判断。多分支语句有两种，下面用两种多分支语句实现这段程序。

（1）用 If…Then…ElseIf 语句实现。

```
Private Sub Command1_Click()
    Dim ch As String * 1
    ch=InputBox("input")
    If UCase(ch)>="A" And UCase(ch)<="Z" Then
        MsgBox (ch+"是字母字符")
    ElseIf ch>="0" And ch<="9" Then
        MsgBox (ch+"是数字字符")
    Else
        MsgBox (ch+"是其它字符")
    End If
End Sub
```

(2) 用 Select Case 语句实现。

```
Private Sub Command1_Click()
    Dim ch As String * 1
    ch=InputBox("input")
    Select Case   ch
        Case "a" To "z","A" To "Z"
            MsgBox(ch+"是字母字符")
        Case "0" To "9"
            MsgBox(ch+"是数字字符")
        Case Else
            MsgBox(ch+"是其他字符")
    End Select
End Sub
```

总结：通过比较上面两种多分支语句实现的程序段可以发现，用 Select Case 语句比用 If…Then…ElseIf 语句更为直观，程序可读性强。但是要注意，不是所有的多分支结构均可用 Select Case 语句代替 If…Then…ElseIf 语句。当对多个变量进行条件判断时，只能使用 If…Then…ElseIf 语句。

例如，已知坐标点(x,y)，判断其落在哪个象限。实现该功能的程序段分别如下表示。

方法一：

```
If x>0 And y>0 Then
    MsgBox ("在第一象限")
ElseIf x<0 And y>0 Then
    MsgBox ("在第二象限")
ElseIf x<0 And y<0 Then
    MsgBox ("在第三象限")
ElseIf x>0 And y<0 Then
    MsgBox ("在第四象限")
End If
```

方法二：

```
Select Case x, y
Case x>0 And y>0
    MsgBox ("在第一象限")
Case x<0 And y>0
    MsgBox ("在第二象限")
Case x<0 And y<0
    MsgBox ("在第三象限")
Case x>0 And y<0
    MsgBox ("在第四象限")
End Select
```

其中方法一是正确的,方法二中出现两个语法错误:其一,Select Case 后出现两上变量;其二,Case 后出现逻辑表达式。

4.2.3　条件函数

VB 中提供的条件函数 IIf() 和 Choose() 函数,前者代替 If 语句,后者可代替 Select Case 语句,均适用于简单条件的判断场合。

1. IIf() 函数

IIf() 函数格式:

```
IIf(<表达式>,<当表达式的值为 True 时的值>,<当表达式的值为 False 时的值>)
```

功能:IIf() 函数可用来执行简单的条件判断操作,是 If…Then…Else 双分支结构的简单表示。

例如:将 M、N 中较大的数,放入 MAX 变量中,语句如下:

```
MAX=IIf(M>N,M,N)
```

该语句与如下语句等价:

```
If  M>N  Then  MAX=M  Else  MAX=N
```

2. Choose() 函数

Choose() 函数格式:

```
Choose(<整数表达式>,<选项列表>)
```

Choose() 函数根据整数表达式的值来决定返回选项列表中的某个值。如果整数表达式的值是 1,则 Choose() 会返回列表中的第 1 个选项;如果整数表达式的值是 2,则会返回列表中的第 2 个选项,以此类推。若整数表达式的值小于 1 或大于列出的选项数目时,Choose() 函数返回 Null。

例如,根据 Nop 是 1~4 之问的整数值,转换为＋、－、×、÷ 运算符的语句如下。

```
Op=Choose(Nop ,"+", "-", "×","÷")
```

例 4.7　根据当前日期函数 Now 和 WeekDay() 函数,利用 Choose() 函数显示今日是星期几。

分析:当前日期函数 Now 得到系统当前的日期和时间,WeekDay() 函数得到指定日期是星期几的整数,规定星期日是 1,星期一是 2,依次类推。

程序代码如下。

```
Private Sub Command1_Click()
    Dim t As String
    t=Choose(Weekday(Now),"星期日","星期一", "星期二","星期三","星期四","星期
                      五","星期六")
```

```
    MsgBox("今天是:"& Now & "是:" & t)
End Sub
```

程序运行结果如图 4.18 所示。

图 4.18　例 4.7 程序运行结果

4.3　循环结构

循环结构是指程序执行时,在指定的条件下多次重复执行一行或多行语句。被重复执行的一组语句称为循环体。通过使用循环结构可以将那些需要重复执行的语句简化成几句代码,增加程序代码的可读性。

VB 提供的循环语句有 For…Next,Do…Loop 和 While…Wend 等。

4.3.1　For 循环语句

For…Next 循环又称为计数型循环,通常用于循环次数已知的程序中。

For 循环

语句格式如下:

```
For <循环变量=初值>To<终值> [Step　步长]
    [循环体]
Next[循环变量]
```

功能:首先把"初值"赋给"循环变量";如果循环变量没有超过"终值",则执行"循环体";然后执行 Next 语句,将"循环变量"的值增加一个"步长",再判断"循环变量"的值是否超过"终值",如果没有超过"终值",则继续执行循环体……重复上述过程,直到"循环变量"超过"终值",则结束循环,执行 Next 语句后面的语句。

该语句执行过程如图 4.19 所示。

说明:

(1) 循环变量:必须为数值型,用于控制循环的次数。

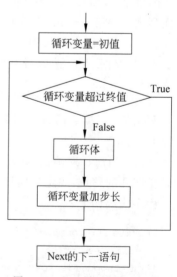

图 4.19　For 循环语句流程图

（2）步长：是循环变量的增量，步长为正时，初值应小于或等于终值；步长为负时，初值应大于或等于终值；步长为 0 时，循环为死循环；若省略步长，步长默认为 1。

当循环的初值、终值和步长确定时，循环次数可由下式确定：

$$循环次数 = \text{Int}\left(\frac{终值 - 初值}{步长} + 1\right)$$

（3）Next[循环变量]：使循环变量增加一个步长，循环变量与 For 语句中的循环变量一致，可以省略不写。

（4）步长为 0 时，必须在循环体中有正常退出循环的出口。可以使用 Exit For 语句，当遇到该语句时，退出循环，执行 Next 之后的语句。一般循环体内不会单独存在此语句，总是用一个条件进行控制，条件满足时跳出，条件不满足时继续执行循环体。使用 Exit For 语句只能跳出一层循环。若存在两层 For 循环嵌套，则只能跳出内层，继续执行外层循环。

例 4.8　计算 1～100 的偶数和。

程序代码如下：

```
Dim i as integer,  s as integer
s=0
For i=2 to 100 step 2
    s=s+i
Next i
```

注意：

（1）当退出循环后，循环变量的值保持退出时的值。

（2）在循环体内对循环控制变量可多次引用，但不要对其赋值，否则会影响原来的循环控制规律。

例 4.9　将可打印的 ASCII 码制成列表形式在窗体上显示，使每个字符与它的编码值对应起来，每行显示 7 个字符。

分析： 在 ASCII 码表中，只有"　"（空格）到"～"是可以显示的字符，其余为不可显示的控制字符。可显示的字符的编码值为 32～126，可通过 Chr( ) 函数将编码值转换成对应的字符。

程序代码如下。

```
Private Sub form1_Click()
    Dim asc As Integer, i As Integer
    Print " ASC 码对照表"
    For asc=32 To 126
        Print Tab(8 * i+2); Chr(asc); "="; asc;
        i=i+1
        If i=7 Then i=0: Print
    Next asc
End Sub
```

程序运行后界面如图 4.20 所示。

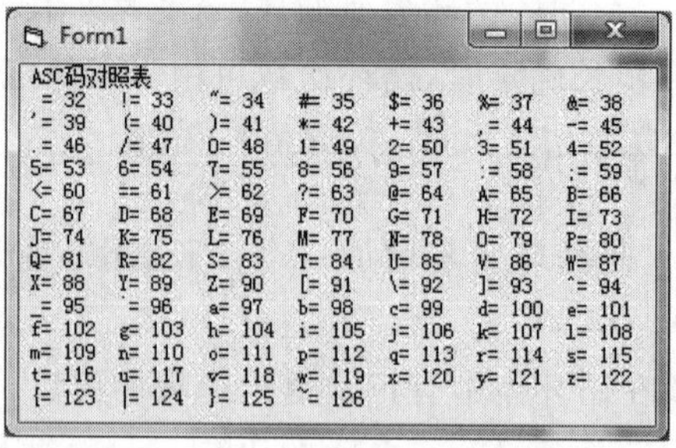

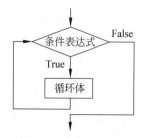

图 4.20　例 4.9 程序运行界面

4.3.2　Do…Loop 循环语句

Do…Loop 循环也称为条件循环,通常用于循环次数未知的程序中。Do…Loop 循环语句有两类语法格式,既可以在开始位置检验条件是否成立,又可以在执行一遍循环体后的结束位置判断条件是否成立,决定能否进入下一次循环。

Do…Loop 循环语句

格式一:

```
Do {While|Until} <条件>
    <语句块>
    [Exit Do]
    <语句块>
Loop
```

执行流程如图 4.21 所示。

格式二:

```
Do
    <语句块>
    [Exit Do]
    <语句块>
Loop {While|Until} <条件>
```

该语句的执行流程如图 4.22 所示。

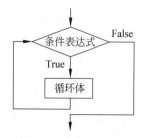

图 4.21　Do While…Loop 语句流程图

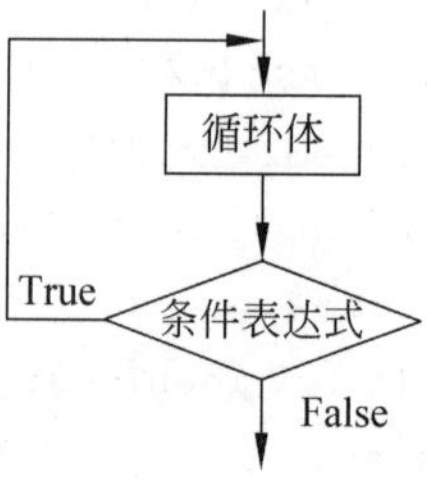

图 4.22　Do…Loop While 语句流程图

说明：

（1）格式一为先判断后执行，有可能一次也不执行循环体；格式二为先执行后判断，至少执行一次循环体。

（2）关键字 While 用于指明当条件成立（为真）时，执行循环体中的语句，然后重复条件判断；当条件不成立时，退出循环，执行 Loop 后的语句；Until 正好相反，直到条件成立时，退出循环，执行 Loop 后的语句；当条件不成立时，执行循环体中的语句，然后重复条件判断。

例 4.10　设计一个窗体，输出 $1\sim N$ 间 20 个不能被 3 整除的数列，每行输出 5 个数，程序运行结果如图 4.23 所示。

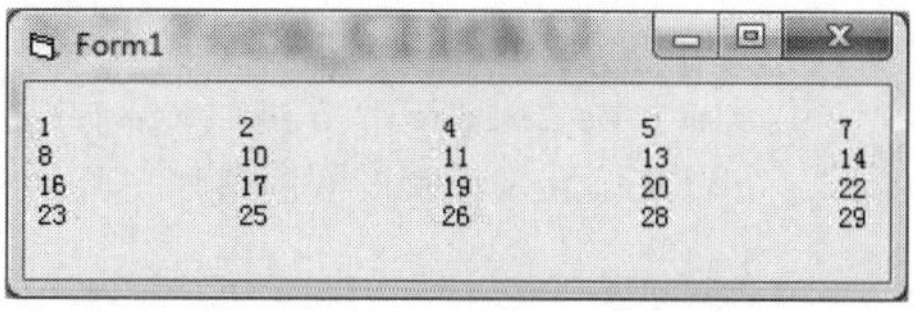

图 4.23　例 4.10 程序运行结果

分析：如果一个数 i Mod 3<>0，说明这个数 i 不能被 3 整除，应该输出。每输出一个数用计数器 k=k+1 计数，当 Int(k/5)＝k/5 时，说明在同一行上已经输出了 5 个数，这时应该换行。先输出满足条件的值，然后判断 K<20 是否成立，所以该循环语句用格式二的当型循环语句。

程序代码如下。

```
Private Sub Form_Click()
    Dim i%, k%
    k=0
    i=1
    Print
    Do
        If (i Mod 3)<>0 Then
            Print i,
            k=k+1
            If Int(k/5)=k/5 Then Print
        End If
        i=i+1
    Loop While k<20
End Sub
```

4.3.3　While…Wend 循环语句

While…Wend 循环语句的一般格式为：

```
While <表达式>
    循环体
Wend
```

While…Wend 循环与循环的
嵌套其他辅助控制语句

功能：当"表达式"的值为 True 或非 0 时，执行循环体，然后执行 Wend，直接返回到 While 处，再次检查"表达式"的值，如果"表达式"的值还为 True 或非 0，继续执行循环体。如果为 False 或 0，则退出循环，执行 Wend 后面的语句。

该语句的执行流程如图 4.24 所示。

说明："表达式"可以是关系表达式、逻辑表达式,也可以是数值表达式。

例 4.11　计算 n!的值。

程序代码如下。

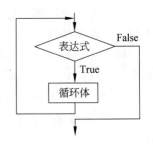

图 4.24　While…Wend 执行流程

```
Private Sub Form_Click()
    Dim i As Integer, n As Integer, fact As Long
    n=InputBox("输入 n 的值")
    i=1
    fact=1
    While i<=n
        fact=fact * i
        i=i+1
    Wend
    Print Str(n); "!="; fact
End Sub
```

运行程序后,单击窗体,执行 Form_Click 事件过程,在弹出的 InputBox 输入对话框中输入 n 的值 5,在窗体上的输出结果为 5!=120。

4.3.4　循环的嵌套

与条件语句类似,循环语句也可以嵌套。在一个循环体内又包含一个完整的循环结构称为循环的嵌套,循环嵌套中循环语句可以是不同类型的。

使用循环嵌套应注意以下几点。

(1) 多层循环不能使用相同的循环变量。

(2) 外循环必须完全包含内循环,不能交叉。

(3) 若循环体内有 If 语句,或 If 语句内有循环语句,也不能交叉。

例 4.12　打印如图 4.25 所示的传统九九乘法表。

分析:传统九九乘法表有行有列,每一行的乘数的值 i 是有规律的,都是在上一行乘数的基础上加 1,并且同一行的乘数都是相同的;被乘数 j 的值从 1 变到 i,每次增加 1。可见乘数 i 相对稳定,被乘数 j 每一行都是从 1 变到 i,可用双重循环,外循环变量用 i 表示,初值是 1,终值是 9;内循环变量用 j 来表示,初值是 1,终值是 i。该题知道循环的次数,最好用 For 循环。其中的循环体可表示为 Print Tab((j-1) * 9+5); i & "×" & j & "=" & i*j。

程序代码如下。

```
Private Sub Form_Click()
    Dim se As String
    Print Tab(35); "九九乘法表"
    For i=1 To 9
        For j=1 To i
```

```
        Print Tab((j -1) * 9+5); i & "×" & j & "=" & i * j;
      Next j
      Print
   Next i
End Sub
```

程序运行结果如图 4.25 所示。

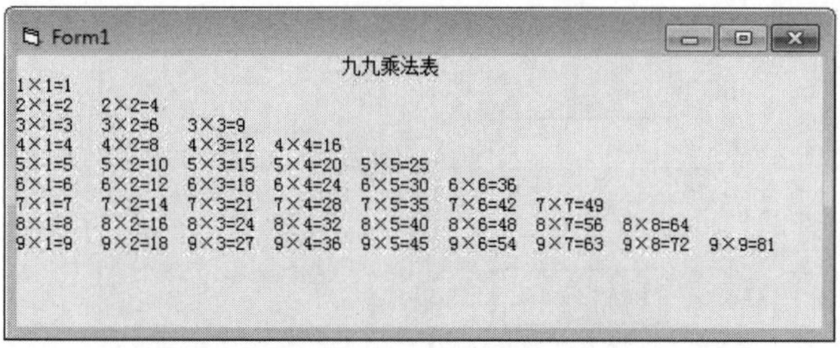

图 4.25　例 4.12 程序运行结果

4.4　其他辅助控制语句

1. GoTo 语句

语句格式：

GoTo<行号|标号>

使用 GoTo 语句可以无条件地转移到行号或标号指定的那行语句。

说明：

（1）GoTo 语句只能转移到同一过程的行号或标号位置处。标号是一个字符序列,首字符必须是字母,与大小写无关,标号后应有冒号,行号是一个数字序列。

（2）利用 GoTo 语句可以从循环体内转向循环体外,但不能从循环体外转入循环体内。

（3）使用 GoTo 语句会使程序结构不清晰,可读性差,应尽量少用或不用 GoTo 语句。

例 4.13　编写一个程序,判断输入的数是否为素数。

分析：素数就是除了 1 和本身以外,不能被其他任何整数整除的数。那么,要判别一个数 m 是否为素数,可以依次用 2～m−1 去除 m,只要有一个数能整除 m,m 就不是素数;否则 m 是素数。

代码如下。

```
Private Sub Command1_Click()
   Dim i%, m%
   m=Val(Text1.Text)
```

```
    For i=2 To m-1
        If (m Mod i)=0 Then GoTo NotM
    Next i
    Picture1.Print Str(m) & "是素数"
NotM:End Sub
```

程序运行结果如图 4.26 所示。

图 4.26　程序运行结果

说明：程序中用到 GoTo 语句，当 m 能被小于它的某个整数整除，m 就不是素数，利用 GoTo 语句退出循环。这虽然效率高，但不符合结构化程序设计的规定，应少用或不用 GoTo 语句。改进的方法是增加一个逻辑型状态变量 Tag，用以判断 m 是否被整除过，改进的程序如下。

```
Private Sub Command1_Click()
    Dim i%, m%, Tag As Boolean
    m=Val(Text1.Text)
    Tag=True                            'Tag 为 True,假定是素数
    For i=2 To m-1
        If (m Mod i)=0 Then Tag=False    'm能被 i整除,该 m 不是素数,Tag 为 False
    Next i
    If Tag Then Picture1.Print Str(m) & "是素数"
End Sub
```

注意：把程序中的循环终值改为 m/2 或 Sqr(m)可以大大提高程序执行效率。

2. Exit 语句

除了前面涉及的 Exit For、Exit Do 外，VB 中还有多种形式的 Exit 语句，如 Exit Sub，Exit Function。主要用于退出某种控制结构的执行。使用上述几种中途跳出语句，可以为某些循环体或过程设置明显的出口，能够增强程序的可读性。

3. End 语句

其功能是结束一个程序的运行。在 Visual Basic 中还有多种形式的 End 语句，用于结束一个语句块或过程。End 语句的多种形式包括 End If、End Select、End Type、End

With、End Sub、End Function 等，它们与对应的语句配对使用。

4. With…End With 语句

格式：

```
With 对象名
    语句块
End With
```

功能：With 语句可以对某个对象执行一系列的语句，而不用重复指出对象的名称。
例如：

```
With Label1
    .Height=2000
    .Width=2000
    .FontSize=22
    .Caption="This is MyLabel"
End With
```

等价于

```
Label1.Height=2000
Label1.Width=2000
Label1.FontSize=22
Label1.Caption="This is MyLabel"
```

4.5 综合应用

结构化程序设计方法的主要原则可以概括为：自顶而下，逐步求精，模块化，限制使用 GoTo 语句。

1. 自顶而下

程序设计时，应先考虑总体，后考虑细节；先考虑全局目标，后考虑局部目标。即先从最上层总目标开始设计，逐步使问题具体化。

2. 逐步求精

对复杂问题，应设计一些子目标作为过渡，逐步细化。

3. 模块化

一个复杂问题，都是由若干个稍简单的问题构成的。模块化即是将复杂问题进行分解，即将解决问题的总目标分解成若干个分目标，再进一步分解为具体的小目标，把每一个小目标称作一个模块。

4. 限制使用 GoTo 语句

使用 GoTo 语句会使程序执行提高效率,但对程序的可读性、维护性都造成影响,因此应尽量不用 GoTo 语句。

结构化程序设计方法是程序设计的先进方法和工具,采用结构化程序设计方法编写程序,可以使程序结构良好、易读、易理解、易维护。1966 年,Boehm 和 Jacopini 证明了程序设计语言仅使用顺序、选择和重复 3 种基本控制结构就足以表达出各种其他形式结构的程序设计方法。

总之,遵循结构化程序设计原则,按结构化程序设计方法设计出的程序具有明显的优点。其一,程序易于理解、使用和维护。程序员采用结构化编程方法,便于控制、降低程序的复杂性,因此容易编写程序。便于验证程序的正确性,结构化程序清晰易读,可理解性好,程序员能够进行逐步求精、程序证明和测试,以确保程序的正确性,程序容易阅读并被人理解,便于用户使用和维护。其二,提高了编程工作的效率,降低了软件开发的成本。由于结构化编程方法能够把错误控制到最低限度,因此能够减少调试和查错的时间。结构化程序是由一些为数不多的基本结构模块组成,这些模块甚至可以由机器自动生成,从而极大地减少了编程工作量。

基于对结构化程序设计原则、方法以及结构化程序基本构成结构的掌握和了解,在结构化程序设计的具体实施中,要注意把握如下要素。

(1) 使用程序设计语言中的顺序、选择、循环等有限的控制结构表示程序的控制逻辑;

(2) 选用的控制结构只允许有一个入口和一个出口;

(3) 程序语句组成容易识别的块,每块只有一个入口和一个出口;

(4) 复杂结构应该用嵌套的基本控制结构进行组合嵌套来实现;

(5) 语言中所有没有的控制结构,应该采用前后一致的方法来模拟;

(6) 严格控制 GoTo 语句的使用。其意思是指:

① 用一个非结构化的程序设计语言去实现一个结构化的构造;

② 若不使用 GoTo 语句会使功能模糊;

③ 在某种可以改善而不是损害程序可读性的情况下。

例 4.14 百鸡问题:公元前 5 世纪,我国古代数学家张丘建在《算经》一书中提出了"百鸡问题":鸡翁一值钱五,鸡母一值钱三,鸡雏三值钱一。百钱买百鸡,问鸡翁、鸡母、鸡雏各几何?

分析:数学中解答该问题的方法是设公鸡 x 只,母鸡 y 只,小鸡 z 只。依题意可以列出以下方程组:

综合应用——
百钱买百鸡

$$\begin{cases} x + y + z = 100 \\ 5x + 3y + z/3 = 100 \end{cases}$$

求 3 个未知数,只有两个方程,此题是一个不定方程问题。采用"试凑法"很容易解决此类问题。同时,解该题有以下两种方法。

方法一：使用三重循环来实现。

```
Private Sub Form_Click()
    Dim x%, y%, z%, n!
    n=0
    Print "母鸡", "公鸡", "小鸡"
    For x=0 To 100
        For y=0 To 100
            For z=0 To 100
                n=n+1
                If x+y+z=100 And 3*x+2*y+0.5*z=100 Then Print x, y, z
            Next z
        Next y
    Next x
    Print "共计算了"; n; "次"
End Sub
```

方法二：改为两重循环，代码如下。

```
Private Sub Form_Click()
    Dim x%, y%, z%, n!
    n=0
    Print "母鸡", "公鸡", "小鸡"
    For x=0 To 33
        For y=0 To 50
            z=100-x-y
            n=n+1
            If 3*x+2*y+0.5*z=100 Then Print x, y, z
        Next y
    Next x
    Print "共计算了"; n; "次"
End Sub
```

两种方法程序运行结果如图 4.27 所示。

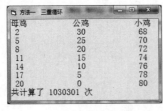

(a) 方法一运行结果　　　　　　　　(b) 方法二运行结果

图 4.27　例 4.14 程序运行结果对比

总结：在多重循环中，为了提高程序的运行速度，对程序要考虑优化，注意事项如下。

（1）尽量利用已给出的条件,减少循环的次数。

（2）合理地选择内、外层的循环控制变量,即将循环次数多的控制变量放在内循环。

例 4.15　猴子吃桃子。小猴在一天摘了若干个桃子,当天吃掉一半多一个;第二天接着吃了剩下的桃子的一半多一个;以后每天都吃尚存桃子的一半零一个,到第 7 天早上要吃时只剩下一个了,问小猴那天共摘下了多少个桃子?

分析：这是一个“递推”问题,先从最后一天推出倒数第二天的桃子,再从倒数第二天的桃子推出倒数第三天的桃子,以此类推。

设第 n 天的桃子为 x_n, $x_n = x_{n-1}/2 - 1$,那么第 $n-1$ 天的桃子数为 $x_{n-1} = (x_n + 1) * 2$。

程序代码如下。

```vb
Private Sub form_click()
    Dim n%, I%
    x=1
    FontBold=True
    FontSize=16
    Print "第 7 天的桃子数为：1 只"
    For I=6 To 1 Step -1
        x=(x+1) * 2
        Print "第"; I; "天的桃子数为："; LTrim(Str(x)); "只"
    Next I
End Sub
```

程序运行结果如图 4.28 所示。

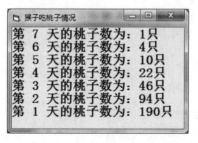

图 4.28　例 4.15 的运行结果

4.6　程序调试

当程序有了一定的复杂程度后,错误(bug)和程序调试(debug)是每个编程人员都必定遇到的。当程序出现了错误而又难以解决时,就应该借助程序调试工具对程序进行调试,从而纠正程序中的错误。

4.6.1 错误类型

常见的程序错误可分为语法错误、运行错误和逻辑错误 3 类。

1. 语法错误

1）程序编辑

在代码窗口编辑代码时，VB 会自动对程序进行语法检查，某些类型的语法错误能够被即时检查出来。例如，输入了中文格式的标点符号、语句没输入完、输入了不正确的关键字等，VB 会弹出一个对话框，提示出错信息，出错行会以红色显示，提示用户进行修改。

2）程序编译

在开始运行程序前，VB 会先编译欲执行的程序段，若有错误，则弹出一个对话框，提示出错信息，在程序中的出错处被高亮度显示，同时，VB 停止编译。此类错误一般是由于未定义变量、遗漏或输错关键字等原因而产生的。

2. 运行错误

运行错误是指程序编译通过后，在运行时程序发生的错误。运行错误比语法错误更加隐蔽，这是因为运行错误是在程序运行时执行了一些非法操作引起的。这类错误常见的有：打开一个不存在的文件、除法运算中除数为 0、数据类型不匹配、数组下标越界等。当程序遇到这类错误时，系统通常会给出一个错误提示信息对话框，并自动中断程序的运行。

当用户单击错误提示信息对话框中的“调试”按钮，进入中断模式后，光标会停在引起错误的那一行上，并高亮度显示，等待用户修改。运行错误也称异常，编程时应尽量避免异常，或在出现异常时能够捕获并加以处理。

3. 逻辑错误

逻辑错误是指在程序运行时也不出现任何错误，但却未出现期望的结果。常见的逻辑错误有：运算符使用不正确、语句的次序不对、循环语句的初始值或终值不正确等。通常，逻辑错误不会产生错误提示，错误最隐蔽，较难发现和排除，需要根据程序要求实现的功能认真地阅读分析程序，并借助调试工具进行查找和改正。

4.6.2 调试和排错

VB 提供了一组程序调试工具，用来更正程序中发生的不同错误。如设置断点、插入观察变量、逐行执行和过程跟踪等手段，然后在调试窗口中显示所关注的信息。

1. 设置断点，逐语句跟踪

1）设置和删除断点

在调试程序时，可以在中断模式和设计模式下设置和删除断点。这样有利于测试程序的功能和发现程序的逻辑错误。在怀疑有错误的语句处设置断点，程序运行后，到断点处时会停下（该语句并没有执行），并进入中断模式。此时可以查看所有变量、属性、表达式的值，只要把鼠标指向所要查看的变量处即可，如图 4.29 所示。

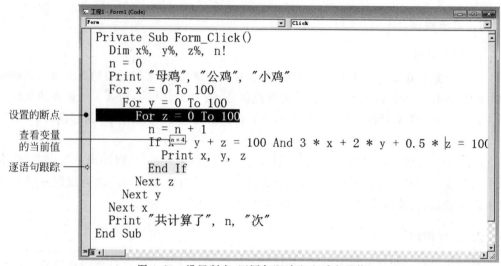

图 4.29　设置断点、逐语句跟踪和查看变量值

设置和删除断点的方法是：在代码窗口中，单击要设置断点的那一行代码，然后按 F9 键；或者在代码窗口中，在要设置断点的那一行代码的左边界的竖条上单击。被设置成断点的代码行显示为红色，并在其左边显示一个红点，如图 4.29 所示。若要删除一个断点，只需重复上面步骤即可。

2）逐语句跟踪

在 VB 中，提供了"逐语句""逐过程""跳出"等几种跟踪程序执行的方式。若要继续跟踪断点以后的语句执行情况，只要按 F8 键，或单击"调试"工具栏的"逐语句"按钮，或选择"调试"|"逐语句"命令，均可逐语句跟踪程序的执行，借此分析程序中存在的问题。图 4.29 左侧的小箭头为逐语句追踪时的当前行标记。

逐过程跟踪执行：逐过程跟踪执行与逐语句跟踪执行类似，差别在于当前语句如果包含过程调用，逐语句将进入被调用过程，而逐过程则把整个被调用过程当作一条语句来执行。

跳出：跳出命令是连续执行当前过程的剩余语句部分，并在调用该过程的下一个语句行处中断执行。

2. 调试窗口

在调试应用程序时，经常要分析应用程序的程序段或语句的运行结果，并希望能够看到变量属性、表达式等值的变化，以便于观察程序块或语句的运行结果，以及找出错误所在处。在中断模式下，除了用鼠标指向要观察的变量直接显示其值外，还可以通过"立即"窗口、"本地"窗口、"监视"窗口观察分析变量的数据变化。

1)"立即"窗口

"立即"窗口是调试程序最方便、最常用的窗口。单击"调试"工具栏的"立即窗口"按钮，或选择"视图"|"立即窗口"命令，均可打开"立即"窗口。可以在程序代码中利用Debug.Print方法，把输出送到"立即"窗口；也可以直接在该窗口使用Print方法或"?"显示变量的值。

2)"本地"窗口

在代码窗口中设置了断点后，运行应用程序，"本地"窗口显示当前过程中所有变量的值。不断地按F8键逐语句跟踪，可以观察到"本地"窗口变量的变化，如图4.30所示。当程序的执行从一个过程切换到另一过程时，"本地"窗口的内容会发生改变，它只反映当前过程中可用的变量。

3)"监视"窗口

"监视"窗口可显示当前的监视表达式及其值。在此之前必须在设计阶段，先选定要添加监视的表达式，若选择"调试"|"添加监视"命令，则打开"添加监视"对话框，并可看到要监视的表达式已添加到"添加监视"对话框的"表达式"文本框中，如图4.31所示；若选择"调试"|"快速监视"命令，则打开"快速监视"对话框，并可看到要监视的表达式已添加到"快速监视"对话框的"表达式"区域中，如图4.32所示。在"添加监视"对话框中进行监视类型设置后单击"确定"按钮，或单击"快速监视"对话框的"添加"按钮，均将要监视的表达式添加到"监视"窗口。根据所设置的监视类型进行相应的显示，如图4.33所示。

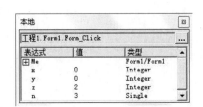

图4.30 "本地"窗口　　　　图4.31 "添加监视"对话框

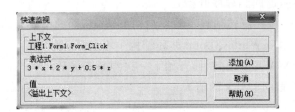

图4.32 "快速监视"对话框

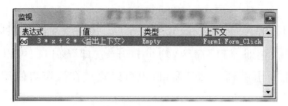

图 4.33 "监视"窗口

4.7　练习

1. 设有分段函数:

$$y = \begin{cases} 5 & x < 0 \\ x*2 & 0 \leqslant x \leqslant 5 \\ x*x+1 & x > 5 \end{cases}$$

以下表示上述分段函数的语句序列中错误的是_____。

A.　Select Case x
　　　　　　Case Is<0
　　　　　　　y=5
　　　　　　Case Is <= 5, Is>0
　　　　　　　y=2 * x
　　　　　　Case Else
　　　　　　　y=x * x+1
　　　End Select

B.　If x<0 Then
　　　　　　y=5
　　　　ElseIf x <= 5 Then
　　　　　　y=2 * x
　　　　Else
　　　　　　y=x * x+1
　　　　End If

C. y=IIf(x<0, 5, IIf(x <= 5, 2 * x, x * x+1))

D. If x<0 Then y=5
　　If x <= 5 And x >= 0 Then y=2 * x
　　If x>5 Then y=x * x+1

2. 在 Do While…Loop 循环结构中 Loop 语句的作用是_____。

A. 退出循环,返回到程序开始处

B. 终止循环,将控制转移到本循环结构 Loop 后面的第一条语句继续执行

C. 该语句在 Do While…Loop 循环结构中不起任何作用

D. 转移到 Do While 语句行,开始下一次判断和循环

3. 执行下面的程序段后,x 的值为_____。

```
x=5
For i=1 to 20 Step 2
x=x+i\5
```

```
Next i
```
　　A. 21　　　　　　　B. 22　　　　　　　C. 23　　　　　　D. 24

4. 在窗体中画一个命令按钮,然后编写以下事件过程:

```
Private Sub Command1_Click()
    For i=1 to 4
        x=4
        For j=1 to 3
            x=3
            For k=1 to 2
                k=k+6
            Next k
        Next j
    Next i
    Print x
End Sub
```

程序执行结果为_____。

　　A. 3　　　　　　　B. 15　　　　　　　C. 157　　　　　　D. 538

5. 设 a=6,则执行 x＝IIf(a＜6 ,－1 ,0) 后,x 的值是_____。

　　A. 5　　　　　　　B. 6　　　　　　　C. 0　　　　　　　D. －1

6. 下面程序段运行后,输出的结果是_____。

```
Dim x
If xThen Print x Else Print x+1
```

　　A. 1　　　　　　　B. 0　　　　　　　C. －1　　　　　　D. 显示出错信息

7. 对语句 If x＝1 Then y＝1 ,下列说法正确_____。

　　A. x＝1 和 y＝1 均为赋值语句

　　B. x＝1 是关系表达式,y＝1 是赋值语句

　　C. x＝1 和 y＝1 均为关系表达式

　　D. x＝1 是赋值语句,y＝1 是关系表达式

8. 设有如下程序:

```
Private Sub Command1_Click ( )
    Dim sum As Double ,x As Double
    sum=0
    For i=1 To 5
        x=n/i
        n=n+1
        sum=sum+x
    Next
End Sub
```

该程序通过 For 循环计算一个表达式的值,这个表达式是_____。

A. 1+1/2 +2/3+3/4+4/5   B. 1+1/2 +2/3+3/4

C. 1/2 +2/3+3/4+4/5   D. 1+1/2 +1/3+1/4+1/5

9. 在窗体上画一个名称为 Command1 的命令按钮和两个名称分别为 Text1、Text2 的文本框,然后编写如下事件过程:

```
Private Sub Command1_Click()
    n %=Text1.Text
    Select Case n
    Case 1 to 20
        x=10
    Case 2,4,6
        x=20
    Case Is<10
        x=30
    Case 10
        x=40
    End Select
    Text2.Text=x
End Sub
```

程序运行后,如果在文本框 Text1 中输入 10,然后单击命令按钮,则在 Text2 中显示的内容是_____。

A. 10   B. 20   C. 30   D. 40

数　　组

　　前面章节中程序涉及的数据量都比较小,简单变量(即每个变量都使用一个独立的名称,变量间不存在联系)就可以很方便地进行存取,但是在实际问题中往往会有大量的相关数据需要存取,例如,要存储 40 个学生 5 门课程的成绩,如果用简单变量来存取这些数据,需要声明 200 个简单变量,这样做不但烦琐,而且效率低。为了在程序中能方便高效地处理大批量的数据,充分发挥循环控制结构的作用,VB 中引入了数组。本章将着重介绍数组的特点以及在实际问题中的应用。

　　引例:求一个班 5 个学生的某门课的平均成绩,然后统计高于平均分的人数。

　　程序代码如下。

```
Private Sub Form_Click()
    Dim s!, aver!, overn%, mark!
    s=0
    aver=0
    For i=1 To 5
        mark=InputBox("输入第" & i & "位学生的成绩")
        s=s+mark
    Next i
    aver=s/5
    overn=0
    For i=1 To 5
        mark=InputBox("输入第" & i & "位学生的成绩")
        If mark>=aver Then overn=overn+1
    Next i
    Print aver, overn
End Sub
```

　　通过阅读上述程序代码可以知道,在引例中,由于变量 mark 多次赋值后,只保留最后一次的值,所以,在求平均值时,在循环体内,给变量 mark 输入了 5 个学生的分数,输入完后,mark 只保存了最后一个学生的分数;而要统计高于平均分的人数时,又要在循环体内将这 5 个学生的分数再给变量 mark 输入一遍。也就是说,给 mark 赋了两遍值。这成倍的工作量势必降低工作效率,有没有办法只赋一遍值并且将所赋的值都保存下来供程序多次使用呢?

在数学中表示一个数列时使用 $x_1, x_2, x_3, \cdots, x_i, \cdots, x_n$ 的形式,这种形式称为数列。数列中的每一个数据项都表示为 x_i 的形式,其中 x 为数列名,i 为数据项在数列中所处的位置,称为下标,x_i 称为下标变量。这种表示形式的好处是能批量处理数据,容易找出数据之间的依赖关系(例如,Fibonacci 数列等)。在 VB 中,为了能处理一批数据或与其位置有关的数据,也采取这种类似的方法,所不同的只是将下标放入一对括号"( )"中。例如,在引例中,就可以采用这种方法,可将 5 个学生的某门课的成绩分别存入到 mark(1),mark(2),mark(3),mark(4),mark(5)中。其中,mark 称为数组名,mark(i)($i=1,2,\cdots,$ 5)称为 mark 数组中的元素,数组元素可以存储第 i 个学生的成绩,i 称为数组元素的下标,下标指出某个数组元素在数组中的位置,所以,数组元素也叫下标变量。要使用这些下标变量 mark(i),必须在使用之前声明一个 mark 数组。

5.1 数组的基本概念

数组是一组相同名称的下标变量的集合。这些下标变量称为数组元素,每个数组元素都有一个编号,这个编号叫做下标,放在圆括号"( )"里,通过下标来区别这些元素,下标代表元素在数组中的位置。下标变量的名称称为数组名。例如,下标变量 mark(1),mark(2),mark(3),mark(4),mark(5)是数组 mark 中的元素。

数组概念

数组元素和数组是个体和整体的关系。在计算机中,数组占据一块内存区域,数组名是这个区域的名称,区域的每个单元就是数组元素。

数组必须遵循先声明后使用的原则,声明一个数组就是声明其数组名、类型、维数和数组的大小。

在 Visual Basic 中,数组元素一般都是同种类型的,而 Variant 类型(默认)数组的各元素可以是不同的数据类型,但建议不要使用。

按数组的大小(元素个数)是否可以改变,可将数组分为静态(定长)数组和动态(可变长)数组两类。

按元素的数据类型,可分为数值型数组、字符型数组、日期型数组、变体类型数组等。

按数组元素的下标数量的不同,数组可分为一维数组、二维数组、多维数组(最多 60 维)。一维数组的元素只有一个下标,二维数组的元素有两个下标,多维数组的元素有多个下标。

按数组元素的性质,可分为数据数组和控件数组。

5.1.1 静态数组及其声明

1. 一维数组

声明格式:

Dim|Private|Static|Public<数组名>([<下界>To]<上界>)[As<数据类型>]

或

Dim|Private|Static|Public<数组名>[<数据类型符>]([<下界>To]<上界>)

功能：声明一维数组的名称、大小、类型，并为数组分配存储空间。

说明：

（1）Dim 语句可用在窗体的通用声明段中，定义窗体数组，也可用于过程中；Private 语句用在窗体的通用声明段中，定义窗体数组；Static 语句用在过程中；Public 语句用在标准模块的通用声明段中，定义全局数组。这 4 种语句的适用范围也同样适用于各种类型的数组声明。

（2）数组名的命名规则与变量的命名相同。在同一个过程中，数组名不能与变量名同名，否则会出错。

（3）数组的大小就是数组元素的个数。一维数组的元素个数：上界－下界＋1（下界≤上界）。下界最小值为－32 768，上界最大值为 32 767。

（4）如果省略<下界>To，其下界默认值为 0。若希望下界从 1 开始，可在窗体或模块的通用声明段使用 Option Base 1 语句将其设为 1。格式：Option Base n（n 只能取 0 或 1。该语句只能出现在窗体模块或标准模块的通用声明段，不能出现在过程内，而且必须在数组声明之前设置。如果声明的是多维数组，则使用该语句设置的默认下界值对每一维都有效）。

（5）<下界>和<上界>必须是数值型常量或由数值型常量构成的表达式，常量可以是直接常量、符号常量，一般是整型常量。

例如：

```
Const k As Integer=10
Dim x(10) As Single            '正确
Dim a(k) As  long              '正确
```

而

```
n=10
Dim x(n) As Single             '错误
```

（6）如果省略 As 子句，则数组的类型为变体类型。

（7）数组声明，并初始化所有数组元素。数值型数组中的元素初值是 0，字符型数组中的元素初值是空字符串（""），逻辑型数组中的元素初值是 False，变体类型数组中的元素初值是空（Null）。

例如：

```
Dim  A(-1 To 5)As Integer
'声明了名称为 A 的一维数组,共有 7 个整型元素,分别是 A(-1),A(0),A(1),A(2),A(3),A(4),A(5)
Dim  B(5)As Integer
'声明了名称为 B 的一维数组,共有 6 个整型元素,分别是 B(0),B(1),B(2),B(3),B(4),B(5)
```

通过学习一维数组的有关知识，引例中的学生成绩就可以只输入一遍值并且能保存下来供后面的程序使用了,程序修改如下。

```
Private Sub Form_Click()
    Dim s!, aver!, overn%, mark! (1 To 5)
    s=0
    aver=0
    For i=1 To 5
        mark(i)=InputBox("输入第" & i & "位学生的成绩")
        s=s+mark(i)
    Next i
    aver=s/5
    overn=0
    For i=1 To 5
        If mark(i)>=aver Then overn=overn+1
    Next i
    Print aver, overn
End Sub
```

2. 多维数组

声明格式:

Dim|Private|Static|Public<数组名>([<下界>To]<上界>,[<下界>To]<上界>…)
[As<数据类型>]

或

Dim<数组名>[<数据类型符>]([<下界>To]<上界>,[<下界>To]<上界>…)

功能:声明数组的名称、维数、每一维的大小、类型,并为数组分配存储空间。

说明:每一维的大小为上界-下界+1;数组的大小为各维大小的乘积。

例如:

Dim a(1 To 2, 1 To 3)As Integer

声明了名为 a 的二维数组,数组的元素均为整型,数组共有 6 个元素,分别是 a(1,1),a(1,2),a(1,3),a(2,1),a(2,2),a(2,3),这 6 个元素将顺序存放在内存里连续的一段空间中。

注意:数组声明中定义的数组名,用来说明数组的名字、维数、大小和类型。数组元素是数组中的一个成员,只能放在可执行语句中。两者虽然形式相同但意义不同。

例如:

```
Dim  b(1,2)  As Single        '声明 2 行 3 列的二维数组
b(1,2)=3.2                     '给数组元素 b(1,2)赋值
```

5.1.2 动态数组及其声明

在利用数组进行程序设计时,可能会出现数组长度在程序中发生变化的情况。这时,最适合采用动态数组。

1. 动态数组的声明

声明格式：

Dim|Private|Static|Public<数组名>[数据类型符]()［As <数据类型>］,…
ReDim[Preserve] <数组名>([下界 1 To]<上界 1>[,［下界 2 To]<上界 2>,…]),…

功能：先用 Dim 等声明动态数组名和类型，然后在过程内使用 ReDim 确定动态数组的维数和实际大小，并为其分配存储空间。

说明：

（1）Dim、Private、Public、Static 变量声明语句是说明性语句，可出现在过程内或通用声明段；而 ReDim 语句是执行语句，只能出现在过程内。

（2）在过程中可多次使用 ReDim 来改变数组的大小，也可改变数组的维数，但不能改变其类型。

（3）每次使用 ReDim 语句都会使原来数组中的值丢失，可以在 ReDim 语句后加 Preserve 参数以保留数组中的数据，但使用 Preserve 只能改变最后一维的大小，前面几维大小不能改变。若改变，则出现下标越界的错误提示。

（4）在静态数组声明中的下标只能是常量，在动态数组 ReDim 语句中的下标可以是常量，也可以是有了确定值的变量。

（5）Dim、Private、Public、Static 变量声明语句只是说明声明的数组为动态数组，系统并不为其分配存储空间，使用 ReDim 语句重新声明数组后，才确定了数组的维数和大小，此时才为数组分配存储空间。

例 5.1　改进引例的程序，使其更通用。要求输入 n 个学生的成绩，计算平均分和高于平均分的人数，并将这两项放在该数组的最后。

分析：因为学生的成绩个数不确定，所以要将输入的学生成绩保存下来不能用静态数组，需要声明动态数组。又要将平均分和高于平均分的人数保存下来，并且输入的学生成绩需保留，则需重新声明数组并且在重新声明的语句中要加参数 Preserve。

程序代码如下。

```
Private Sub Form_Click()
    Dim mark%(), i%, n%, s!
    n=InputBox("输入学生的人数")
    ReDim mark(1 To n)
    s=0
    For i=1 To n
        mark(i)=InputBox("输入第"&i&"位学生的成绩")
        s=s+mark(i)
    Next i
    ReDim Preserve mark(1 To n+2)
    mark(n+1)=s/n
    mark(n+2)=0
    For i=1 To n
```

```
        If mark(i)>mark(n+1) Then
            mark(n+2)=mark(n+2)+1
        End If
    Next i
    For i=1 To n
        Print "mark("; i; ")="; mark(i)
    Next i
    Print "平均分="; mark(n+1), "高于平均分人数="; mark(n+2)
End Sub
```

程序运行结果如图 5.1 所示。

使用动态数组的优点是,可根据用户需要,有效地利用存储空间,它是在程序执行到 ReDim 语句时分配存储空间,而静态数组是在程序编译时分配存储空间的。

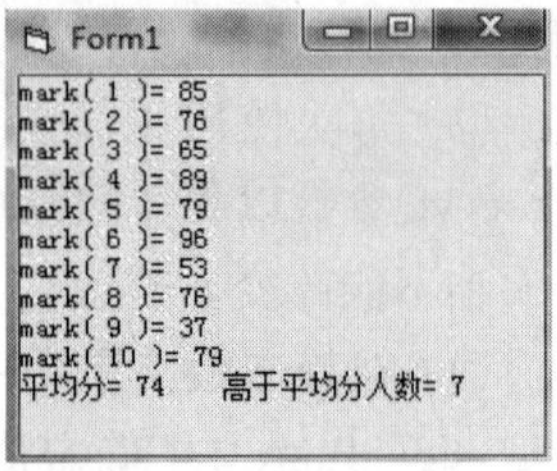

2. 数组函数

1) LBound()函数

格式:

```
LBound(数组名,[维数])
```

功能:返回数组某维的下界值。

例如,LBound(A,1),返回值为数组 A 的第 1 维的下界的值。

2) UBound()函数

格式:

```
UBound(数组名,[维数])
```

功能:返回数组某维的上界值。

例如,UBound(B,2),返回值为数组 B 的第 2 维的上界的值。

```
mark( 1 )= 85
mark( 2 )= 76
mark( 3 )= 65
mark( 4 )= 89
mark( 5 )= 79
mark( 6 )= 96
mark( 7 )= 53
mark( 8 )= 76
mark( 9 )= 37
mark( 10 )= 79
平均分= 74    高于平均分人数= 7
```

图 5.1　程序运行结果

5.2　数组的基本操作

数组是程序设计中最常用的结构类型,将数组元素的下标和循环语句结合使用,能解决大量的实际问题。数组在定义时用数组名表示该数组的整体,但在具体操作时是针对每个数组元素进行的。

5.2.1　数组元素的输入

1. 利用循环结构对数组元素逐一赋值

下面一段程序利用单循环结构对一维数组 A 赋 1~100 的随机整数。

数组操作

```
Private Sub Form_Click()
    Dim A(5) As Integer
    Dim  I As Integer
    For I=1 To 5
        A(I)=Int(100 * Rnd)+1
        Print A(I);
    Next I
End Sub
```

下面这段程序利用双循环结构通过 InputBox 函数在程序执行时给二维数组 sc 赋值。

```
Dim  sc(1 To 4,1 To 5) As String
    For i=1 To 4
        For j=1 To 5
            sc(i, j)=InputBox("输入 sc("  &  i  & ", " & j &") 的值")
        Next j
Next I
```

2. 利用 Array()函数赋值

利用 Array()函数把一组数据赋值给一个一维数组。

格式：

```
<变体变量名>=Array([数据列表])
```

说明：

（1）利用 Array()函数对数组各元素赋值,声明的数组是动态数组或连圆括号都可省略的数组,并且其类型只能是 Variant。

（2）"数据列表"以逗号间隔,如果不提供参数,则创建一个长度为 0 的数组。

（3）数组的下界默认为零,也可通过 Option Base 语句决定,上界由 Array()函数括号内的参数个数决定,也可通过 UBound()函数获得。

例如,要将 1,2,3,4,5,6,7 这些值赋值给数组 a,可使用下面的方法赋值。

```
Dim a()
a=Array(1,2,3,4,5,6,7)
```

或者使用下面的方法：

```
Dim a
a=Array(1,2,3,4,5,6,7)
```

注意：一维数组既可以用单循环结构赋值,也可以用 Array()函数赋值;而二维数组的赋值只能利用双循环结构。一般几维数组就用几重循环来赋值。

5.2.2　数组元素的输出

例 5.2　形成 5×5 的方阵,在窗体中分别输出方阵中的各元素,上三角和下三角元素。

分析：对于二维矩阵的输出，一般使用二重循环。在这 3 种输出方式中，只是对循环控制变量的起始值或者结束值做了相应的修改，读者可以对照输出结果查看程序代码，比较容易理解。

程序的代码如下。

```
Private Sub Form_Click()
    Dim sc%(4, 4)
    Print  "产生方阵元素"
    For i=0 To 4
        For j=0 To 4
            sc(i, j)=i * 5+j
            Print Tab(j * 5); sc(i, j);
        Next j
        Print
    Next i
    Print   "显示上三角元素"
    For i=0 To 4
        For j=i To 4
            sc(i, j)=i * 5+j
            Print Tab(j * 5); sc(i, j);
        Next j
        Print
    Next i
    Print   "显示下三角元素"
    For i=0 To 4
        For j=0 To i
            sc(i, j)=i * 5+j
            Print Tab(j * 5); sc(i, j);
        Next j
        Print
    Next i
End Sub
```

图 5.2　程序运行结果

输出的结果如图 5.2 所示。

5.2.3　复制整个数组

在 VB 6.0 以前的版本中，若要将一个一维数组的各个元素的值赋值给另一个一维数组元素，这要通过一个单循环来实现。在 VB 6.0 中，只要通过一个简单的赋值语句即可。

例如：

```
Private Sub Form_Click()
```

```
      Dim a(), b()
      DimI As Integer
      a()=Array(1, 2, 3, 4, 5)
      b=a
      For I=LBound(a) To UBound(a)
          Print a(I); b(I)
      Next
  End Sub
```

上述程序中输出 a 数组各元素的值和 b 数组各元素的值是相同的。其中 b＝a 语句相当于执行了：

```
ReDim b(UBound(a))
For i=0 To UBound(a)
    b(i)=a(i)
Next i
```

注意：

(1) 赋值号两边的数据类型必须一致。

(2) 如果赋值号左边的是一个动态数组，则赋值时系统自动将动态数组 ReDim 成右边同样大小的数组。

(3) 如果赋值号左边是一个静态数组，则数组赋值出错。

5.2.4　For Each… Next 语句

通过 For Each…Next 语句，可以十分方便地访问数组中的任一元素。For Each…Next 语句类似于 For …Next 语句，两者都用来执行指定重复次数的一组操作，但 For Each…Next 语句专门用于数组或对象"集合"（本书不涉及集合），其一般格式为：

```
For Each <成员>In <数组名>
    循环体
    [Exit  For]
    …
Next[成员]
```

功能：用于指定数组中的数组元素个数作为循环次数，重复执行循环体中的语句。

说明：

(1) 语句中的"成员"是循环变量，实际上是数组中的每个数组元素。Next 语句中的"成员"与 For Each 语句中的成员是同一个变量，可以省略。该变量必须是变体类型。

(2) 数组名是已经声明过的一维数组或多维数组名，其后可以带一对圆括号，但不能带下标。

(3) 语句的执行过程是：首先从指定的数组中按顺序依次取出一个数组元素值赋给变量，然后执行循环体，直到数组中的数组元素值取完为止。

(4) 如果循环体中包含 Exit For 语句，则执行该语句后退出循环，接着执行 Next 后面的语句。

例如：

```
Private Sub Form_Load()
Dim a(9)
    For I=0 To 9
    a(I)=I
    Next
    For Each e In a
        f=f+e
    Next
    MsgBox "数组 a 中所有数据的和是" & f, vbInformation, "计算结果"
End Sub
```

上述程序中的 e 类似于 For…Next 循环中的循环控制变量，但不需要为其提供初值和终值，而是根据数组元素的个数确定执行循环体的次数。此外，e 的值就是 a 数组中的各元素的值，开始执行时，e 是数组第 1 个元素的值，执行完一次循环体后，e 变为数组第 2 个元素的值……，当 e 为最后一个元素的值时，执行最后一次循环。e 是一个变体变量，它可以代表任何类型的数组元素。

可以看出，在数组操作中，For Each…Next 语句比 For…Next 语句更方便，因为它不需要指明结束循环的条件，不必根据初值、终值和步长值来确定循环次数，而是根据数组中元素的个数确定循环次数，当按顺序依次处理数组的全部元素时比较方便。缺点是难以处理数组中的部分元素，也难以控制数组元素的处理次序。

注意：不能在 For Each…Next 语句中使用用户自定义类型数组，因为 Variant 不能包含用户自定义类型。

5.3　列表框和组合框控件

列表框和组合框都是通过列表的形式显示多个项目，供用户选择，达到与用户对话的目的。并且，当列表项目过多时，还会自动出现垂直滚动条。列表框和组合框控件实质就是一维字符数组，以可视化形式直观显示其项目列表。

列表框与组合框

5.3.1　列表框

列表框控件可以同时显示多个项目的列表，供用户选择，但不能编辑。列表框中可供选择的项目称为表项。表项加入列表框是按照一定顺序号进行的，这个顺序号称为索引。当表项较多而超出设计列表框所能显示的范围时，系统会在列表框上自动添加垂直滚动条，方便用户滚动选择表项。在窗体上添加的列表框的默认名称为 List1，List2，…。

1. 主要属性

1）List 属性

该属性是一个字符型数组，存放列表框的项目，下标从 0 开始。List 属性既可以在属性窗口中设置，也可以在程序中设置或引用

在程序中的访问格式：

<列表框名>. List(<列表项序号>)

例如，List1. List(1)表示列表框的第 2 个项目内容。

列表项目的添加可以通过属性窗口设置，在添加每个项目时，可按 Ctrl＋Enter 键进行下一个项目的连续添加。

2）ListCount 属性

该属性只能在程序中设置或引用。表示当前列表框中的项目的数量，ListCount－1 是最后一项的下标。

3）ListIndex 属性

该属性只能在程序中设置或引用。表示选中项目的位置序号，没有项目被选定时为 －1。可以通过"列表框名. List(列表框名. ListIndex)"形式访问当前最后选中的列表项的内容。

4）Sorted 属性

该属性只能在属性窗口中设置，决定列表框的选项是否按字母顺序排列显示。若取值为 True，表示按字母顺序排列；若取值为 False，表示按加入先后顺序排列。

5）Text 属性

该属性为默认属性，只能在程序中设置或引用，存放被选定列表项的文本内容，当 MultiSelect 属性设置为 1 或 2 时，只输出选定列表项的最后一项。例如，List1. List (List1. ListIndex)等于 List1. Text。对于列表框，不能直接设置 Text 属性。

6）Selected 属性

该属性只能在程序中设置或引用，表示列表框某项是否被选中，Selected(i)的值为 True 表示第 i＋1 项被选中。例如，List1. Selected(2)为 True，表示列表框中第 3 项被选中。

7）MultiSelect 属性

该属性只能在属性窗口中设置，用来确定列表框是否允许多选。

0—None：禁止多项选择，默认值。

1—Simple：可用鼠标单击或按空格键进行简单多选。

2—Extended：可在按住 Shift 或 Ctrl 键的同时单击表项进行连续或不连续的多选。

8）Style 属性

该属性只能在属性窗口中设置，用来设置列表框的显示样式。

0—Standard：标准样式显示，默认值。

1—Checked：每个列表项左侧都有一个复选框，可进行多项选择。

2. 事件

列表框可以响应 Click 和 DblClick 事件。

1）Click 事件

当单击某一列表项目时,将触发列表框的 Click 事件。该事件发生时系统会自动改变列表框的 ListIndex、Selected、Text 等属性,无须另行编写代码。

2）DblClick 事件

当双击某一列表项目时,将触发列表框的 DblClick 事件。

3. 方法

列表框常用的方法有 AddItem、RemoveItem 和 Clear,在程序运行时,可对列表项进行添加和删除操作。

1）AddItem 方法

格式:

```
<对象名>.AddItem <列表项>[,索引号]
```

功能:把一个列表项添加到列表框或组合框索引号指定的位置。

说明:

(1) 对象名为列表框名或组合框名。

(2) 列表项为要添加的列表项字符串。

(3) 索引号指定添加列表项的位置,可省略,最大值不能超过列表项 ListCount。若省略索引号,则采用追加形式插入到列表后。

(4) 该方法一次只能向列表中添加一个列表项。一般在 Form 的 Load 事件过程中来初始化列表项。

例如:

```
List1.AddItem "上海", 4        '将"上海"添加到列表框 List1 中第 4 个列表项后
```

2）RemoveItem 方法

格式:

```
<对象名>.RemoveItem <索引号>
```

功能:把一个索引号指定的列表项从列表框或组合框中删除。

说明:删除的列表项由索引号决定,索引号只能取 0 到 ListCount-1 之间的整数值。该方法一次只能删除一个列表项。

例如:

```
List1.RemoveItem 3             '删除第 4 个列表项内容
```

3）Clear 方法

格式:

```
<对象名>.Clear
```

功能：把所有列表项从列表框或组合框中删除。

说明：执行 Clear 方法后，ListCoun 属性自动重新被设置为 0。

例 5.3　编写一个程序，要求在"城市列表"列表框中，单击不同的城市，在文本框中显示北京到该城市的距离。其中，城市列表框中的城市依次添加为上海、济南、杭州、哈尔滨、长春、石家庄和太原，距离北京依次为 1213km、480km、1590km、1250km、1200km、294km 和 523km。程序运行界面如图 5.3 所示。

分析：创建用户界面，在窗体上添加 2 个标签、1 个列表框、1 个文本框和 1 个命令按钮。程序运行时列表框中将列出各个城市，需在窗体的 Load 事件过程中利用 AddItem 方法将各个城市添加到列表框中。根据题意，在列表框中单击选定的城市，在

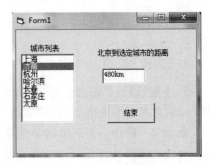

图 5.3　程序运行界面

文本框中输出北京到该城市的距离，因此在列表框的单击事件过程中编写代码，利用 ListIndex 属性得到被选定项的位置，利用 Select Case 语句根据选定项的位置，即索引号（列表项中的索引号从 0 开始），在文本框中输出北京到选定城市的距离。

程序代码如下。

```
Private Sub Form_Load()
    List1.AddItem "上海"
    List1.AddItem "济南"
    List1.AddItem "杭州"
    List1.AddItem "哈尔滨"
    List1.AddItem "长春"
    List1.AddItem "石家庄"
    List1.AddItem "太原"
End Sub

Private Sub List1_Click()
    Select Case List1.ListIndex
    Case 0
        Text1.Text="1213km"
    Case 1
        Text1.Text="480km"
    Case 2
        Text1.Text="1590km"
    Case 3
        Text1.Text="1250km"
    Case 4
        Text1.Text="1200km"
```

```
    Case 5
        Text1.Text="294km"
    Case 6
        Text1.Text="523km"
    End Select
End Sub
Private Sub Command1_Click()
    End
End Sub
```

程序运行后,单击列表框中"济南"列表项,该表项位于列表框中第2个位置(索引号为1),在文本框中输出480km,运行结果如图5.3所示。

例5.4　设计一个简单的学生选课程序,可以实现对课程的添加、删除和清空,程序运行界面如图5.4所示。学生由公选课列表当中选中一门课程时,项目内容和下标自动在Label3控件中显示;单击"添加"按钮,将所选课程添加到学生选课列表中,同时公选课列表中将删除该门课程;单击"退回"按钮,可将学生选课列表中选错的课程退回到公选课列表中,同时将该课程从学生选课列表中删除;单击"清空"按钮,可清除学生所选全部课程。

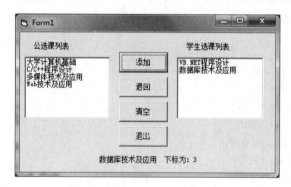

图5.4　程序运行界面

分析:需在窗体中添加3个标签、2个列表框、4个命令按钮。利用AddItem方法实现将列表框List1中选定的课程添加到列表框List2中,选定的课程文本内容通过列表框的Text属性得到;利用RemoveItem方法实现对列表框List1中选定课程删除,选定课程的序号即索引值通过ListIndex属性得到;利用Clear方法实现将列表框List2所有项目清除。

编程代码如下。

```
Private Sub Form_Load()
    List1.AddItem "大学计算机基础"
    List1.AddItem "VB.NET程序设计"
    List1.AddItem "C/C++程序设计"
    List1.AddItem "多媒体技术及应用"
    List1.AddItem "数据库技术及应用"
```

```
        List1.AddItem "Web 技术及应用"
End Sub

Private Sub List1_Click()
        Label3.Caption=List1.Text & "  下标为：" & List1.ListIndex
End Sub

Private Sub Command1_Click()
        List2.AddItem List1.Text
        List1.RemoveItem List1.ListIndex
End Sub

Private Sub Command2_Click()
        List1.AddItem List2.Text
        List2.RemoveItem List2.ListIndex
End Sub

Private Sub Command3_Click()
        List2.Clear
End Sub

Private Sub Command4_Click()
        End
End Sub
```

5.3.2 组合框

组合框是将文本框和列表框的功能结合在一起，用户可以在列表中选择某项（只能选取一项），或在编辑区域中直接输入文本内容来选定项目。

组合框共有 3 种风格，分别是：下拉式组合框、简单组合框和下拉式列表框，通过设置 Style 属性值来实现。若取值为 0，表示为下拉式组合框，支持文本输入；若取值为 1，表示为简单组合框，支持文本输入；若取值为 2，表示为下拉式列表框，不支持文本输入，如图 5.5 所示。

(a) 下拉式组合框   (b) 简单组合框   (c) 下拉式列表框

图 5.5 组合框 3 种形式示意图

组合框的属性、事件和方法与列表框基本相同。当用户通过键盘输入改变下拉式组合框或简单组合框控件的文本框部分的正文,或者通过代码改变了 Text 属性的设置时,将触发其 Change 事件。

　　例 5.5　编写一个使用屏幕字体、字号的程序。

　　分析:

　　(1) 屏幕字体通过 Screen 对象的 Fonts 字符数组获得,在组合框 Combo1 中显示,用户不能输入,故采用下拉式列表框。将屏幕字体添加到下拉式列表框中;然后选择所需的字体,在标签中显示该字体效果。

　　(2) 字号通过程序自动形成 6～40 磅值的偶数,在组合框 Combo2 中显示,用户可以输入单数磅值,故采用下拉式组合框。在组合框的文本框中输入字号,也可在组合框中选择字号,在标签中显示该字号效果。

　　程序代码如下。

```
Private Sub Form_Load()
    For i=0 To Screen.FontCount -1          '将屏幕字体添加到组合框
        Combo1.AddItem Screen.Fonts(i)
    Next i
    For i=6 To 40 Step 2
        Combo2.AddItem i
    Next i
End Sub


Private Sub Combo2_KeyPress(KeyAscii As Integer)      '在组合框输入字号
    If KeyAscii=13 Then
        Label4.FontSize=Combo2.Text
    End If
End Sub


Private Sub Combo1_Click()                    '在组合框选中字体,标签的字体相应改变
    Label4.FontName=Combo1.Text
End Sub


Private Sub Combo2_Click()                    '在组合框选中字号,标签的字号相应改变
    Label4.FontSize=Combo2.Text
End Sub
```

　　程序运行界面如图 5.6 所示。

图 5.6 程序运行界面

5.4 控件数组

前面介绍的数组都是由基本数据类型的数据组成的数组。在 Visual Basic 中，还允许使用由一些控件组成的控件数组。

5.4.1 控件数组的概念

控件数组由一批类型相同的控件组成，即数组中的元素是控件。控件

控件数组

数组具有以下特点：

（1）控件数组中的所有元素都必须是相同类型的控件。

（2）控件数组中的控件具有一个相同的控件名称。

（3）控件数组中的控件除名称属性值外，其他属性值可以互不相同。

（4）控件数组中的元素是通过控件的 Index 属性进行区分的。Index 的取值范围为 0～32 767。控件数组元素的下标可以不连续。

（5）控件数组中的所有控件共用相同的事件过程。控件数组的事件过程名后的一对圆括号内有一个 Index 参数，该参数用来确定是哪一个控件发生了该事件。

例如，创建一个按钮数组，则数组中各个控件的 Name 属性均为 Command1，Index 属性分别为 0、1、2…，可以用 Command1(0)、Command1(1)、Command1(2)等来区分各个控件。各个控件共享 Command1_Click 事件过程：

```
Private Sub Command1_Click(Index As  Integer)
    …
End Sub
```

因此，当多个同类控件执行相似的操作时，适合采用控件数组。

5.4.2 控件数组的建立

控件数组的建立有两种方法：一是在设计阶段通过操作建立；二是在运行阶段通过

程序建立。

1. 在设计阶段建立

可采用以下3种方法建立(以建立元素为命令按钮的控件数组为例)。

方法一：通过复制、粘贴的方式。

操作步骤如下。

(1) 先在窗体上建立第1个控件 Command1。

(2) 选择"编辑"菜单下的"复制"命令，或单击工具栏中的"复制"按钮，然后选择"编

图 5.7　提示创建控件数组

辑"菜单下的"粘贴"命令，或单击工具栏中的"粘贴"按钮，打开如图 5.7 所示的对话框，提示是否创建一个控件数组。

(3) 单击"是"按钮，则在窗体左上角添加了第 2 个命令按钮，该按钮的名称属性与第 1 个命令按钮的名称属性相同(Caption 属性也相同)，都是 Command1。可根据界面设计要求，将第 2 个命令按钮移动到适当的位置。

(4) 继续单击工具栏中的"粘贴"按钮，则会建立第 3 个、第 4 个、……、第 n 个命令按钮。

注意：当建立第 1 个命令按钮时，其 Index 属性值为空；建立第 2 个命令按钮后，第 1 个命令按钮的 Index 属性值为 0(默认值)，而第 2 个命令按钮的 Index 属性值为 1。随着后面命令按钮的建立，Index 属性值按步长 1 增加。

方法二：给多个控件取相同的名称。操作步骤如下。

(1) 在窗体上建立程序所需要的所有命令按钮，如 Command1、Command2 和 Command3。

(2) 确定第 1 个命令按钮的名称属性值为控件数组名，如 Command1。然后将第 2 个命令按钮的名称属性值改为同一名称，同样会弹出提示创建控件数组对话框。

(3) 单击"是"按钮，则第 1 个命令按钮和第 2 个命令按钮成为控件数组的元素，同时第 1 个命令按钮的 Index 属性值为 0，第 2 个命令按钮的 Index 属性值为 1。

(4) 再将第 3 个命令按钮的名称属性值改为控件数组名，完成控件数组的建立。

用这种方法建立的控件数组，元素只有名称属性相同，除 Index 属性取不同值外，其他属性保持不变。

方法三：给控件设置一个 Index 属性值。

操作步骤如下。

(1) 先在窗体上建立第 1 个命令按钮 Command1。

(2) 在属性窗口中输入一个 Index 属性值。

(3) 用方法 1 或方法 2 建立控件数组中的其他命令按钮，此时，新建立的第 1 个命令按钮的 Index 属性值为 0，不会出现提示创建控件数组对话框。

用这种方法建立的控件数组，其元素的 Index 属性值可以不连续。

2. 在运行阶段建立

程序运行时,可以使用 Load 语句向已有的控件数组中添加新的控件数组元素,也可以使用 Unload 语句删除控件数组中的元素。其一般格式为:

Load<控件数组名>(<下标>)
Unload<控件数组名>(<下标>)

功能:Load 语句向已有的控件数组中添加一个指定下标的控件;Unload 语句从已有的控件数组中删除一个指定下标的控件。

说明:

(1) 控件数组名就是控件的名称,如 Command1。

(2) 下标就是 Index 属性值,不能与控件数组中其他元素的下标相同。

(3) 在使用 Load 语句之前,控件数组必须在设计模式下用前述方法建立。

(4) 使用 Load 语句添加的新控件是不可见的,即其 Visible 属性值为 False。可以在添加之后,将 Visible 属性值设置为 True 使其显示出来。

(5) 使用 Unload 语句只能删除用 Load 语句添加的控件,不能删除在设计模式下建立的控件。

在运行阶段通过程序建立控件数组的操作步骤如下。

(1) 在窗体上先建立第 1 个控件数组元素,如 Command1,将其 Index 属性值设置为 0。

(2) 在程序中使用 Load 语句添加其余的各个控件数组元素,其 Index 属性值按步长 1 增值。也可以根据程序的需要,用 Unload 语句删除其中的某些元素。

(3) 根据程序的需要,可以将新添加的控件数组元素的 Visible 属性值设置为 True,使其显示出来。

(4) 根据界面设计要求,设置新添加控件数组元素的 Left 和 Top 属性值,以确定这些控件在窗体上的位置。

5.4.3　控件数组的应用

在实际应用中,界面上可能会出现一些功能和操作都很相似的控件,使用控件数组处理这类问题,可使程序代码简洁、清晰、可读性好。

例 5.6　在窗体上添加 1 个文本框和 3 个命令按钮,将文本框的 Text 属性值设置为空,分别将 3 个命令按钮的 Caption 属性值设置为"黑体""宋体"和"楷体"。程序运行后,分别单击"黑体""宋体"和"楷体"命令按钮,则文本框中的字体变为相应的黑体、宋体和楷体。要求添加的 3 个命令按钮为控件数组。

分析:本例中的 3 个命令按钮如果不是控件数组,则需要编写 3 个单击命令按钮的事件过程。建立为控件数组后,由于控件数组中的所有控件共用相同的事件过程,因此只需一个单击命令按钮的事件过程即可。该事件过程通过 Index 参数得到一个控件数组元素的下标值,以确定当前单击的是哪一个命令按钮。根据 Index 参数值,可以编写出相应的程序代码。

本例的 3 个命令按钮既可以在设计阶段建立控件数组,也可以在运行阶段建立。

解法一:在设计阶段建立控件数组。

用上述在设计阶段建立控件数组的 3 种方法之一建立命令按钮控件数组。建立控件数组后的 3 个命令按钮的默认名称分别为 Command1(0)("黑体"命令按钮)、Command1(1)("宋体"命令按钮)和 Command1(2)("楷体"命令按钮)。

程序代码如下。

```
Private Sub Form_Activate()
    Form1.Caption="控件数组的应用"
    Text1.Text="终身努力便成天才"
    Text1.FontSize=14
End Sub
Private Sub Command1_Click(Index As Integer)
    Select Case Index
        Case 0
            Text1.FontName="黑体"
        Case 1
            Text1.FontName="宋体"
        Case 2
            Text1.FontName="楷体"
    End Select
End Sub
```

程序运行后,单击"黑体"命令按钮,运行结果如图 5.8(a)所示。

　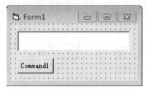

(a) 例5.6解法一的运行结果　　(b) 例5.6解法二的运行结果

图 5.8　解法一的运行结果和解法二的界面设计

解法二:在运行阶段建立控件数组。

在窗体上先添加第 1 个命令按钮,即"黑体"命令按钮,并将其 Index 属性值设置为 0,如图 5.8(b)所示。此时该命令按钮的默认名称为 Command1(0)。程序运行后,使用 Load 语句自动添加"宋体"和"楷体"命令按钮。程序的运行结果与解法 1 相同。

程序代码如下。

```
Private Sub Form_Activate()
    Form1.Caption="控件数组的应用"
    Text1.Text="终身努力便成天才"
    Text1.FontSize=14
```

```
        Command1(0).Caption="黑体"
        Dim i As Integer
        For i=1 To 2
            Load Command1(i)                          '添加另外两个命令按钮
            Command1(i).Visible=True                  '让命令按钮显示出来
            Command1(i).Left=Command1(i-1).Left+1080
            Command1(i).Top=Command1(0).Top           '确定另外两个按钮位置
            If i=1 Then
                Command1(i).Caption="宋体"
            Else
                Command1(i).Caption="楷体"
            End If
        Next i
    End Sub
    Private Sub Command1_Click(Index As Integer)
        Select Case Index
            Case 0
                Text1.FontName="黑体"
            Case 1
                Text1.FontName="宋体"
            Case 2
                Text1.FontName="楷体_GB2312"
        End Select
    End Sub
```

5.5 综合应用

数组是在程序设计中经常使用的数据结构,在处理数据类型相同的成批数据时,通过结合循环语句,数组可以解决许多复杂问题,简化编程工作量。

为了巩固数组的学习和结合控件的使用,本章还介绍了列表框和组合框,因为这两个控件的 List 属性就是一个数组,其元素用来存放表项内容。

使用数组可以实现许多算法,下面通过介绍几个常用算法来进一步学习数组的基本应用。

5.5.1 排序

1. 选择法排序

选择法排序算法思想:每次将最小(或最大)的数找出来放在序列的最前面。

若一组整数放在数组 $a(1),a(2),\cdots,a(n)$ 中,按升序排列步骤如下。

第 1 轮在 $a(1)\sim a(n)$ 中找出最小值,与 $a(1)$ 交换;

第 2 轮在 a(2)～a(n)中找出最小值,与 a(2)交换;
::

以此类推,直到从 a(n−1)和 a(n)中找到最小值。

整个比较过程如下。

```
                              原始数据  7 5 8 2 1 6
a(1)  a(2)  a(3)  a(4)  a(5)  a(6)  第 1 轮比较  1 5 8 2 7 6
      a(2)  a(3)  a(4)  a(5)  a(6)  第 2 轮比较  1 2 8 5 7 6
            a(3)  a(4)  a(5)  a(6)  第 3 轮比较  1 2 5 8 7 6
                  a(4)  a(5)  a(6)  第 4 轮比较  1 2 5 6 7 8
                        a(5)  a(6)  第 5 轮比较  1 2 5 6 7 8
```

例 5.7　使用选择法排序,对一组数 7,5,8,2,1,6 进行升序排序。

程序如下。

```vb
Option Base 1
Private Sub Command1_Click()
    Dim a(), iMin%, n%, i%, j%, t%
    a=Array(7, 5, 8, 2, 1, 6)
    n=UBound(a)              '获得数组的下标的上界
    For i=1 To n -1          '进行 n-1 轮比较
        iMin=i              '对第 i 轮比较时,初始假定第 i 个元素最小
        For j=i+1 To n       '在数组 i+1～n 个元素中选最小元素的下标
            If a(j)<a(iMin) Then iMin=j
        Next j
    t=a(i)                   'i+1～n 个元素中选出的最小元素与第 i 个元素交换
    a(i)=a(iMin)
    a(iMin)=t
    Next i
    For i=LBound(a) To UBound(a)
        Print a(i);
    Next i
End Sub
```

2. 沉底排序法

沉底排序算法的核心思想:将相邻两个数比较,大的调到后头(升序)。在每一轮排序时从序列前面将相邻的数比较,当次序不对就交换位置,出了内循环,最大数已沉底。

假设将有 n 个数的数组 A(1 To n)按升序进行排列,步骤如下。

(1) 第 1 轮从前面开始将每相邻两个数比较,大的调到后头,经 n−1 次两两相邻比较后,最大的数已"沉底",放在最后一个位置,小数上升"浮起";

(2) 第 2 轮对余下的 n−1 个数(最大的数已"沉底")按上述方法比较,经 n−2 次两

两相邻比较后得次大的数;

（3）以此类推,n 个数共进行 n-1 轮比较,在第 j 轮中要进行 n-j 次两两比较。

整个比较过程如下。

						原始数据	7	5	8	2	1	6
a(1)	a(2)	a(3)	a(4)	a(5)	a(6)	第 1 轮比较	5	7	2	1	6	8
a(1)	a(2)	a(3)	a(4)	a(5)		第 2 轮比较	5	2	1	6	7	8
a(1)	a(2)	a(3)	a(4)			第 3 轮比较	2	1	5	6	7	8
a(1)	a(2)	a(3)				第 4 轮比较	1	2	5	6	7	8
a(1)	a(2)					第 5 轮比较	1	2	5	6	7	8

核心代码段如下。

```
For i=1 To n-1
    For j=1 To n-i
        If a(j)>a(j+1) Then
            temp=a(j)
            a(j)=a(j+1)
            a(j+1)=temp
        End If
    Next j
Next i
```

例 5.8 使用沉底排序法,对一组数 7,5,8,2,1,6 进行升序排序。

程序如下。

```
Option Base 1
    Private Sub Command1_Click()
    Dim a(), iMin%, n%, i%, j%, t%
    a=Array(7, 5, 8,2, 1, 6)
    n=UBound(a)
    For i=1 To n -1            '有 n 个数,进行 n-1 次比较
        For j=1 To n  -i       '每一轮比较对 1~n-i 的元素两两相邻比较,大数沉底
            If a(j)>a(j+1) Then
                t=a(j): a(j)=a(j+1): a(j+1)=t        '次序不对交换
            End If
        Next j
    Next i
    For i=1 To n
        Print a(i);
    Next i
End Sub
```

3. 冒泡排序法

冒泡排序算法思想:将相邻两个数比较,小的调到前头(升序)。假设将有 n 个数的

数组 A(1 To n)按升序进行排列,步骤为:在每一轮排序时从序列后面将相邻的数比较,当次序不对就交换位置,出了内循环,最小数已冒出。

```
                                        原始数据  7  5  8  2  1  6
a(1)  a(2)  a(3)  a(4)  a(5)  a(6)      第1轮    1  7  5  8  2  6
      a(2)  a(3)  a(4)  a(5)  a(6)      第2轮    1  2  7  5  8  6
            a(3)  a(4)  a(5)  a(6)      第3轮    1  2  5  7  6  8
                  a(4)  a(5)  a(6)      第4轮    1  2  5  6  7  8
                        a(5)  a(6)      第5轮    1  2  5  6  7  8
```

核心代码段如下。

```
For i=1 To n-1                '进行 n-1 轮比较
    For j=n To  i+1 step -1    '每一轮比较对 n～i+1 的元素两两相邻比较
        If a(j)<a(j-1) Then
            temp=a(j)
            a(j)=a(j-1)
            a(j-1)=temp
        End If
    Next j
Next i
```

例 5.9 对已存放在数组中的数 7,5,8,2,1,6 用冒泡排序法使这 6 个数按递增顺序显示。

程序代码如下。

```
Option Base 1
    Private Sub Command1_Click()
    Dim a(), iMin%, n%, i%, j%, t%
    a=Array(7, 5, 8, 2, 1, 6)
    n=UBound(a)
    For i=1 To n-1                '有 n 个数,进行 n-1 次比较
        For j=n To i+1 Step -1    '每一轮比较对 n～i+1 的元素两两相邻比较,小数冒出
            If a(j)<a(j-1) Then
                t=a(j): a(j)=a(j-1): a(j-1)=t    '次序不对交换
            End If
        Next j
    Next i
    For i=1 To n
        Print a(i);
    Next i
End Sub
```

5.5.2　数组元素的插入与删除

1. 插入

例 5.10　在有序数组 a(n)中插入一个值 x。

分析：

(1) 查找要插入的位置 k(1≤k≤n−1)。

(2) 腾出位置，把最后一个元素开始到第 k 个元素往后移动一个位置。

(3) 第 k 个元素的位置腾出，就可将数据 x 插入。

例如，要插入元素 14，其示意图如图 5.9 所示。

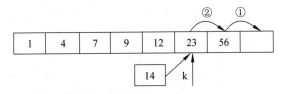

图 5.9　插入元素示意图

程序代码如下。

```
Private Sub Form_Click()
    Dim a(), i%, k%, x%, n%
    a=Array(1, 4, 7, 9, 12, 23, 56)
    n=UBound(a)                     '获得数组上界
    x=Val(Text1.Text)

    For k=0 To n                    '查找欲插入的数 x 的位置
        If x<a(k) Then Exit For
    Next k
    ReDim Preserve a(n+1)           '数组增加一个元素

    For i=n To k Step -1            '数组元素后移一位,腾出位置
        a(i+1)=a(i)
    Next i
    a(k)=x                          '数值 x 插入在对应的位置,使数组保持有序

    For i=0 To n+1
        Print a(i);
    Next i
End Sub
```

程序运行后如图 5.10 所示。

2. 删除

例 5.11　在有序数组 a(n)删除一个值 x。

分析：

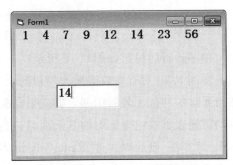

图 5.10　程序运行界面

（1）要找到欲删除的元素的位置 k。

（2）然后从 k＋1 到 n 个位置开始向前移动。

（3）最后将数组元素减 1。

例如，要删除指定的数据 13，其执行过程示意图如图 5.11 所示。

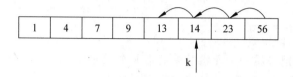

图 5.11　删除元素示意图

程序代码如下。

```
Private Sub Form_Click()
    Dim a(), i%, k%, x%, n%
    a=Array(1, 4, 7, 9, 13, 14, 23, 56)
    n=UBound(a)                          '获取数组上界
    x=Val(Text1.Text)

    For k=0 To n                         '查找欲删除的数据在数组中的位置
        If x=a(k) Then Exit For
    Next k
    If k>n Then MsgBox ("找不到此数据"): Exit Sub

    For i=k+1 To n                       '将 x 后的数组元素左移
        a(i-1)=a(i)
    Next i
    n=n-1
    ReDim Preserve a(n)                  '数组元素减少一个

    For i=0 To n                         '显示删除后的数组元素
        Print a(i);
    Next i
End Sub
```

程序运行后结果如图 5.12 所示。

在例 5.10 对有序数组插入数和例 5.11 删除一个有序数组元素的操作中，都要涉及数组元素的移位。若利用列表框或组合框，可以方便地实现数据项的插入和删除，系统会自动将列表框或组合框中的其余项目进行相应的移动，即若要插入数据，通过"AddItem 索引号"方法，删除则通过"RemoveItem 索引号"，系统会自动对索引号进行相应改变，用户不必编写代码，从而使得程序代码更为简单。

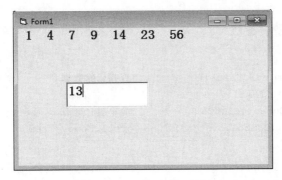

图 5.12　例 5.11 程序运行界面

例 5.12　在简单组合框的列表框中自动形成有序数据项。将简单组合框的文本框中输入的内容插入简单组合框的列表框，使简单组合框的列表框仍保持有序；删除由简单组合框的文本框输入的值；删除简单组合框的列表框中选定的项目。程序运行界面如图 5.13 所示。

分析：

（1）在窗体上添加 4 个命令按钮和 1 个简单组合框，即 Style 的属性值是 1。

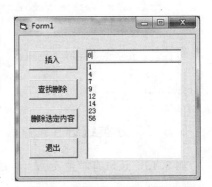

图 5.13　例 5.12 程序运行界面

（2）在 Form_Load 事件中通过 AddItem 方法在简单组合框的列表框中添加有序数列。

（3）将简单组合框的文本框中输入的内容插入到简单组合框的列表框中，需要用到组合框的 Text、ListCount、List 属性。

（4）删除由简单组合框的文本框输入的值、删除简单组合框的列表框中选定的项目需要用到 RemoveItem 方法和组合框的 ListIndex 属性。

程序代码如下。

```
Private Sub Form_Load()              '自动形成有序的列表
    Dim a(), i%, k%, x%, n%
    a=Array(1, 4, 7, 9, 12, 14, 23, 56)
    n=UBound(a)
    For i=0 To n                     '将数组中的元素加入到简单组合框的列表框中
        Combo1.AddItem a(i)
    Next i
End Sub

Private Sub Command1_Click()         '插入
    x=Val(Combo1.Text)
    For k=0 To Combo1.ListCount -1   '查找欲插入数 x 在简单组合框的列表框中的位置
        If x<Val(Combo1.List(k)) Then Exit For
```

```
        Next k
        Combo1.AddItem x, k                 '将 x 变量的值插入到指定的位置
    End Sub

    Private Sub Command2_Click()            '查找删除数据
        x=Val(Combo1.Text)
        For k=0 To Combo1.ListCount -1      '简单组合框有 Combo1.ListCount 项
            If x=Val(Combo1.List(k)) Then Combo1.RemoveItem k      '找到则删除
        Next k
    End Sub

    Private Sub Command3_Click()            '删除选定的内容
        Combo1.RemoveItem Combo1.ListIndex  '删除由选定项的序号 ListIndex 决定的项目
    End Sub

    Private Sub Command4_Click()
        End
    End Sub
```

5.5.3 分类统计

例 5.13 某班有学生 40 人,年龄为 19～23 岁,统计各个年龄的学生人数,即 19 岁的学生有多少人,20 岁的学生有多少人,……,23 岁的学生有多少人。程序运行界面如图 5.14 所示。

图 5.14 程序运行界面

分析:可利用随机函数产生 40 个 19～23 的随机整数来模拟年龄,并存入数组 a 中。再声明一个数组 b 用来存放各个年龄的人数,即用 b(19) 存放 19 岁学生人数,b(20) 存放 20 岁学生人数,…,b(23) 存放 23 岁学生人数。

在窗体上添加 1 个命令按钮、1 个标签和 1 个列表框。

程序代码如下。

```
Private Sub Command1_Click()
    Dim a%(1 To 40), b%(19 To 23), i%
    For i=1 To 40
        a(i)=Int(5 * Rnd+19)
        b(a(i))=b(a(i))+1               '统计各个年龄的学生人数
    Next i
    For i=19 To 23
        List1.AddItem i & "岁的学生人数为: " & b(i)
    Next i
End Sub
```

5.6　练习

1. 在窗体模块的通用声明段中声明变量时,不能使用_____关键字。

    A. Dim　　　　　　B. Public　　　　　C. Private　　　　　D. Static

2. 使用 ReDim Preserve 可以改变数组_____。

    A. 最后一维的大小　　　　　　　　B. 第一维的大小

    C. 所有维的大小　　　　　　　　　D. 改变维数和所有维的大小

3. 下列关于 ReDim 的说法中错误的是_____。

    A. 可以用 ReDim 语句直接定义数组

    B. ReDim 语句只能改变元素的个数,但不能改变数组的维数

    C. ReDim 语句可以改变数组类型

    D. 在一个程序中,可以多次用 ReDim 语句定义同一个数组

4. 语句 Dim abc(-2 To 4,0 To 4,5) As Long 定义的三维数组,其数组元素有_____。

    A. 96 个　　　　　　B. 112 个　　　　　C. 140 个　　　　　D. 210 个

5. 以 Dim x(6,2 To 5)来声明一个二维数组,错误的选项是_____。

    A. LBound(x,2)的返回值是 1　　　　B. UBound(x,2)的返回值是 5

    C. UBound(x,1)的返回值是 6　　　　D. LBound(x,1)的返回值是 0

6. 下面的数组声明语句中正确的是_____。

    A. Dim A[3,4] As Integer　　　　　B. Dim A(3,4) As Integer

    C. Dim a[3;4] As Integer　　　　　D. Dim A(3;4) As Integer

7. 下面的数组声明语句中正确的是_____。

    A. Dim gg[1,5] As String

    B. Dim gg[1 To 5,1 To 5] As String

    C. Dim gg(1 To 5) As String

    D. Dim gg[1;5,1;5] As String

8. 用如下语句所定义的数组元素个数是_____个。

```
Dim b(-2 To 4) As String
```

    A. 2　　　　　　　　B. 4　　　　　　　　C. 6　　　　　　　　D. 7

9. 定义 10 个单精度实型一维数组正确的语句是_____。

    A. Dim a(9) As Single　　　　　　B. Option Base 1：Dim a(9)

    C. Dim ♯(9)　　　　　　　　　　　D. Dim a(10) As Integer

10. 以下属于 Visual Basic 合法的数组元素是_____。

    A. x8　　　　　　　　B. x[8]　　　　　　　C. s(0)　　　　　　　D. v[8]

第6章

过　　程

通过前面章节的学习，可以利用 Visual Basic 6.0 提供的内部函数和事件过程编写一些简单的程序。但在实际应用中，会遇到大量复杂的问题，仅用有限的内部函数和事件过程是不能满足编程需要的。为此，Visual Basic 6.0 允许用户自己定义过程，以实现复杂的程序功能。

过程的基本概念

在处理规模较大的问题时，通常将其划分成若干小而简单的问题，这些小问题可以看成是一个个模块，每个模块完成一个独立的功能，这些模块可以用函数(Function)或子程序(Subroutine)来描述。由于它们是通过执行一段程序代码来完成一个特定功能的操作过程，因此将它们称为"过程"(Procedure)。

由此可见，过程就是完成某种特定功能的一段程序代码，是构成程序的基本单元。Visual Basic 6.0 的应用程序就是由不同种类的若干过程组成的。

进行程序设计，除了需要对"对象"的属性进行设置外，更多的是要编写对象的事件代码，这些事件代码就构成了"事件过程"，这些"过程"是发生某些事件时所驱动的程序段落，这也是 Visual Basic 6.0 程序设计的核心所在。对于事件过程，Visual Basic 6.0 提供它们的接口和框架，用户可以根据需要填写适当的代码，是构成 Visual Basic 6.0 应用程序的主体。

在使用 Visual Basic 处理实际问题时，某些事件过程的代码可能是相同的，或者在一个事件过程中有多处重复而不连续的程序段落，使得程序不够简洁。为了避免程序代码的重复出现，可以将这些程序段落独立出来，作为一个"公共"程序段落，并将其定义成过程，这样的过程称为"通用过程"，通用过程包括函数过程和子过程两种。显然，使用通用过程可使程序简洁、清晰。

通用过程可以在窗体模块中定义，也可在标准模块中定义，供事件过程或其他通用过程调用；而事件过程只能在窗体模块中定义，不能在标准模块中定义。

引例：已知多边形的各条边和对角线的长度，如图 6.1 所示，计算多边形的面积。

计算多边形面积，可将多边形分解成若干个三角形，对如图 6.2 所示的三角形，已知三条边的边长 x,y,z，计算三角形面积的公式如下。

$$area = \sqrt{c(c-x)(c-y)(c-z)}$$

其中，c 为三角形周长的一半，$c=\dfrac{1}{2}(x+y+z)$。

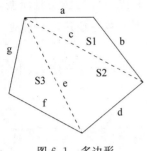

图 6.1　多边形

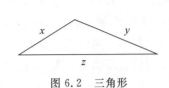

图 6.2　三角形

计算如图 6.1 所示的多边形的面积,实际上是求 3 个三角形的面积和,使用的公式相同,不同的仅仅是边长,因此,在程序中需要反复写计算三角形面积的这段程序,如果有现成的求三角形面积的函数就方便多了。第 3 章中系统提供了丰富的内部功能函数,供用户在编程时调用。例如,Rnd 函数可返回小于 1 但大于或等于 0 的双精度随机数。而 VB 6.0 系统不可能把实际应用中所有的功能都通过内部函数来实现,在实际需要时,为了减少程序的冗余,用户可以自己定义函数实现某个功能,然后像调用内部函数一样多次调用。

用户自己定义函数,需要写程序代码,这段程序代码称为函数过程,即 Function 过程。

6.1　Function 过程的定义与调用

用 Function 语句定义的过程称为 Function 过程,也称为函数过程。用户可以用 Function 语句创建自定义函数,这类函数的使用方法与内部函数的使用方法相同,调用函数时只需写出函数名称,并指定相应的参数就能得到函数值。

6.1.1　Function 过程的定义

1. Function 过程的定义格式

Function 过程的定义格式如下。

```
[Public|Private|Static] Function <函数过程名>([形参列表])[AS <类型>]
    语句序列 1
    函数过程名=表达式
    [Exit Function]
    [语句序列 2]
        [函数过程名=表达式]
End Function
```

Function 过程的
定义和调用

说明:

(1) Public 表示函数过程是全局的、公有的,可被程序中的任何模块调用;Private 表示函数是局部的、私有的,仅供本模块中的其他过程调用;Static 表示每次调用过程时,过程内的局部变量在退出过程时其值仍然保留。这 3 个参数在使用时只能使用其中之一,或者都省略。若省略,则表示全局的。

(2) Function 过程以关键字 Function 开始,以 End Function 结束,中间是用来完成指定功能的语句序列,通常称为函数过程体。

(3) 函数过程名命名规则与变量名相同。

(4) 形参列表:该项是可选项,若无参数,形参两旁的括号"( )"不能省;若有参数,形参(形式参数)列表只能是变量名或者数组名,形参列表中的参数可以有一个或者多个,用于在调用该函数时的数据传递,各参数之间用逗号隔开。参数列表形式为:

[ByVal | ByRef]<形参 1>[( )][AS <数据类型>],[ByVal|ByRef]<形参 2>[( )] [AS <数据类型>], …

其中,ByVal 是可选项,表示该参数是传值;ByRef 是可选项,默认值,表示该参数是传地址,详细内容见 6.3 节。

当形参是数组名时,则要在数组名后加上一对括号"( )"。

(5) As 类型用来说明 Function 过程返回值的数据类型,它是可选项,省略时返回值的类型默认为变体类型。

(6) 在函数过程体中应至少包含一条给函数过程名赋值的语句,即函数过程名=表达式(注意,函数过程名后不能带有圆括号及其参数),最后一次赋值为该函数过程的返回值,否则,函数返回一个默认值,它与定义 Function 过程时的函数类型有关。当函数类型为数值型时,返回值为 0;当函数类型为字符型时,返回值为空字符串;当函数类型为变体类型时,返回值为空值(Null)。

(7) 函数过程体可由一条或多条语句组成,其中可以有一条或多条 Exit Function 语句,其功能是退出函数过程,重新返回到调用过程中调用它的地方。

(8) Function 过程不能嵌套定义,即在 Function 过程内不能再定义 Function 过程或 Sub 过程。但 Function 过程可以嵌套调用。

2. Function 过程的定义

Function 过程既可以在窗体模块中定义,也可以在标准模块中定义,标准模块是与界面对象无关的独立模块,其中包含程序所需的通用过程(不能包含事件过程)。若要将 Function 过程定义在标准模块中,首先应将标准模块添加到 Visual Basic 工程中,添加的步骤如下。

(1) 选择"工程"|"添加模块"命令,打开"添加模块"对话框,如图 6.3 所示。

(2) 在该对话框中双击"新建"选项卡的"模块"图标(或单击"新建"选项卡的"模块"图标,然后单击"打开"按钮),打开标准模块的代码窗口,同时,在当前工程中添加了一个默认名称为 Module1 的标准模块,该模块显示在工程资源管理器中。也可以选择"现存"选项卡中已有的标准模块,将其添加到当前工程中。

此后便可以在标准模块的代码窗口中建立 Function 过程。

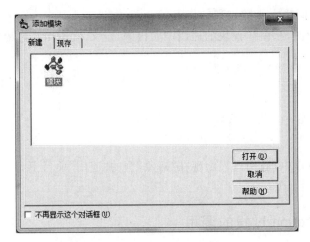

图 6.3 "添加模块"对话框

建立 Function 过程的方法有以下两种。

方法一：通过菜单命令建立。

操作步骤如下。

（1）打开窗体模块或标准模块的代码窗口，选择"工具"|"添加过程"命令，打开"添加过程"对话框，如图 6.4 所示。

（2）在该对话框的"名称"文本框中输入要建立的函数过程的名称，如"area"。注意，函数过程名称后不能输入圆括号及参数。

（3）在该对话框的"类型"区域，选择要建立过程的类型，引例建立的是函数过程，所以选择"函数"选项。

（4）在该对话框的"范围"区域，选择过程的使用范围。如果选择"公有的"选项，则所建立的过程可

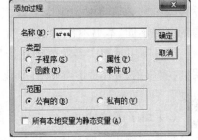

图 6.4 "添加过程"对话框

以被同一程序的所有模块中的过程调用，相当于在定义 Function 过程时选用 Public 关键字；如果选择"私有的"选项，则所建立的过程只能被本模块中的其他过程调用，相当于在定义过程时用 Private 关键字。

（5）若选中"所有本地变量为静态变量"复选框，则表示过程中所有过程级变量均为静态变量，相当于在定义过程时选用 Static 关键字。

（6）单击"确定"按钮，在代码窗口中自动生成 Function 过程的第一行和最后一行，光标在两行之间闪烁，此时便可以输入 Function 过程的代码了。

方法二：通过手工输入建立。

操作步骤如下。

（1）打开窗体模块或标准模块的代码窗口，在通用声明段输入 Function 过程的第一行，例如，输入 Public Function area(x!, y!, z!) As Single，然后按回车键，则在代码窗口中自动显示 Function 过程的最后一行 End Function。

(2) 在两行之间输入函数过程的代码。

以本章引例为例,在窗体模块的通用声明段中,定义 Function 过程的代码如下。

```
Public Function area! (x!, y!, z!)
    Dim c!
    c=1/2 * (x+y+z)
    area=Sqr(c * (c-x) * (c-y) * (c-z))
End Function
```

在模块代码窗口中,通用过程出现在"对象"框的"通用"项目下,其名称可以在"过程"框中找到。

6.1.2　Function 过程的调用

Function 过程的调用方法与 Visual Basic 内部函数的调用方法完全相同,即只需写出函数过程名和相应的参数即可,其调用格式如下。

函数过程名([实参列表])

说明:

(1) 定义 Function 过程时有形参,则调用 Function 过程时必须提供相应的实参(实际参数),它必须与形参保持个数相同,位置与类型一一对应(当然,VB 中允许形参与实参的个数不同,本书不作讨论)。无参数时,括号"()"不能省略。

(2) 调用时把实参的值传递给形参称为参数传递。其中,值传递(形参前有 ByVal 说明)时实参的值不随形参的值变化而改变,而地址传递的实参的值随形参的值改变而改变。

(3) 由于函数过程名代表函数的返回值,因此凡是数值可以出现的地方,都可以出现函数过程的调用。通常函数过程的调用出现在表达式中。

在本节引例中,调用 Function 过程的代码如下。

```
Private Sub Form_Click()
    Dim a!, b!, c!, d!, e!, f!, g!, S1!, S2!, S3!
    a=InputBox("输入 a:"):b=InputBox("输入 b:"):c=InputBox("输入 c:")
    d=InputBox("输入 d:"):e=InputBox("输入 e:"):f=InputBox("输入 f:")
    g=InputBox("输入 g:")
    S1=area(a, b, c)
    S2=area(c, d, e)
    S3=area(e, f, g)
    MsgBox"多边形面积=" & S1+S2+S3
End Sub
```

在执行 S1=area(a, b, c)时,首先将实参 a、b、c 的值传递给形参 x、y、z,函数过程执行完后,函数名 area 带回返回值,并将结果赋值给变量 S1。同样方法,执行 S2=area(c, d, e)和 S3=area(e, f, g)。

6.2　Sub 过程的定义与调用

当需要定义的过程返回一个值时,使用前面介绍的 Function 过程很容易实现,但在实际应用中,可能希望过程不需要返回值,例如,使用过程打印一个图形;利用过程对一批数据进行排序;或要进行较复杂的操作,需要返回多个值。在这些情况下就要利用 Sub 过程来实现。在程序中使用 Sub 过程,是过程应用的另一种形式,体现了"模块化程序设计"思想,它可以把复杂问题分解为若干简单问题进行解决;还可以使同一程序段落被重复使用,即"程序复用"。这样可以减少程序的代码编写量,改善程序结构,提高程序执行效率。

Sub 过程的
定义与调用

6.2.1　Sub 过程的定义

用 Sub 语句定义的过程称为 Sub 过程,也称为子过程。

定义 Sub 过程的格式如下。

```
[Public| Private|Static]Sub<过程名>([形参列表])
语句序列 1
    [Exit Sub]
    [语句序列 2]
End Sub
```

说明:

(1) Sub 过程以 Sub 开始,以 End Sub 结束,中间是用来完成指定功能的语句序列,通常称为子程序过程体。

(2) 关键字 Sub 前面的关键字 Public、Private 和 Static 的作用,子过程名的命名规则,形参列表的格式及其含义都与定义 Function 过程时相同。

(3) 语句序列可由一条或多条语句组成,其中可以有一条或多条 Exit Sub 语句,其功能是退出子程序过程,重新返回到调用过程中调用它的地方。

(4) 与 Function 过程一样,Sub 过程也不能嵌套定义,但可以嵌套调用。

(5) 定义 Sub 过程中可以没有形参,但括号不能省略。

建立 Sub 过程与建立 Function 过程方法类似,只需在方法一中,把在窗体模块或标准模块的代码窗口中输入的关键字 Function 改为 Sub;在方法二中,把"添加过程"对话框中选择"函数"类型改为"子程序"类型即可。

6.2.2　Sub 过程的调用

1. 子过程的调用

子过程定义之后,必须通过调用才能执行,Sub 过程可以用以下两种格式调用。

（1）使用 Call 语句调用：

Call <子过程名>[(实参列表)]

（2）使用过程名调用：

<子过程名>[实参列表]

说明：

（1）若定义 Sub 过程时有形参，则调用时必须提供相应的实参（实际参数）。实参列表应与形参列表在参数个数、类型和顺序上保持一致。若没有形参，调用时也没有实参，并且第 1 种格式实参两边的圆括号可以省略。

（2）使用第 2 种格式调用过程时，实参列表两边没有圆括号。但当只有一个实参时也允许加圆括号，此时实参被看作表达式。

（3）使用这两种格式还可以调用 Function 过程，甚至可以调用事件过程。例如，程序中有一个命令按钮（Command1）的单击（Click）事件过程，可以用 Call Command1_Click 语句或 Command1_Click 语句调用该事件过程。由此可见，事件过程有两种调用方法：一是通过触发某对象的某个事件后由系统调用；二是通过程序的其他过程来调用。

2. 函数过程与子过程区别

通过前面的介绍可以看出，函数过程和子过程都是用户自定义的通用过程，用来完成一个指定的功能，都能实现参数传递，一般情况下，两者可以互相代替。它们的主要区别如下。

（1）函数过程名有值，有类型，在函数体内至少赋值一次；子过程名无值，无类型，在子过程体内不能对子过程名赋值。

（2）调用时，子过程调用是一句独立的语句；函数过程不能作为单独的语句加以调用，必须参与表达式运算。

（3）把某功能定义为函数过程还是子过程，并没有严格的规定。一般当过程有一个返回值时，使用函数过程较直观；反之，若过程无返回值，或有多个返回值，习惯用子过程。

用函数过程能够实现的功能用子过程也能够实现，例如，引例用子过程定义和调用的代码如下。

```
Public Sub area(x!, y!, z!, s!)
    Dim c!
    c=(x+y+z)/2
    s=Sqr(c * (c-x) * (c-y) * (c-z))
End Sub
Private Sub Form_Click()
    Dim a!, b!, c!, d!, e!, f!, g!, s1!, s2!, s3!
    a=InputBox("输入 a"): b=InputBox("输入 b"): c=InputBox("输入 c")
    d=InputBox("输入 d"): e=InputBox("输入 e"): f=InputBox("输入 f")
    g=InputBox("输入 g")
    Call area(a, b, c, s1)
```

```
        Call area(c, d, e, s2)
        Call area(e, f, g, s3)
        MsgBox "多边形面积=" & s1+s2+s3
    End Sub
```

　　但是用子过程能够实现的功能,用函数过程未必能够实现。

　　在使用通用过程时应注意以下问题。

　　(1) 确定自定义的过程用子过程还是函数过程。若需要返回一个值用函数过程,否则用子过程。

　　(2) 过程中形参的个数和传递方式的确定。形参是过程与主调程序交互的接口,从主调程序获得初值,或将计算结果返回给主调程序。不要将过程中所有变量均作为形参。引例中形参 x、y、z 是计算三角形面积必须要的初值;而变量 c 用于存放计算三角形半周长,作为临时使用,不必作为形参。

　　(3) 实参与形参结合时对应问题。形参没有具体的值,只代表参数的个数、位置、类型。实参在个数、类型、位置、次序上要与形参一一对应。

　　(4) 通用过程不属于任何一个事件过程,不能在事件过程中定义。

6.3　参数传递

　　Visual Basic 程序由各种过程组成,它们不仅需要完成各自的功能,而且还要互相协调配合,共同完成复杂的程序功能。协调配合的主要方法就是过程之间的相互调用,在相互调用的过程中,往往会根据程序的需要,在过程之间产生数据传递。

参数传递

　　在 Visual Basic 中,过程之间的数据传递有以下两种方式。

　　(1) 通过模块级变量或全局变量在过程之间共享数据。在有效的作用域内,各个过程共同使用相同的变量,从而达到数据传递的目的。

　　(2) 通过过程提供的参数进行数据传递。调用过程将数据传递给被调过程进行处理,被调过程再将处理的结果返回给调用过程,这种数据传递方式称为参数传递。

　　有关模块级变量和全局级变量的详细内容将在 6.6 节介绍,本节主要介绍参数传递的方式。

6.3.1　形参与实参

1. 形式参数

　　形式参数,简称“形参”,是在 Sub 或 Function 过程的定义中出现的参数。形参用来接收传递给通用过程的数据,形参只能是变量或数组,不能是常量、表达式或数组元素。在定义函数过程或子过程时,形参表中的各个变量之间必须用逗号隔开,并且以 As 子句的形式指明各参数的数据类型。

在过程被调用之前,内存中并未给形参分配存储单元,只是形式上说明其名称和类型。当过程被调用时,系统才给形参分配存储单元,此时形参可以在被调过程中引用;当过程调用结束后,释放形参占据的存储单元,形参则不能被引用了。

2. 实际参数

实际参数,简称"实参",是在调用 Sub 或 Function 过程时传递给 Sub 或 Function 过程的值。实参可以是常量、变量、表达式、数组(带一对括号)、控件的某些属性等,实际参数表中各参数之间也要用逗号隔开。

在 Visual Basic 6.0 中,通常是按位置进行参数传递,即实参的排列顺序与形参的排列顺序一一对应,如图 6.5 所示。

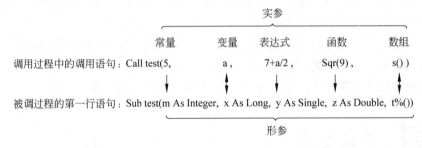

图 6.5　实参与形参之间的对应关系

图 6.5 中的单向箭头表示只能进行单向传递,即只能将实参的值传递给形参,不能将形参的值传回给实参。双向箭头表示可进行双向传递,也就是说,既可以将实参的值传递给形参,也可以将形参的值传回给实参。

在传递参数时,实参中的变量名或数组名可以与形参中的变量名或数组名相同,也可以不相同,但实参的个数必须与形参的个数相同,实参的数据类型也必须与对应形参的类型相同或赋值相容。

6.3.2　传值与传地址(引用)

在 Visual Basic 6.0 系统中,实参与形参的结合有两种方法:传值和传地址。传地址习惯上又称为"引用"。

1. 值传递

在形参前加关键字 ByVal,指定该参数是值传递方式。值传递是指在调用过程中将实参的数据传递给过程中的形参。按值传递参数时,系统将给形参分配临时存储单元,实参将值传递到该临时存储单元。如果在过程执行过程中,改变了形参的值,也只是改变的临时存储单元的数据,不会影响实参本身。

因此,值传递方式是单向的传递,一般用于传递有限个数的数据。

按值传递时,不要求实参的类型必须与形参的类型完全相同,只要两者的类型赋值相容即可。

2. 地址传递

在形参前加关键字 ByRef 或缺省关键字,则指定该参数是传地址方式。地址传递方式是指在调用过程中将实参数据所在的内存首地址传递给过程中的形参,形参从所得到的地址中读取数据。地址传递方式可以将过程中的数据通过参数返回给调用过程的实参,形参值的改变会引起实参值的变化,这是两种参数传递方式最大的区别。

地址传递方式进行参数传递,形参与实参共享一段存储单元,在过程的执行过程中,改变了形参的值,也直接改变了实参的值。地址传递方式一般用于传递大量数据,特别是传递数组给过程或函数的情况。

例 6.1　通过传值和传地址两种方法编程实现将两个变量交换,并输出两种方法交换后变量 a 和 b 的值。

分析:定义两个子过程 Swap1 和 Swap2,形参都为 x 和 y,实现数据交换的程序代码也相同,只是值传递的方式不同,其中 Swap1 是按值传递,Swap2 是按地址传递。在命令按钮的 Click 事件过程中调用子过程的程序代码完全相同,实参都为 a 和 b。

用传值和传地址两种方法将两个变量交换,可通过下列程序实现。

```
'按值传递
Sub Swap1(ByVal x%, ByVal y%)
    Print "传递参数后："
    Print "x="; x, "y="; y
    t%=x: x=y: y=t
    Print "交换后："
    Print "x="; x, "y="; y
End Sub
'按地址传递
Sub Swap2(ByRef x%, y%)
    Print "传递参数后："
    Print "x="; x, "y="; y
    t%=x: x=y: y=t
    Print "交换后："
    Print "x="; x, "y="; y
End Sub
'调用 Swap1
Private Sub Command1_Click()
    a%=10: b%=20
    Print "值传递调用前："
    Print "a="; a, "b="; b
    Swap1 a, b                '传值
    Print "值传递调用后："
    Print "a="; a, "b="; b
End Sub
'调用 Swap2
```

```
Private Sub Command2_Click()
    a%=10: b%=20
    Print "地址传递调用前: "
    Print "a="; a, "b="; b
    Swap2 a, b                    '传地址
    Print "地址传递调用后: "
    Print "a="; a, "b="; b
End Sub
```

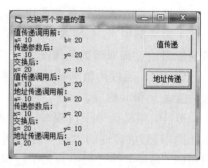

程序运行后,显示结果如图6.6所示。

总结:调用子过程时,子过程若是按值传递(形参前必须加关键字 ByVal),则调用子过程后实参的值不变;子过程若是按地址传递(在形参前加关键字 ByRef 或缺省关键字),则调用子过程后实参的值发生改变,随形参的值的变化而变化。例6.1中实参和形参按传值和传地址两种结合方式的示意图如图6.7所示。值传递是单向的,地址传递是双向的。

图 6.6　例6.1程序运行结果

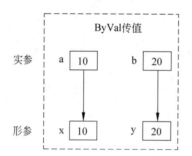 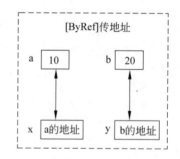

图 6.7　参数两种结合方式示意图

3. 参数传递方式的选择

究竟什么时候用传值方式,什么时候用传地址方式,没有硬性规定,一般而言:

(1) 对于整型、长整型或单精度参数,如果不希望过程修改实参的值,则应使用传值方式(加上关键字"Byval")。而为了提高程序执行效率,数组和字符串参数应使用传地址方式。此外,用户自定义类型(记录)和控件参数只能通过地址传送。

(2) 对于其他数据类型,包括双精度型、货币型和变体数据类型,可以用两种方式传送。经验证明,此类参数最好用传值方式传送,这样可以避免错用参数。

(3) 如果没有把握,最好能用传值方式来传送所有变量(字符串、数组和记录类型变量除外),在编写完程序并能正确运行后,再把部分参数改为传地址,以加快运行速度。这样,即使在删除一些 Byval 后程序不能正确运行,也很容易查出错在什么地方。

(4) 使用 Function 过程可以获得返回值,但只能返回一个值;Sub 过程不能直接获得返回值,但它可以通过参数获得多个返回值。当需要使用 Sub 过程返回一些值时,其相

应的参数必须使用传地址方式。

6.3.3　数组参数的传送

Visual Basic 允许把数组作为实参传送到过程中，数组参数适用于传递大量的同类型的参数。由于 Visual Basic 中的数组的长度可以是动态的，因而能够传递数量不定的参数。当过程需要数量不确定的参数时，也可声明一个参数数组来解决，参数数组的使用比较灵活，声明时并不需要指出参数数组中的元素个数，每次过程调用都能自动确定数组的大小。

例 6.2　随机产生 10 个两位整数，调用 Sub 过程将其按降序排序。

分析：在调用过程 Form_Activate 中产生随机整数，保存到数组 a 中并输出。然后用该数组作参数调用排序的 Sub 过程 Sort。调用结束后，将排好序的结果通过按地址传递参数方式返回到调用过程并输出。

程序代码如下。

```
Private Sub Form_Activate()
    Dim a%(10), i%
    Caption="数组作为参数传递"
    Print "排序前的数据"
    For i=1 To 10
        a(i)=Int(90 * Rnd+10)
        Print a(i);
    Next i
    Call sort(a, 10)              '调用排序子程序过程 sort
Print
Print "排序后的数据"
    For i=1 To 10
        Print a(i);
    Next i
End Sub
Sub sort(b() As Integer, n As Integer)
    Dim i%, j%, t%
    For i=1 To n-1
        For j=i+1 To n
            If b(i)<b(j) Then
                t=b(i)
                b(i)=b(j)
                b(j)=t
            End If
        Next j
    Next i
End Sub
```

程序运行后的输出结果如图 6.8 所示。

图 6.8　例 6.2 程序运行结果

从以上实例中,可以总结出以下几点。

(1) 为了把一个数组的全部元素传送给一个过程,应将数组名分别放入实参表和形参表中,并略去数组的上下界,但形参需保留圆括号,实参可只写出数组名即可。

例如:

```
Sub sort(b() As Integer, n As Integer)
                                '定义子过程 sort,数组 b 作为形参,但其后的括号不能省
...
End Sub
Call sort(a, 10)                '调用子过程 sort,a 数组作为实参,只写出数组名
```

(2) 传递数组参数只能是地址传递,形参数组与实参数组共用同一段内存单元。

(3) 在被调过程中不能用 Dim 语句对形参数组声明,否则会产生"重复声明"的编译错误。但是在使用动态数组时,可以用 ReDim 语句改变形参数组的维界,重新定义数组的大小。当返回调用过程时,对应的实参数组的维界也随之发生变化。

例如,将例 6.2 程序代码改为:

```
Private Sub Form_Activate()
    Dim a%(), i%              '声明动态数组
    ReDim a(10)
    Caption="数组作为参数传递"
    Print "排序前的数据"
    For i=1 To 10
        a(i)=Int(90 * Rnd+10)
        Print a(i);
    Next i
    Call sort(a, 10)         '调用排序子过程 sort
    Print
    Print "排序后的数据"
    For i=1 To UBound(a)
        Print a(i);
    Next i
End Sub
Sub sort(ByRef b() As Integer, ByVal n As Integer)
    Dim i%, j%, t%
    ReDim Preserve b(n)       '确定数组的维界
    For i=1 To n-1
        For j=i+1 To n
            If b(i)<b(j) Then
                t=b(i)
                b(i)=b(j)
                b(j)=t
            End If
        Next j
```

```
    Next i
End Sub
```

程序运行结果如图 6.9 所示。

图 6.9 例 6.2 修改后程序运行结果

（4）如果不需要把整个数组传送给通用过程，可以只传送指定的单个元素，这时需要在实参表的数组名后的圆括号中注明指定数组元素的下标。

6.4 可选参数与可变参数

Visual Basic 6.0 提供了十分灵活和安全的参数传送方式，允许使用可选参数和可变参数。在调用一个过程时，可以向过程传送可选的参数或者任意数量的参数。

6.4.1 可选参数

可选参数与
可变参数

在前面的例子中，一个过程中的形式参数是固定的，调用时提供的实参也是固定的。也就是说，如果一个过程有 3 个形参，则调用时必须按相同的顺序和类型提供 3 个实参。在 Visual Basic 6.0 中，可以指定一个或多个参数作为可选参数。

为了定义带可选参数的过程，必须在参数表中使用 Optional 关键字，并在过程体中通过 IsMissing 函数测试调用时是否传送可选参数。

例 6.3 假定建立了一个计算两个数的乘积的过程，它能可选择地乘以第 3 个数。在调用时，既可以给它传送两个参数，也可以给它传送 3 个参数。

定义带可选参数的子过程代码如下。

```
Sub Multi(fir As Integer, sec As Integer, Optional third)
'在参数表中使用 Optional 关键字
    n=fir * sec
If Not IsMissing (third) Then
'在过程体中通过 IsMissing 函数测试调用时是否传送可选参数
    N=n * third
End If
    Print n
End Sub
```

上述过程有3个参数,其中前两个参数与普通过程中的书写格式相同,最后一个参数没有指定类型(使用默认类型 Variant),而是在前面加上了关键字"Optional",表明该参数是一个可选参数。在过程体中,首先计算前两个参数的乘积,并把结果赋给变量 n,然后测试第3个参数是否存在,如果存在,则把第3个参数与前两个参数的乘积相乘,最后输出乘积(两个数或3个数)。

在调用上面的过程时,可以提供两个参数,也可以提供3个参数,都能得到正确的结果。例如,如果用下面的事件过程调用:

```
Private Sub Form_Click()
    Multi 10, 20
End Sub
```

则结果为 200;而如果用下面的过程调用:

```
Private Sub Form_Click()
    Multi 10, 20, 30
End Sub
```

则结果为 6000。

上面的过程只有一个可选参数,也可以有两个或多个。但应注意,可选参数必须放在参数表的最后,而且必须是 Variant 类型。

可选参数过程通过 Optional 指定可选的参数,其类型必须是 Variant;通过 IsMissing 函数测试是否向可选参数传送实数值。IsMissing 函数有一个参数,它就是由 Optional 指定的形参的名字,其返回值为 Boolean 类型。在调用过程时,如果没有向可选参数传送实参,则 IsMissing 函数的返回值为 True,否则,返回值为 False。

6.4.2 可变参数

在 Visual Basic 中,向过程传送的参数还可以是变化的,即参数个数是变化的。

可变参数过程通过 ParamArray 关键字来定义,一般格式为:

Sub<过程名>(ParamArray<数组名()>)

说明:"数组名"是一个形式参数,只有名字和括号,没有上下界。由于省略了变量类型,"数组"的类型默认为 Variant。

例 6.4 定义一个可以求任意多个数的乘积的过程。

要求任意多个数的乘积的过程,可定义一个可变参数的过程,其程序代码如下。

```
Sub Multi(ParamArray Numbers())
    N=1
    For Each x In Numbers
        N=n * x
    Next x
    Print n
End Sub
```

可以用任意个参数调用上述过程。

```
Private Sub Form_click()
    Multi 2,3,4,5,6
End Sub
```

则结果为 720。

由于可变参数过程中的参数是 Variant 类型,因此可以把任何类型的实参传送给该过程。

6.5　对象参数

和传统的程序设计语言一样,通用过程一般用变量作为形参。但是,Visual Basic 还允许将对象(即窗体或控件)作为通用过程的实参。在有些情况下,这可以简化程序设计,提高程序的运行效率。

在 Visual Basic 中,可以将窗体或控件作为实参传递给通用过程中相应的形参,这种接受对象的形参叫对象参数,形参的类型通常为 Form 或 Control。对象参数分窗体参数和控件参数 2 种。注意,在调用含有对象的过程时,对象只能通过传地址方式传送,因此在定义过程时,不能在对象形参前加关键字 ByVal。

6.5.1　窗体参数

在通用过程中,只接收窗体的形参叫窗体参数。窗体参数的数据类型为 Form;在调用通用过程中的实参为窗体名。

那么在什么情况下使用窗体参数呢?下面通过一个例子说明。

假定要设计一个含有 5 个窗体的程序,要求这 5 个窗体的位置、颜色都相同。

窗体参数

在程序中可以这样写:

```
...
Form1.Left=2300
Form1.Top=3400
Form1.BackColor=vbRed

Form2.Left=2300
Form2.Top=3400
Form2.BackColor=vbRed

Form3.Left=2300
Form3.Top=3400
Form3.BackColor=vbRed
```

```
Form4.Left=2300
Form4.Top=3400
Form4.BackColor=vbRed

Form5.Left=2300
Form5.Top=3400
Form5.BackColor=vbRed
...
```

在上面的程序中,除了窗体名称不一样外,其他都一样。为了简化程序,可以用窗体作为参数,编写一个通用过程:

```
Sub FormSet(FormNum As Form)
    FormNum.Left=2300
    FormNum.Top=3400
    FormNum.BackColor=vbRed
End Sub
```

其中,形参 FormNum 的类型为窗体(Form)。在调用时,可以用窗体作为实参。例如:

```
FormSet Form1
FormSet Form2
FormSet Form3
FormSet Form4
FormSet Form5
```

例 6.5 设计一个含有 3 个窗体的程序,通过不断地单击窗体 Form1,得到这 3 个窗体的不同位置和颜色。

分析:可以用"工程"菜单中的"添加窗体"命令建立 3 个窗体,即 Form1、Form2 和 Form3。3 个窗体要实现的功能都是一样的,都是改变位置和背景颜色,即改变其 Left、Top 和 BackColor 的值,因此,可以用窗体作为参数,编写一个子过程改变其位置和背景颜色。要随机改变其位置和背景颜色可用随机函数 Rnd()、Int() 和 QBColor() 实现。

窗体模块 Form1 中的程序代码如下。

```
Sub setform(frm As Form)
    Dim x%, y%
    Randomize
    x=Int(Rnd * (Screen.Width - frm.Width))
    y=Int(Rnd * (Screen.Height - frm.Height))
    frm.Left=x
    frm.Top=y
    frm.BackColor=QBColor(Int(Rnd * 16))
    frm.Show
End Sub
```

```
Private Sub Form_Click()
    Static i As Integer
    i=(i+1) Mod 3
    If i=0 Then setform Form1
    If i=1 Then setform Form2
    If i=2 Then setform Form3
End Sub
```

上述子过程 setform 中的形参 frm 的数据类型为 Form,可以接受窗体对象 Form1、Form2 和 Form3。

6.5.2　控件参数

和窗体参数一样,控件也可以作为通用过程的参数。在通用过程中,这种只接收各种控件的形参叫控件参数。控件参数的数据类型为 Control;在调用通用过程中的实参为控件名。

控件参数

一般情况下,在一个通用过程中设置相同性质控件所需要的属性,然后用不同的控件调用此过程。

例 6.6　编写一个通用过程,在过程中设置字体属性,并调用该过程改变指定信息的字体。

通用过程如下。

```
Sub fontout(ctrl1 As Control, ctrl2 As Control)
    With ctrl1
        .FontSize=18
        .FontName="幼圆"
        .FontItalic=True
        .FontBold=True
        .FontUnderline=True
    End With
    With ctrl2
        .FontSize=24
        .FontName="隶书"
        .FontItalic=False
        .FontUnderline=False
    End With
End Sub
```

上述过程有两个参数,其类型均为 Control。该过程用来设置控件上所显示的文字的字体属性。

在调用该过程时,必须考虑到作为实参的控件是否具有通用过程中所列的控件属性。

如果用标签作为实参的控件,则在窗体上建立两个标签,然后编写如下的事件过程。

```
Private Sub Form_Load()
```

```
        Label1.Caption="功崇惟志"
        Label2.Caption="业广惟勤"
    End Sub

    Private Sub Form_Click()
        fontout Label1, Label2
    End Sub
```

当然用文本框作为实参的控件也可以,因为文本框控件也有上述通用过程中所列的控件属性。但是如果用图片框作为实参调用则会出现错误,因为图片框没有上述过程中所列的控件属性。

控件参数的使用比窗体参数要复杂一些,因为不同的控件所具有的属性不一样。在用指定的控件调用通用过程时,如果通用过程中的属性不属于这种控件,则会发生错误。为此,Visual Basic 提供了一个 TypeOf 语句,用来限定控件参数的类型,其格式为:

[If│ElseIf] TypeOf <控件名称>Is <控件类型>

说明:"控件名称"指的是控件参数(形参)的名字,即 As Control 前面的参数名。"控件类型"是代表各种不同控件的关键字,这些关键字是工具箱上各种控件的名称,例如 Label(标签)、TextBox(文本框)、CommandButton(命令按钮)等。

若使用 TypeOf 语句限定只能用文本框(TextBox)作为实参调用通用过程,则上述通用过程改为:

```
    Sub fontout(ctrl1 As Control, ctrl2 As Control)
        With ctrl1
            .FontSize=18
            .FontName="幼圆"
            .FontItalic=True
            .FontBold=True
            .FontUnderline=True
        End With
        If TypeOf ctrl1 Is TextBox Then
            ctrl1.Text="功崇惟志"
        End If
        With ctrl2
            .FontSize=24
            .FontName="隶书"
            .FontItalic=False
            .FontUnderline=False
        End With
        If TypeOf ctrl2 Is TextBox Then
            Ctrl2.Text="业广惟勤"
        End If
    End Sub
```

上述过程加上了 TypeOf 测试,限制过程只有用文本框(TextBox)作为实参调用该过程时,才会把字符串赋给文本框的 Text 属性,并设置其字体属性。在窗体上建立两个文本框,然后编写如下事件过程,其执行结果如图 6.10(a)所示。

```
Private Sub Form_Click()
    fontout Text1, Text2
End Sub
```

(a) 用两个文本框作为实参

(b) 用一个文本框和一个图片框作为实参

图 6.10　TypeOf 语句示例

如果用没有 Text 属性的控件作为实参调用该过程,也不会产生错误。例如,在窗体上建立一个文本框和一个图片框,然后编写如下事件过程,其执行结果如图 6.10(b)所示。

```
Private Sub Form_Click()
    fontout Text1, Picture1
End Sub
```

例 6.7　在窗体上建立一个标签、一个文本框和一个命令按钮,不断地单击窗体,可在窗体上随机移动这 3 个控件的位置。

分析:标签、文本框和命令按钮都有 Width 和 Height 属性,都可用 Move 方法移动其位置,因此可编写一个控件参数的通用过程移动不同的控件在窗体上的位置。可编写一个函数过程产生整型随机数,确定控件在窗体上的水平和垂直方向的随机位置,然后用 Move 方法移到这个位置。

程序代码如下。

```
Sub jump(ct1 As Control)
    Dim horiz As Integer, vert As Integer
    horiz=randint(0, Width -ct1.Width)
    vert=randint(0, Height -ct1.Height)
    ct1.Move horiz, vert
End Sub
Function randint(inmin As Integer, inmax As Integer)
    randint=Int((inmax -inmin+1) * Rnd+inmin)
End Function
Private Sub Form_Click()
    Static i As Integer
```

```
        i=(i+1) Mod 3
        If i=0 Then jump Command1
        If i=1 Then jump Label1
        If i=2 Then jump Text1
    End Sub
```

函数过程 randint 用来产生整型随机整数,在子过程 jump 中调用该过程,随机确定控件的位置。子过程 jump 中的形参 ct1 的数据类型为 Control,可以接受各种控件,例如,Command1、Label1 和 Text1。程序运行后不断地单击窗体,这 3 个控件即跳到窗体的某个随机位置。

6.6　变量和过程的作用域

变量和过程
的作用域

Visual Basic 的应用程序是由大大小小的模块组成的,最小的模块就是过程,包括事件过程和通用过程,而这些过程又可以组织到不同种类的、更大一级的模块(即文件)中。例如,事件过程和通用过程可以组织到窗体模块文件中,通用过程也可以组织到标准模块文件中。

同一个模块文件中的过程可以相互调用,而不同模块文件中的过程是否可以相互调用呢? 变量可以在声明它的过程中使用,能否在其他过程中使用呢? 这些都会涉及作用域的问题。

6.6.1　Visual Basic 应用程序的结构

Visual Basic 应用程序的结构如图 6.11 所示。

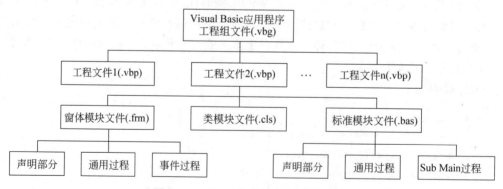

图 6.11　Visual Basic 应用程序的结构

一个 Visual Basic 应用程序可由一个或多个工程组成,每个工程对应一个扩展名为.vbp的工程文件,而多个工程可以组成一个工程组,保存时生成一个扩展名为.vbg 的工程组文件。每个工程可由 3 种模块组成,即窗体模块(Form)、标准模块(Module)和类模块(Class)。它们分别保存在窗体模块文件(扩展名为.frm)、标准模块文件(扩展名为

. bas)和类模块文件(扩展名为. cls)中。

在一个工程中,至少应有一个窗体模块,也可以有多个。根据程序需要可以有一个或多个标准模块或类模块。

1. 窗体模块

窗体模块是 3 种模块中最重要的一种,是构成 Visual Basic 应用程序的基础。一个窗体模块包含界面和程序代码两部分内容,界面部分包含窗体及其控件的属性设置信息,代码部分包含常量和变量的声明以及事件过程和通用过程的程序代码。

一个工程可包含一个或多个窗体模块,默认情况下只有一个,其默认的窗体模块名(简称窗体名)为 Form1。默认的窗体模块文件名为 Form1.frm。如果需要多个窗体模块,可选择"工程"菜单下的"添加窗体"命令添加,每个新添加的窗体都以扩展名为.frm 的窗体模块文件保存。

2. 标准模块

在多窗体模块程序设计中,有些通用过程可能需要在多个不同的窗体中共用,为了避免在每个需要该通用过程的窗体中重复输入代码,应该将这些公用的通用过程代码存入一个与任何窗体都无关的模块中,这就是标准模块。

标准模块可以包含常量和变量的声明以及通用过程和 Sub Main 过程,但不能包含事件过程。

在默认情况下,Visual Basic 的工程中并不包含标准模块,但可以通过选择"工程"菜单下的"添加模块"命令来添加一个或多个标准模块,每个标准模块都保存在扩展名为. bas 的标准模块文件中。默认的第一个标准模块名为 Module1,与其对应的标准模块文件名为 Module1. bas。

标准模块的程序代码不仅可以被当前应用程序使用,也可以被其他应用程序使用。

3. 类模块

Visual Basic 支持面向对象的程序设计方法,允许用户自己定义类及其对象。类模块主要用来存放用户自定义的类和对象,建立自定义的属性、事件和方法。有关类模块的内容本书不做介绍。

一个完整的 Visual Basic 应用程序包含多种文件,如工程文件(. vbp)、工程组文件(. vbg)、窗体模块文件(. frm)、标准模块文件(. bas)、类模块文件(. cls)等。这些文件在存盘时分别保存,但在装入内存时,只要装入工程文件(. vbp)或工程组文件(. vbg),则与该工程或工程组有关的其他所有文件也都被同时装入内存,并都会在工程资源管理器窗口中显示出来。

6.6.2　过程的作用域

过程的作用域是指过程可以使用的有效范围,它决定了该过程可以被程序中的哪些过程调用。过程按作用域的不同可分为模块级(文件级)过程和全局级(工程级)过程。

1. 模块级过程

在窗体模块或标准模块中定义过程时,如果在 Sub 或 Function 关键字之前加 Private 关键字,则称为模块级过程。模块级过程只能被本模块中的其他过程所调用,不能被其他模块中的过程调用。也就是说,模块级过程的作用域仅限于其所在的模块中,在其他模块中无效。

2. 全局级过程

在窗体模块或标准模块中定义过程时,在 Sub 或 Function 关键字之前加 Public 关键字,或 Public 和 Private 关键字都不加,则称为全局级过程。全局级过程可以被本工程内的所有窗体模块或标准模块中的过程所调用。也就是说,全局级过程的作用域是整个工程的所有模块。

在调用全局级过程时应注意以下几点。

(1) 如果全局级过程定义在窗体模块中,其他模块中的调用过程在调用该过程时,必须在被调过程名前加上其所在的窗体名(不是窗体模块文件名)。

例如,有一个全局级 Sub 过程 pro 定义在名称为 Form2 的窗体模块中,而调用过程在名称为 Form1 的窗体模块中,则调用语句应写成: Call Form2.pro()。

(2) 如果全局级过程定义在标准模块中,其他模块中的调用过程在调用该过程时,在被调过程名前可以加上其所在的标准模块名(不是标准模块文件名),也可以不加。如果不加标准模块名,则要求被调过程不能重名。

例如,有一个全局级 Sub 过程 pro 定义在名称为 Module1 的标准模块中,而调用过程在名称为 Form1 的窗体模块中,则调用语句可写成:

```
Call Module1.pro() 或 Call pro()
```

如果全局级 Sub 过程 pro 也定义在名称为 Module2 的标准模块中,则调用语句必须写成:

```
Call Module1.pro()        '调用 Module1 中的 pro
Call Module2.pro()        '调用 Module2 中的 pro
```

例 6.8 通过下面程序示例,说明过程的作用域。

本例程序有两个窗体模块(窗体名为 Form1 和 Form2)和一个标准模块(标准模块名为 Module1)。建立在窗体模块 Form1 中的调用过程为事件过程 Form_Activate,被调过程分别是建立在窗体模块 Form1 中的 Sub 过程 pro1,建立在窗体模块 Form2 中的 Sub 过程 pro2 和建立在标准模块 Module1 中的 Sub 过程 pro3。

建立在窗体模块 Form1 中的事件过程 Form_Activate 和过程 pro1 的程序代码如下。

```
Private Sub Form_Activate()
    Caption="过程的作用域"
    Print
    Call pro1(7)             '调用本窗体过程 pro1
```

```
    Call Form2.pro2(8)      '调用窗体 Form2 的过程 pro2 时必须加窗体名 Form2
    Call Module1.pro3(9) '调用标准模块 Module1 中的过程时可不加标准模块名 Module1
End Sub
Private Sub pro1(n)        '模块级过程
    Dim i As Integer
    For i=1 To n
        Print "@";          '在本窗体输出@字符时,Print 前的窗体名 Form1 可以省略
    Next i
End Sub
```

建立在窗体模块 Form2 中的过程 pro2 的程序代码如下。

```
Public Sub pro2(n)         '全局级过程
    Dim i As Integer
    For i=1 To n
        Form1.Print " * "; '在窗体 Form1 输出 * 字符时,Print 前的窗体名 Form1 不能省略
    Next i
End Sub
```

建立在标准模块 Module1 中的过程 pro3 的程序代码如下。

```
Public Sub pro3(n)         '全局级过程
    Dim i As Integer
    For i=1 To n
        Form1.Print "#";   '在窗体 Form1 输出#字符时,Print 前的窗体名 Form1 不能省略
    Next i
End Sub
```

程序运行后的输出结果如图 6.12 所示。

从上面的程序可以看出,过程 pro1 为模块级过程,只能被本窗体模块 Form1 中的过程调用。

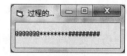

图 6.12 例 6.8 的运行结果

过程 pro2 和 pro3 定义在窗体模块 Form1 以外的两个不同的模块中,由于都是全局级过程,因此可以被窗体模块 Form1 中的过程调用。如果将其中一个过程(如 pro2)变为模块级过程,即将 Sub 前的关键字 Public 改为 Private,则会产生"未找到方法和数据成员"的编译错误。

在调用语句"Call Form2.pro2(8)"中,如果省略过程名 pro2 前的窗体名 Form2,则会产生"子程序或函数未定义"的编译错误,原因是全局过程 pro2 定义在了窗体模块 Form2 中。

在调用语句"Call Module1.pro3(9)"中,由于过程 pro3 定义在了标准模块 Module1 中,因此过程名 pro3 前的标准模块名 Module1 可以省略。

6.6.3 变量的作用域

变量的作用域是指变量可以使用的有效范围,它决定了该变量可以被程序中的哪些

过程引用。变量按作用域的不同可分为局部变量(过程级变量)、模块级(文件级)变量和全局变量(工程级变量)。

1. 局部变量

在事件过程和通用过程内,用关键字 Dim 或 Static 或隐式声明的变量为局部变量。定义过程时的形参也看作是该过程的局部变量。局部变量只能在本过程中使用,不能被其他过程引用。即局部变量的作用域仅限于其所在的过程中,在其他过程中无效。因此,不同过程中所声明的局部变量可以同名,它们之间因作用域不同而互不影响。

2. 模块级变量

在窗体模块或标准模块的通用声明段,用关键字 Dim 或 Private 声明的变量称为模块级变量。模块级变量可以被本模块内的所有过程引用。即模块级变量的作用域是声明该变量所在的模块,在其他模块内无效。因此,不同模块中所声明的模块级变量也可以同名,它们之间也因作用域不同而互不影响。

如果模块级变量与同一窗体模块或标准模块过程中声明的局部变量同名,则在声明该局部变量的过程中优先引用局部变量。

3. 全局变量

在窗体模块或标准模块中的通用声明段,用关键字 Public 声明的变量为全局变量。在标准模块也可用 Global 声明全局变量。全局变量可以被本工程内的所有过程引用,即全局变量的作用域是声明该变量所在工程的所有过程。如果全局变量声明在标准模块中,可在任何过程中直接通过变量名引用;如果全局变量声明在窗体模块中,则在其他窗体模块或标准模块中用如下形式引用该变量:

声明该变量的窗体名.变量名

不同模块中所声明的全局变量也可以同名,但在引用时应在变量名前加上声明该变量的窗体名或标准模块名。

如果全局变量与局部变量同名,则在声明该局部变量的过程中优先引用局部变量。如果要引用同名的全局变量,应在全局变量名前加上全局变量所在的窗体模块或标准模块名。

通过模块级变量或全局变量可以实现过程之间的数据传递,这给程序设计带来了一定的便利。但这种传递方式是通过在不同过程之间共享变量数据来实现的,如果在某个过程中改变了变量的值,会直接影响到其他过程使用该变量的值,这样的程序就有一定的风险,可能会产生一些意想不到的后果。因此,在进行程序设计时,应尽量使用作用域小的局部变量,以增加过程的独立性。如果需要传递数据,最好使用参数传递的方式。

例 6.9　通过下面程序示例,说明变量的作用域。

本程序有两个窗体模块(窗体名分别为 Form1 和 Form2),建立在窗体模块 Form1 中的调用过程为事件过程 Form_Activate,被调过程分别是建立在窗体模块 Form1 中的

Sub 过程 var1 和建立在窗体模块 Form2 中的 var2。

建立在窗体模块 Form1 中的事件过程 Form_Activate 和 Sub 过程 var1 的程序代码如下。

```
Option Explicit
Public x As Integer          '在窗体模块 Form1 中声明全局变量 x
Private y As Integer         '在窗体模块 Form1 中声明模块级变量 y
Private Sub Form_Activate()
    Caption="变量的作用域"
    Dim x%, y%                '声明局部变量 x、y,与全局变量 x 和模块级变量 y 同名
    x=5 : y=2
    Form1.x=1                 '引用全局变量 x,变量名前加全局变量所在的窗体名 Form1
    Print "调用过程前 x、y、Form1.x 的值分别是: "; x; y; Form1.x
    Call var1                 '调用本窗体模块中的过程 var1
    Call Form2.var2           '调用窗体模块 Form2 中的过程 var2
    Print "调用过程后 x、y、Form1.x 的值分别是: "; x; y; Form1.x
End Sub
Private Sub var1()
    Dim y%                    '声明局部变量 y,与模块级变量 y 同名
    x=x+10                    'x 是 Form1 中声明的全局变量
    y=y+3
    Print "过程 var1 中 x、y 的值分别是: "; x; y
End Sub
```

建立在窗体模块 Form2 中的 Sub 过程 var2 的程序代码如下。

```
Option Explicit
Private y As Integer    '声明模块级变量 y,与在 Form1 中声明的 y 同名
Public Sub var2()
    Form1.x=Form1.x+20
    y=y+4
    Form1.Print "过程 var2 中 Form1.x、y 的值分别是: "; Form1.x; y
End Sub
```

程序运行后的输出结果如图 6.13 所示。

从上面的程序可以看出,在窗体模块 Form1 中声明的变量 x 和 y 分别是全局变量和模块级变量,在事件过程 Form_Activate 中声明的变量 x 和 y 是与全局变量和模块级变量同名的局部变量。

图 6.13　例 6.9 的运行结果

在事件过程 Form_Activate 中出现的 Form1.x 是全局变量 x 的引用。由于在事件过程中声明了同名的局部变量 x,而局部变量优先引用,因此引用全局变量时,变量名 x 前应加上声明全局变量的窗体模块名 Form1。

在被调过程 var1 中,赋值语句"x＝x＋10"中的变量 x 是 Form1 中声明的全局变量,因其已在事件过程 Form_Activate 中被赋值为 1,因此执行该赋值语句后,x 的值为 11。

赋值语句"y＝y＋3"中的变量 y 是局部变量,其初始值为 0,虽然与模块级变量 y 和事件过程 Form_Activate 中声明的局部变量 y 同名,但它们之间没有任何关系,互不影响,因此执行该赋值语句后,y 的值为 3。

在被调过程 var2 中,赋值语句"Form1. x＝Form1. x＋20"中的变量 x 是在 Form1 中声明的全局变量,因其已在过程 var1 中被改为 11,因此执行该赋值语句后,x 的值为 31。由于全局变量 x 是在窗体模块 Form1 中声明的,所以在窗体模块 Form2 引用时,全局变量 x 前必须加窗体名 Form1。赋值语句"y＝y＋4"中的变量 y 是在窗体模块 Form2 中声明的模块级变量,虽然它与窗体模块 Form1 中声明的模块级变量 y 同名,但它们之间没有任何关系,互不影响,因此执行该赋值语句后,y 的值为 4。

6.6.4　变量的生存期

变量除作用域外,还有生存期问题。变量的生存期是指变量在内存中存在的时间,它决定了该变量可以在哪个时间范围内被引用。变量按生存期的不同可分为动态变量和静态变量。

1. 动态变量

动态变量是在过程中用 Dim 关键字声明(或隐式声明)的局部变量。

程序运行后,系统才为过程中的动态变量分配存储空间并进行初始化,此时该变量才能被引用。当过程结束后,其占用的存储空间自动释放,此时该变量已不存在,所以也就不能使用了。当再次执行此过程时,变量重新声明,系统重新为其分配存储单元并重新进行初始化。显然,动态变量的生存期就是过程的执行期。

2. 静态变量

静态变量是在过程中用 Static 关键字声明的局部变量。

程序运行后,当开始执行静态变量所在的过程时,系统为变量分配存储空间并进行初始化,此时该变量可以使用。当过程执行结束后,其占用的存储空间并不释放,该变量仍然存在,其值仍然保留。当再次执行过程时,其值仍是上次执行过程结束时的值,该值可继续使用,直到程序运行结束,所占的存储空间才被释放。显然,静态变量的生存期就是程序的运行期。

虽然静态变量在整个程序运行期间始终存在,但它是局部变量,只能在本过程内使用。

在定义过程时,若在 Sub 或 Function 之前加 Static 关键字,则在过程内使用的所有变量均为静态变量。

注意:不能在窗体模块或标准模块的通用声明段,用 Static 关键字声明静态变量。

此外,模块级变量和全局变量在整个程序运行期间都可以被其作用域内的过程引用,因此它们的生存期也是程序的运行期。

例 6.10　通过下面程序示例,说明变量的生存期。

程序代码如下。

```
Private Sub Form_Activate()
    Caption="变量的生存期"
    Dim i As Integer
    For i=1 To 5
        Call live(i)
    Next i
End Sub
Private Sub live(n As Integer)
    Static a As Integer          '声明 a 为静态变量
    Dim b As Integer             '声明 b 为动态变量
    a=a+1
    b=b+1
    Print "第"; n; "次调用过程时 a、b 的值分别是："; a; b
End Sub
```

本例在被调过程 live 中声明两个变量,变量 a 声明为静态变量,变量 b 声明为动态变量。调用过程 Form_Activate 通过循环语句调用了 5 次 live 过程,在每次 live 过程执行结束后,静态变量 a 并不释放其存储单元,其值仍然保留,并作为下一次 live 过程执行的初始值。因此,每次执行赋值语句"a＝a＋1"后,就会得到累加值。

动态变量 b 在 live 过程每次执行结束后,都会释放其存储单元,变量的值不保留。每次执行 live 过程都会重新初始化变量 b,因此,每次执行赋值语句"b＝b＋1"时,b 的初始值都为 0,加 1 后,b 的值都为 1。

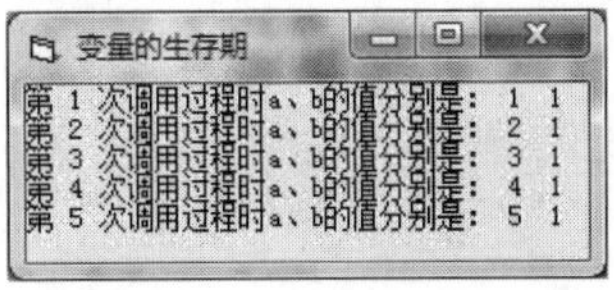

程序运行后的输出结果如图 6.14 所示。

如果将 live 过程中的变量 a 声明为模块级变量,同样可以起到保留其值的作用。

图 6.14 例 6.10 的运行结果

6.7 综合应用

例 6.11 输入一个十进制实数,将其转换为相应的二进制、八进制和十六进制数。程序运行界面如图 6.15 所示。

分析:将一个十进制实数转换为 x(x 为二、八、十六)进制数时,需要分别转换其整数部分和小数部分,其中小数部分的转换可能是不精确的。

整数部分的转换方法是:将整数部分不断除以 x 取余数,直到商为 0 为止,将余数按逆序(即最后取出的余数为最高位)串接起来即可。

小数部分的转换方法是:将小数部分不断乘以 x 并取整数部分,直到小数部分为 0(或满足给定的精度要求)为止,将乘积的整数部分按正序(即最先取出的整数为小

图 6.15 例 6.11 程序运行界面

数点后的第 1 位)串接起来即可。

在窗体上添加 4 个标签、4 个文本框和 1 个命令按钮。程序代码如下。

```vb
Private Sub Command1_Click()
    Dim d!, di&, dd!
    d=Val(Text1.Text)                                    '输入一个十进制数
    di=Int(d)                                            '取该十进制数的整数部分
    dd=d-di                                              '取该十进制数的小数部分
    Text2.Text=transint(di, 2)+"."+transdec(dd, 2)       '转换为二进制
    Text3.Text=transint(di, 8)+"."+transdec(dd, 8)       '转换为八进制
    Text4.Text=transint(di, 16)+"."+transdec(dd, 16)     '转换为十六进制
End Sub
'整数部分的转换
Function transint(ByVal di&, x%) As String
    Dim r%
    transint=""
    Do While di>0
        r=di Mod x                                       '除 2 或 8 或 16 取余数
        di=di \ x                                        '求商的整数部分
        If r>9 Then                                      '余数超过 9 转换为十六进制数码 A~F
            transint=Chr(r+55) & transint                '将 10~15 用 A~F 表示并按逆序串接
        Else
            transint=r & transint                        '0~9 数码按逆序串接
        End If
    Loop
End Function
'小数部分的转换
Function transdec(ByVal dd!, x%) As String
    Dim i%, k%
    transdec=""
    For k=1 To 4                                         '循环 4 次取小数点后 4 位
        i=Int(dd*x)                                      '乘 2 或 8 或 16 取整数部分
        dd=dd*x-i                                        '求乘积的小数部分
        If i>9 Then
            transdec=transdec & Chr(i+55)                '十六进制数码 A~F 按正序串接
        Else
            transdec=transdec & i                        '0~9 数码按正序串接
        End If
    Next k
End Function
```

例 6.12 输入一个字符串,将其中的所有字母加密并解密。程序运行界面如图 6.16 所示。

分析:加密的方法有多种,比较简单的方法是:将字

图 6.16 例 6.12 程序运行界面

符串中的每个字母变成向右循环移动 n 位的字母。例如,设 n＝4,则 A(a)变成 E(e),F(f)变成 J(j),W(w)变成 A(a),Y(y)变成 C(c)。实现该方法时,只需将每个字母的 ASCII 码加 n 即可。如果相加后的 ASCII 码大于字母 Z(或 z)的 ASCII 码,应减去 26。

解密的方法与加密正好相反,即将加密后字母的 ASCII 码减 n 即可。如果相减后的 ASCII 码小于字母 A(或 a)的 ASCII 码,应加上 26。

在窗体上添加 1 个标签、3 个文本框和 2 个命令按钮。程序代码如下。

```
Private Sub Command1_Click()
    Text2.Text=encrypt(Text1.Text, 4)
End Sub
Private Sub Command2_Click()
    Text3.Text=decrypt(Text2.Text, 4)
End Sub
'定义 Function 过程 encrypt,用于加密
Function encrypt(ByVal s$ , ByVal key%)
Dim c As String * 1, iasc%
encrypt=""
For i=1 To Len(s)
    c=Mid(s, i, 1)                       '取第 i 个字符
    Select Case c
        Case "A" To "Z"
            iasc=Asc(c)+key              '大写字母加密钥 key 加密
            If iasc>Asc("Z") Then iasc=iasc-26        '加密后字母超过 Z
            encrypt=encrypt+Chr(iasc)
        Case "a" To "z"
            iasc=Asc(c)+key              '小写字母加密钥 key 加密
            If iasc>Asc("z") Then iasc=iasc-26
            encrypt=encrypt+Chr(iasc)
        Case Else
            encrypt=encrypt+c            '其他字符时不加密,与已加密子字符串连接
    End Select
Next i
End Function
'定义 Function 过程 decrypt,用于解密
Function decrypt(ByVal s$ , ByVal key%)
Dim c As String * 1, iasc%
decrypt=""
For i=1 To Len(s)
    c=Mid(s, i, 1)
    Select Case c
        Case "A" To "Z"
            iasc=Asc(c)-key
            If iasc<Asc("A") Then iasc=iasc+26
            decrypt=decrypt+Chr(iasc)
```

```
        Case "a" To "z"
            iasc=Asc(c)-key
            If iasc<Asc("a") Then iasc=iasc+26
            decrypt=decrypt+Chr(iasc)
        Case Else
            decrypt=decrypt+c
    End Select
Next i
End Function
```

例 6.13　编写一个英文打字训练的程序,要求如下:

(1) 在文本框内随机产生 40 个字母的范文。

(2) 当焦点进入输入文本框时开始计时。

(3) 在文本框按产生的范文输入相应的字母。

(4) 当超出 40 个字母时计时结束,禁止向文本框再输入内容,显示打字所用时间和准确率。

程序运行界面如图 6.17 所示。

分析:当焦点进入输入文本框时开始计时,需要在输入文本框的 GotFocus 事件过程中计时,假设用 t 计时;当在输入文本框按产生的范文输入相应的字母,当超出 40 个字母结束时,需要在输入文本框的 KeyPress 事件过程中用 DateDiff 函数计算输入 40 个字母所用的时间,而 DateDiff 函数需要用到 GotFocus 事件过程中的 t,因此,需要在窗体的通用声明段中声明一个模块级变量 t,以使 t 可以在多个事件过程中共用。

图 6.17　例 6.13 程序运行界面

程序代码如下。

```
Dim t As Date
Private Sub Command1_Click()
    Randomize
    For i-1 To 40
        a=Chr(Int(Rnd*26+65))
        Text1=Text1+a
    Next i
End Sub


Private Sub Command2_Click()
    End
End Sub


Private Sub Text2_GotFocus()
    t=Time()
End Sub
```

```
Private Sub Text2_KeyPress(KeyAscii As Integer)
    If Len(Text2)=40 Then
        t2=DateDiff("s", t, Time)
        Text3=t2 & "秒"
        Text2.Locked=True
        y=0: n=0
        For i=1 To 40
            If Mid(Text1, i, 1)=Mid(Text2, i, 1) Then
                y=y+1
            Else
            n=n+1
            End If
        Next i
        y=y/(y+n) * 100
        Text4=y & "%"
    End If
End Sub
```

6.8　练习

1. 定义过程的格式中,Static 关键字的作用是指定过程中的局部变量在内存中的存储方式。若使用了 Static 关键字,则_____。

　　A. 每次调用此过程,该过程中的局部变量都会被重新初始化

　　B. 在本过程中使用到的,在其他过程中定义的变量也为 Static 型

　　C. 每次调用此过程时,该过程中的局部变量的值保持在上一次调用后的值

　　D. 定义了该过程中定义的局部变量为“自动”变量

2. 在过程中定义的变量,若希望在离开该过程后,还能保存过程中局部变量的值,则应使用_____关键字在过程中定义局部变量。

　　A. Dim　　　　　　B. Private　　　　　C. Public　　　　　D. Static

3. 根据变量的作用域,可以将变量分为 3 类,分别为_____。

　　A. 局部变量、模块变量和全局变量　　　B. 局部变量、模块变量和标准变量

　　C. 局部变量、模块变量和窗体变量　　　D. 局部变量、标准变量和全局变量

4. 下列关于过程叙述不正确的是_____。

　　A. 过程的传值调用是将实参的具体值传递给形参

　　B. 过程的传址调用是将实参在内存的地址传递给形参

　　C. 过程的传值调用参数是单向传递的,过程的传址调用参数是双向传递的

　　D. 无论过程传值调用还是过程传址调用,参数传递都是双向的

5. 要想从子过程调用后返回两个结果,下面子过程语句说明合法的是_____。

　　A. Sub f2(ByVal n%,ByVal m%)　　　　B. Sub f1(n%,ByVal m%)

C. Sub f1(n%,m%)   D. Sub f1(ByVal n%,m%)

6. 下列定义为 abc 的过程定义语句中正确的是_____。

    A. Dim Sub abc(x,y)   B. Public abc(x,y)

    C. Private Sub abc(x,y) As Integer   D. Sub abc(x,y)

7. 有如下函数过程：

```
Function gys(ByVal X As Integer, ByVal Y As Integer) As Integer
    Do While Y<>0
        reminder=X Mod Y
        X=Y
        Y=reminder
    Loop
    gys=X
End Function
```

以下调用函数的事件过程,该程序的运行结果是_____。

```
Private Sub Command7_Click()
    Dim a As Integer
    Dim b As Integer
    a=100
    b=25
    X=gys(a, b)
    Print X
End Sub
```

    A. 25   B. 0   C. 50   D. 100

第 7 章

界 面 设 计

应用程序是否易用,除了功能齐全外,用户界面也是非常重要的,它主要负责用户与应用程序之间的交互。前面章节已经介绍了设计界面的常用控件,但仅用这些控件不能完全满足界面设计的需要。典型的 Windows 应用程序的界面要素还包括菜单和对话框等,Visual Basic 提供了设计这些界面要素的方法。本章将介绍 VB 中最主要的用户界面设计技术以及相关控件,主要包括常用控件、键盘与鼠标、通用对话框、菜单设计。

7.1 常用控件

控件是应用程序中用户界面最基本的组成要素,使用 Visual Basic 提供的控件可以很方便地建立界面。程序设计人员只需在窗体中创建对象,然后对对象设置属性和编写事件过程,即可完成烦琐的用户界面设计工作。

控件大致分为 3 类:标准控件、ActiveX 控件和可插入对象。

1. 标准控件

标准控件又称内部控件,在工具箱中默认显示,而不像 ActiveX 控件和可插入对象那样需要加载到工具箱中。

2. ActiveX 控件

对于复杂的应用程序,仅仅使用标准控件是不够的,还需要利用 VB 以及第三方开发商提供的大量 ActiveX 控件。这些控件可以添加到工具箱上,然后像标准控件一样使用。目前,在 Internet 上约有数千种 ActiveX 控件可供下载,从而大大节约了程序员的开发时间。

ActiveX 控件是 ActiveX 部件,ActiveX 部件共有 4 种:ActiveX 控件、ActiveX EXE、ActiveX DLL 和 ActiveX 文档。ActiveX 部件是可以重复使用的编程代码和数据,是由用 ActiveX 技术创建的一个或多个对象所组成。ActiveX 部件是扩展名为.ocx 的独立文件,通常存放 Windows 的 system 目录中。例如,通用对话框就是一种 ActiveX 控件,它对应的控件文件名是 Comdlg32.ocx。表 7.1 列出了本章介绍的 ActiveX 控件及其所在的部件和文件名。

表 7.1　ActiveX 控件

ActiveX 控件	ActiveX 部件	文件名
通用对话框(CommonDialog)	Microsoft Common Dialog Control 6.0	Comdlg32.ocx
ProgressBar	Microsoft Windows Common Control 6.0	Mscomctl.ocx

对于初学者来说,ActiveX 控件和 ActiveX DLL/EXE 部件的明显区别是:ActiveX 控件有可视的界面,当用"工程"菜单中的"部件"命令加载后,在工具箱上会有相应的图标显示;ActiveX DLL/EXE 部件是代码部件,没有界面,当用"工程"菜单中的"引用"命令设置对对象库的引用后,工具箱上没有图标显示,但可以用"对象浏览器"查看其中对象的属性、事件和方法。

3. 可插入对象

可插入对象是 Windows 应用程序的对象,例如"Microsoft Excel 工作表"。可插入对象也可以加载到工具箱中,具有与标准控件类似的属性,可以同标准控件一样使用。

启动 Visual Basic 6.0 后,在工具箱中只有标准控件。本节将主要介绍标准控件中的单选按钮、复选框、框架、计时器、滚动条、进度指示器、图片框、图像框、直线和形状。

7.1.1　单选按钮、复选框和框架

在多数应用程序中,经常会允许用户根据需要进行单项或多项选择,Visual Basic 6.0 提供了几个用于选择的标准控件,除了在第 6 章中讲到的列表框和组合框之外,用于选择的控件还包括单选按钮、复选框和框架。

1. 单选按钮

单选按钮(OptionButton)也称选择按钮,是由一个圆圈"○"和紧挨着它的文字组成,通常成组出现,一组单选按钮可以提供一组彼此相互排斥的选项,当选定某一项时,其他选项均变为未选定状态,选定时在圆圈内加一个小圆点"·"。在窗体上添加的单选按钮其默认名称为 Option1,Option2,…。

1) 单选按钮的常用属性

单选按钮除了标准控件的常用属性 Top、Height、Picture、Style 等属性外,比较常用的还有 Caption、Value、Alignment、Enabled 等属性。

(1) Caption 属性。设置单选按钮的标题,即紧挨圆圈后的文字内容,默认值为 Option1,Option2,…。

(2) Value 属性。Value 属性用来表示单选按钮的状态。对于单选按钮,Value 属性可设置为逻辑值 True 或 False。当设置为 True 时,表示该单选按钮被选中,按钮的中心有一个圆点;当设置为 False 时,表示单选按钮没有被选中,按钮是一个圆圈。

(3) Alignment 属性。该属性用来设置单选按钮标题的对齐方式,默认单选按钮居

左,标题在控件右侧显示。其值是 0—Left Justify(左对齐)或 1—Right Justify(右对齐),也可以是符号常量。

(4) Enabled 属性。设置单选按钮是否对用户事件产生响应,值为 True 时响应控件事件(默认值),值为 False 时不响应控件事件,且运行时控件呈灰色不可用状态。

(5) Style 属性。用来设置单选按钮的显示方式,以改善视觉效果。在使用该属性时应注意,该属性是只读属性,只能在属性窗口中设置。其值是 0—(默认)标准方式或 1—图形方式,也可以是符号常量。

2) 单选按钮的常用事件

Click 事件是单选按钮最基本的事件,但通常不对单选按钮的 Click 事件进行处理。当单击单选按钮时,将自动变换其状态,一般不需要编写 Click 事件过程。

2. 复选框

复选框(CheckBox)可供用户进行多项选择,由一个小方框"□"和紧挨着它的文字组成。提供"选定"和"未选定"两种选项状态,选定时在小方框内打"√"。复选框通常成组出现,也可单独出现。与单选按钮不同的是复选框允许同时选择多项,或者一项都不选,每个选项彼此独立、互不影响。在窗体上添加的复选框其默认名称为 Check1,Check2,…。

1) 复选框的常用属性

复选框的常用属性为 Caption、Alignment、Value、Enabled、Style 等,其中 Alignment、Enabled 和 Style 属性和单选按钮的 Alignment、Enabled 和 Style 属性相同。

(1) Caption 属性。Caption 属性设置复选框的标题,即紧挨方框后的文字内容,默认值为 Check1,Check2,…。

(2) Value 属性。Value 属性用来设置复选框的选定状态。值为 0—Unchecked,表示未被选定,默认值;值为 1—Checked,表示选定;值为 2—Grayed,灰色,禁止选择。

2) 复选框的常用事件

与单选按钮一样,复选框也能接收 Click 事件。当用户单击后,复选框自动改变状态。

3. 框架

单选按钮的特点是当选定其中的一个,其他单选按钮自动变为未被选中状态。当需要在同一窗体中建立几组相互独立的单选按钮时,就需要用框架将每一组单选按钮框起来,这样在一个框架内的单选按钮为一组,对它们的操作不会影响框架以外的单选按钮,这时,框架起到控件容器的作用。另外,对于其他类型的控件用框架框起来,可提供视觉上的区分和总体的激活或屏蔽特性。

在窗体上创建框架及其内部控件时,必须先建立框架,然后在框架中建立各种控件。创建控件不能使用双击工具箱上工具的自动方式,而应该先单击工具箱上的工具,然后用出现的"十"字指针,在框架适当位置拖拉出适当大小的控件。如果要用框架将现有的控件分组,则可先选定所有控件,将它们剪切(Ctrl+X)到剪贴板,然后选定框架并将剪贴板上的控件粘贴(Ctrl＋V)到框架上。

1) 框架的常用属性

(1) Caption 属性。由 Caption 属性值设定框架的标题名称,若 Caption 为空,则框架为封闭的矩形框,但是框架中的控件仍然和单纯用矩形框框起来的控件不同。

(2) Enabled 属性。框架内的所有控件将随框架一起移动、显示、消失和屏蔽。当将框架的 Enabled 属性设为 False 时,则程序运行时该框架在窗体中的标题正文为灰色,表示框架内的所有对象均被屏蔽,不允许用户对其进行操作。

(3) Visible 属性。若框架的 Visible 属性为 False,则在程序执行期间,框架及其内部所有控件全部被隐藏起来。

2) 框架的常用事件

框架可以响应 Click 和 DbClick 事件,但是,在应用程序中一般不需要编写有关框架的事件过程。

例 7.1　编写一个应用程序,使用框架实现文本框中文字的字体、颜色、字号及字形的设置。

分析:创建用户界面,在窗体上添加 1 个文本框和 4 个框架。然后在"字体"框架中添加"宋体"和"黑体"2 个单选按钮;在"颜色"框架中添加"红色"和"蓝色"2 个单选按钮;在"字号"框架中添加"20 号"和"16 号"2 个单选按钮;在"字形"框架中添加"粗体""斜体"和"下画线"3个复选框。这样就将 6 个单选按钮分成 3 组,窗体及控件的属性设置如表 7.2 所示,界面设计如图 7.1 所示。分别到单选按钮和复选框的单击事件过程中编写程序代码,实现不同的功能。

图 7.1　例 7.1 的界面设计

表 7.2　例 7.1 控件属性

对象名	属 性 名	属 性 值
Form1	Caption	框架应用示例1
Text1	Text	创新是科学房屋的生命力
	ForeColor	蓝色
	FontName	宋体
	FontSize	20
Frame1	Caption	字体
Frame2	Caption	颜色
Frame3	Caption	字号
Frame4	Caption	字形
Option1	Caption	宋体
	Value	True

续表

对象名	属性名	属 性 值
Option2	Caption	黑体
Option3	Caption	红色
Option4	Caption	蓝色
	Value	True
Option5	Caption	20 号
	Value	True
Option6	Caption	16 号
Check1	Caption	粗体
Check2	Caption	斜体
Check3	Caption	下画线

程序代码如下。

```
Private Sub Form_Load()
    Text1.Alignment=2              '文本框中内容居中
End Sub
Private Sub Check1_Click        '判断"粗体"复选框是否被选定,选定时文字加粗
    If Check1.Value=1 Then
        Text1.FontBold=True
    Else
        Text1.FontBold=False
    End If
End Sub
Private Sub Check2_Click()       '判断"斜体"复选框是否被选定,选定时文字倾斜
    If Check2.Value=1 Then
        Text1.FontItalic=True
    Else
        Text1.FontItalic=False
    End If
End Sub
Private Sub Check3_Click()           '判断"下画线"复选框是否被选定,选定时文字加下画线
    If Check3.Value=1 Then
        Text1.FontUnderline=True
    Else
        Text1.FontUnderline=False
    End If
End Sub
Private Sub Option1_Click()
    Text1.FontName="宋体"
```

```
End Sub
Private Sub Option2_Click()
    Text1.FontName="黑体"
End Sub
Private Sub Option3_Click()
    Text1.ForeColor=vbRed
End Sub
Private Sub Option4_Click()
  Text1.ForeColor=vbBlue
End Sub
Private Sub Option5_Click()
  Text1.FontSize=20
End Sub
Private Sub Option6_Click()
  Text1.FontSize=16
End Sub
```

7.1.2 滚动条

滚动条(ScrollBar)通常用来附在窗口上协助观察数据或确定位置,也可用来作为数据输入的工具,被广泛地用于 Windows 应用程序中。滚动条分水平滚动条(HScrollBar)和垂直滚动条(VScrollBar)两种,可以直接通过工具箱中的水平滚动条和垂直滚动条工具来建立。除了方向不同外,水平滚动条和垂直滚动条的结构和操作是一样的,程序运行时,滚动条的两端各有一个滚动箭头,在滚动箭头之间有一个滑块,如图 7.2 所示。

滚动条

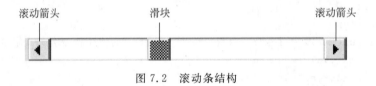

图 7.2　滚动条结构

1. 滚动条的常用属性

滚动条的属性用来标识滚动条的状态,常用的属性有以下 5 种,其示意图如图 7.3 所示。

(1) Value 属性。该属性值表示滑块在滚动条上的当前位置。若在程序中设置该值,则把滑块移动到相应的位置。注意,不能把 Value 属性设置为 Max 和 Min 范围之外的值。

(2) Min 属性。滚动条所能表示的最小值,取值范围为 $-32\,768 \sim 32\,767$。当滑块位于最左端或最上端时,Value 属性取该值。

(3) Max 属性。滚动条所能表示的最大值,取值范围为 $-32\,768 \sim 32\,767$。当滑块位

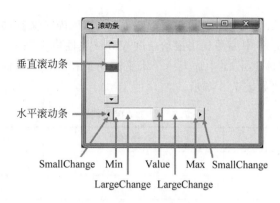

图 7.3　滚动条属性示意图

于最右端或最下端时,Value 属性将被设置为该值。

　　设置 Max 属性和 Min 属性后,滚动条被分为 Max～Min 个间隔。当滑块在滚动条上移动时,其 Value 属性值也随之在 Max 和 Min 之间变化。

　　(4) LargeChange 属性。单击滚动条中滑块前面或后面的空白部位时,Value 属性所增加或减少的值。

　　(5) SmallChange 属性。单击滚动条两端的滚动箭头时,Value 属性所增加或减少的值。

2. 滚动条的常用事件

　　与滚动条相关的事件是 Scroll 和 Change 事件。

　　(1) Scroll 事件。当在滚动条内拖动滑块时会触发 Scroll 事件(单击滚动箭头或滚动条时不发生 Scroll 事件),Scroll 事件用于跟踪滚动条中的动态变化。

　　(2) Change 事件。当滚动条的 Value 属性值发生变化时(滚动条内滑块位置改变)会触发 Change 事件。能够引起 Value 属性改变的原因包括单击滚动条两端的滚动箭头、单击滚动条的空白区域以及拖动滚动条滑块,然后释放鼠标按键;或者是在程序中使用代码改变 Value 属性值。Change 事件用来得到滚动条的最后的值。

　　例 7.2　编写适当的事件过程,使程序运行后,若移动滚动条上的滚动块,则可放大或缩小文本框中的"淡泊"两字。运行后的窗体如图 7.4 所示。

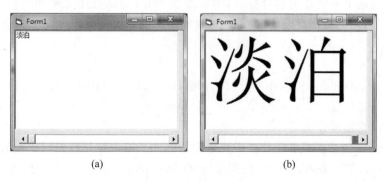

(a)　　　　　　　　　　　　　　　　(b)

图 7.4　程序运行界面

分析：要在程序运行时，移动滚动条上的滑块放大或缩小文本框中的文字，只需在滚动条的 Change 事件过程中编写利用滚动条的 Value 属性值来决定 Text1 的 FontSize 属性的语句即可。在窗体 Form1 中加入一个水平滚动条和一个文本框，在属性窗口设置其相关属性，其属性及值如表 7.3 所示。

表 7.3　例 7.2 控件属性

控 件	属 性 名	属 性 值
文本框	Name	Text1
	Text	淡泊
水平滚动条	Name	HS1
	Max	100
	Min	10
	LargeChange	5
	SmallChange	2

事件过程如下。

```
Private Sub HS1_Change()
    Text1.FontSize=HS1.Value
End Sub
```

7.1.3　图片框和图像框

Visual Basic 6.0 中与图形有关的标准控件有 4 种，即图片框(PicturcBox)、图像框(Image)、直线(Line)与形状(Shape)，常用于图形设计、绘图及图像处理应用程序中。

图片框和图像框都可以显示 .bmp、.wmf、.ico、.cur、.jpg 和 .gif 为扩展名的图像文件，但图片框与图像框也有一些区别，图片框可以作为容器放置其他控件，还可通过 Print 方法显示图形、绘制图形及显示文本或数据。而图像框不能作为容器控件，不可通过 Print 方法显示文本和数据；图像框占用的内存空间比图片框小，显示图形的速度相对较快。

图片框和图像框

1. 图片框

图形框(PictureBox)也称作图形框。在窗体上添加的图片框的默认名称为 Picture1，Picture2，…。

图片框的常用属性如下。

(1) Picture 属性。设置图片框中要显示的图片。既可在属性窗口中设置，也可在程序中通过代码设置。在程序中，可使用 LoadPicture 函数载入图片，其一般格式为：

图片框对象名.Picture=LoadPicture("包含路径的图片文件名")

若要在程序运行时删除图形,也要使用 LoadPicture 函数,格式为:

图片框对象名.Picture=LoadPicture([""])

例如,在图片框 Picture1 中要加载 C 盘根目录下 VB 文件夹中名为 P1.jpg 的图片时,可编写代码:

```
Picture1.Picture=LoadPicture("C:\VB\P1.jpg")
```

当加载的图片文件与窗体文件、工程文件保存在同一文件夹中时,LoadPicture 函数中的图片文件路径可用 App.Path 代替。

例如,如果图片 P1.jpg 与窗体文件和工程文件都在同一文件夹(目录)下,则在图片框 Picture1 中载入图片 P1.jpg 可编写如下代码:

```
Picture1.Picture=LoadPicture(App.Path+"\P1.jpg")
```

要删除 Picture1 中加载的图片,可编写代码:

```
Picture1.Picture=LoadPicture("")或 Picture1.Picture=LoadPicture()
```

(2) AutoSize 属性。此属性为逻辑值,若为 True,则在图片框中所加载的图片大小与控件大小不同时,会自动改变控件的大小,以便使其与图片的大小相一致;如果属性值为 False(默认值),则不会自动调整控件大小,图片可能显示不完整。图片框控件不会对其显示的图片进行缩放,这一点与图像框不同。

(3) BorderStyle 属性。BorderStyle 属性值为 0 时,图片框无边框;1 为默认值。

图片框常响应的事件有 Click、DblClick 和 Change,因为图片框常用于作为容器加载图片,所以通常很少编写事件过程代码。

图片框常使用的方法与窗体类似。

(1) Print 方法:用于在图片框控件中显示文本、数据等。

(2) Cls 方法:清除图片框中显示的文本、数据和用图形方法绘制的图形。

(3) Move 方法:改变图片框的位置和大小。

例 7.3　在窗体上通过命令按钮改变图片框的 AutoSize 属性值,观察图片的显示效果。

分析:在窗体上添加一个图片框,使用 LoadPicture 函数加载图片,单击命令按钮,改变 AutoSize 属性值。当图片尺寸大于图片框时,如果 AutoSize 值为 False,图片框只显示部分图片;如果 AutoSize 值为 True,图片框会自动调整大小以适应图片的实际尺寸。

程序代码如下。

```
Private Sub Form_Load()
  Picture1.Width=2000
  Picture1.Height=2000
  Picture1.Picture=LoadPicture(App.Path+"\tp1.bmp")
End Sub
Private Sub Command1_Click()
    Picture1.Width=2000
```

```
        Picture1.Height=2000
        Picture1.AutoSize=True          '图片框自动适应图片的大小
    End Sub
    Private Sub Command2_Click()
        Picture1.Width=2000
        Picture1.Height=2000
        Picture1.AutoSize=False         '图片框大小不变
    End Sub
    Private Sub Command3_Click()
        Picture1.Picture=LoadPicture("")
    End Sub
    Private Sub Command4_Click()
        End
    End Sub
```

程序运行后,程序将图片框的高和宽都设置为 2000,通过 LoadPicture 函数加载图片。单击"AutoSize＝True"按钮,运行结果如图 7.5(a)所示。单击"AutoSize＝False"按钮,运行结果如图 7.5(b)所示。单击"清空"按钮,可清除图片框中的图片。单击"退出"按钮,则退出应用程序。

图 7.5　例 7.3 程序运行结果

2. 图像框

图像框(Image)与图片框类似,都是用来显示图片或图形的。图像框可以加载的图形文件类型与图片框相同。可通过 Picture 属性加载图片。在窗体上添加的图像框的默认名称为 Image1,Image2,…。

图像框常用属性如下。

(1) Stretch 属性。设置图片是否调整大小,以适应图像框的大小。值为 True 时,自动放大或缩小图像框中的图片,以适应图像框的大小;值为 False 时,图像框自动调整大小以适应图片(默认值),相当于图片框在 AutoSize 属性为 True 的功能。

注意:图像框没有 AutoSize 属性。

(2) Picture 属性。设置图像框中要显示的图片,用法与图片框一致。

图像框常用的事件有 Click 和 DblClick 事件,与图片框不同,它没有 Change 事件,因此不会由于 Picture 属性改变而触发 Change 事件。

例 7.4　编写一个图片缩放程序。要求在图像框中显示图片,复选框控制图像框的 Stretch 属性值,命令按钮控制图像框放大 1.1 倍和缩小 0.9 倍。

程序代码如下。

```
Private Sub Form_Load()
    Image1.Picture=LoadPicture(App.Path+"\p2.bmp")
End Sub
Private Sub Check1_Click()
    Image1.Stretch=Check1.Value
End Sub
Private Sub Command1_Click()          '图像框放大 1.1 倍
    Image1.Height=Image1.Height * 1.1
    Image1.Width=Image1.Width * 1.1
    Image1.Picture=LoadPicture(App.Path+"\p2.bmp")
End Sub
Private Sub Command2_Click()          '图像框缩小 0.9 倍
    Image1.Height=Image1.Height * 0.9
    Image1.Width=Image1.Width * 0.9
    Image1.Picture=LoadPicture(App.Path+"\p2.bmp")
End Sub
```

程序运行后,使用 LoadPicture 函数加载图片,没有选定复选框 Stretch,图像框的 Stretch 属性值为 False,图像框自动适应图片的大小,单击“放大”按钮或“缩小”按钮,图片不随图像框的大小而变化,运行结果如图 7.6(a)所示;选定复选框 Stretch,图像框的 Stretch 属性值为 True,单击“放大”按钮或“缩小”按钮,图片将随图像框的大小而变化,运行结果如图 7.6(b)所示。

(a)　　　　　　　　(b)

图 7.6　例 7.4 程序运行结果

图像框和图片框以基本相同的方式出现在窗体上,都可以装入多种格式的图形文件。其主要区别是图像框不能作为控件容器,而图片框可以;图片框还支持 Print 和 Cls 方法,而图像框不支持这两种方法。

7.1.4 形状和直线

形状(Shape)和直线(Line)控件可用来在窗体、框架或图片框上画简单的图形,它们通常只用于表面的修饰,不响应任何事件。

1. 形状

形状(Shape)控件用于在窗体、框架或图片框中绘制常见的几何图形,包括矩形、正方形、椭圆、圆、圆角矩形及圆角正方形等。在窗体上添加的形状控件默认为矩形,可通过设置 Shape 属性得到不同的形状。在窗体上添加的形状控件的默认名称为 Shape1,Shape2,…。

形状控件的常用属性如下。

(1) Shape 属性:用来设置所画形状的几何特性。它可以被设置为 6 种属性值,如表 7.4 所示。

表 7.4 Shape 属性

值	常　数	形　状
0	vbShapeRectangle	矩形(默认)
1	vbShapeSquare	正方形
2	vbShapeOval	椭圆形
3	vbShapeCircle	圆形
4	vbShapeRoundedRectangle	四角圆滑的矩形
5	vbShapeRoundedSquare	四角圆滑的正方形

(2) BorderWidth 属性:设置线条宽度。

(3) FillColor 属性:设置填充形状控件的颜色,其值用 8 位十六进制数表示。当通过属性窗口设置 FillColor 属性时,会显示调色板,可以从中选择所需要的颜色,不必考虑十六进制数值。

(4) FillStyle 属性:设置填充形状控件的样式,有 8 种填充样式,见表 7.5。

表 7.5 FillStyle 属性

值	样　式	值	样　式
0—Solid	实心	4—Upward Diagonal	左上对角线
1—Transparent	透明(默认值)	5—Downward Diagonal	右下对角线
2—Horizontal Line	水平直线	6—Cross	交叉线
3—Vertical Line	垂直直线	7—Diagonal Cross	交叉对角线

(5) BackColor 属性:设置形状控件的背景色。

(6) BackStyle 属性:设置形状控件的背景样式。值为 0—Transparent,背景样式透明（默认值）；值为 1—Opaque，背景为不透明。

2. 直线

直线（Line）控件用于在窗体、框架或图片框中绘制各种简单的线段，包括水平线、垂直线、对角线、实线或虚线等。可通过设置直线控件的位置、颜色、长度、宽度、线型等属性画出不同的线。

直线控件的常用属性如下。

（1）BorderStyle 属性：设置线条类型。属性值见表 7.6。

表 7.6　BorderStyle 属性

值	线　型	类　型
0—Transparent		透明
1—Solid	——————————	实线（默认值）
2—Dash	— — — — — — — —	虚线
3—Dot	....	点线
4—Dash-Dot	— · — · — · — ·	点画线
5—Dash-Dot-Dot	— ·· — ·· — ··	双点画线
6—Inside Solid	——————————	内收实线

（2）BorderWidth 属性：设置线条宽度。

（3）BorderColor 属性：设置线条的颜色。

（4）X1、Y1、X2、Y2 属性：设置或返回直线的起点和终点坐标，"X1"属性设置（或返回）直线最左端水平位置坐标，"Y1"属性设置（或返回）直线最左端垂直坐标，"X2""Y2"则设置（或返回）直线最右端的水平、垂直坐标。

例 7.5　在名称为 Form1，标题为"矩形与直线"的窗体上画两个名称分别为 Line1 和 Line2 的直线。Line1 的 X1、Y1 属性分别为 400、100，Line1 的 X2、Y2 属性分别为 2400、1600；Line2 的 X1、Y1 属性分别为 400、1600，Line2 的 X2、Y2 属性分别为 2400、100。再画一个名称为 Shape1 的矩形，并按照表 7.1 设置适当属性，程序运行后界面如图 7.7 所示，矩形的线宽为 5，线条颜色为黄色；对角线的颜色分别为红色和绿色。

图 7.7　例 7.5 程序运行界面

分析：在窗体上添加两个 Line 控件，一个 Shape 控件。在属性窗口按照表 7.7 设置控件的属性。

表 7.7 例 7.5 控件属性

对象名	属性	设置值
Shape1	Left	400
	Top	100
	Height	1500
	Width	2000
Line1	Visible	False
Line2	Visible	False

程序代码如下。

```
Private Sub Form_Load()
    Shape1.BorderWidth=5
    Shape1.BorderColor=vbYellow
    Line1.BorderColor=vbRed
    Line2.BorderColor=vbGreen
    Line1.Visible=True
    Line1.X1=400
    Line1.Y1=100
    Line1.X2=2400
    Line1.Y2=1600
    Line2.Visible=True
    Line2.X1=400
    Line2.Y1=1600
    Line2.X2=2400
    Line2.Y2=100
End Sub
```

7.1.5 计时器

时钟(Timer)控件又称定时器或计时器控件。可用于按指定的时间间隔、有规律地执行某段程序代码。时钟控件有一个 Timer 事件,系统会每隔一定的时间就自动触发一次 Timer 事件,执行 Timer 事件过程。为此,可以将定时执行的操作通过 Timer 事件过程来完成。Timer 事件自动触发的时间间隔由时钟控件的 Interval 属性值决定。

计时器

添加到窗体上的时钟控件是一个小秒表图标。程序运行时,时钟控件被隐藏,因此添加到窗体上的时钟控件与位置无关,它只起到控制时间间隔的作用。在窗体上添加的时钟控件的默认名称为 Timer1,Timer2,…。

1. 计时器的主要属性

(1) Interval 属性:Interval 属性用来表示两个 Timer 事件之间的时间间隔,其值以

ms(毫秒,1s＝1000ms)为单位,介于 0～65535ms 之间,所以最大的时间间隔大约为 1min。在程序运行期间,计时器控件并不显示在屏幕上。当 Interval 属性值为 0 时,计时器控件不发挥作用。

（2）Enabled 属性：Enabled 属性用来设置计时器控件是否可用。当该属性设置为 True(默认值)时,计时器可用;当该属性设置为 False 时,计时器不可用。

2. 计时器的常用事件

计时器只有一个 Timer 事件。程序运行时,每隔由 Interval 属性值设置的时间,系统就会自动触发一次 Timer 事件,执行 Timer 事件过程。只有将计时器控件的 Interval 属性设置为大于 0 的整数时,程序运行时才会触发计时器控件的 Timer 事件,否则不会触发 Timer 事件。

例 7.6　设计一个蝴蝶飞舞应用程序,程序设计界面如图 7.8 所示。

分析：蝴蝶的飞舞是通过以 Interval 时间间隔,在 Image1 中交替装入 Image2 和 Image3 中的图像来实现的。

控件属性见表 7.8。

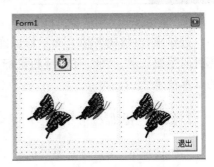

图 7.8　例 7.6 程序设计界面

表 7.8　例 7.6 控件属性

对象名	属　性	设　置　值
Command1	Caption	退出
Timer1	Interval	200
Image1	Picture	BFLY1. BMP
Image2	Picture	BFLY2. BMP
	Visible	False
Image3	Picture	BFLY1. BMP
	Visible	False

事件过程如下。

```
Private Sub Timer1_Timer()
    Static pickbmp As Integer
    Image1.Move Image1.Left+40, Image1.Top-25
    If Image1.Top<=0 Then
        Image1.Left=0
        Image1.Top=2325
    End If
    If pickbmp=0 Then
```

```
        Image1.Picture=Image2.Picture
        pickbmp=1
    Else
        Image1.Picture=Image3.Picture
        pickbmp=0
    End If
End Sub
```

7.2　键盘与鼠标

近年来,虽然语音输入和手写识别技术发展迅速,但是键盘和鼠标仍然是人们操作计算机的主要工具,因此,对键盘和鼠标进行编程是程序设计人员必须掌握的基本技术之一。

7.2.1　键盘

一般情况下,用户只需要鼠标就可以操作 Windows 应用程序,但许多时候也需要使用键盘进行操作,尤其是对接收文本输入的控件,如文本框,需要控制和处理输入的文本,这就更需要对键盘事件进行编程。

键盘事件

在 Visual Basic 中,重要的键盘事件有 3 种,分别是 KeyPress、KeyUp、KeyDown 事件。

1. KeyPress 事件

在 Visual Basic 中,KeyPress 事件是用户按下并且释放一个会产生 ASCII 码的键时被触发。事件过程一般格式为:

```
Private Sub 对象名_KeyPress([Index As Integer, ]KeyAscii As Integer)
    …        '事件过程代码
    End Sub
```

说明:

(1) Index As Integer 是可选项,只用于控件数组。若不是控件数组,是单个控件,该项省略。

(2) KeyAscii 参数是一个预定义的变量,执行 KeyPress 事件过程时,KeyAscii 将得到所按键的 ASCII 码。例如,按下 A 键,KeyAscii 返回的是 65;按下 a 键,KeyAscii 返回的是 97。

注意:并不是按下键盘上的任意一个键都会引发 KeyPress 事件,它只会对能够产生 ASCII 码的按键有反应,包括数字、大小写字母、Enter 键、Esc 键、Tab 键等。而对于不会产生 ASCII 码的按键,如方向键,KeyPress 事件不会被触发。利用 KeyPress 事件,可以对输入的数据进行限制。

例 7.7　编写一个程序,控制在一文本框中只能输入大写字母,如果输入其他字符,则响铃(Beep),并消除该字符。

分析:不管在文本框中输入什么字符,都会触发 KeyPress 事件,并得到参数 KeyAscii 的值,即某键的 ASCII 码。如果某键的 ASCII 码小于 A 的 ASCII 码或大于 Z 的 ASCII 码,说明按键不是大写字母,那么就要将 KeyAscii 的值设置为 0,而 ASCII 码为 0 的字符为空,即不能输入任何字符,这样就可以限制在文本框中只能输入大写字母。

程序代码如下。

```
Private Sub Form_Load()
    Text1=""
End Sub
Private Sub Text1_KeyPress(KeyAscii As Integer)
    If KeyAscii<Asc("A") Or KeyAscii>Asc("Z") Then
        Beep             '响铃
    KeyAscii=0
    End If
End Sub
```

程序运行后,只能在文本框中输入大写字母,否则响铃,并且在光标所在位置不能输入任何字符。但按下方向键,不响铃,可以移动光标。因为方向键不会产生 ASCII 码,KeyPress 事件没有被触发。

2. KeyDown 和 KeyUp 事件

当焦点置于对象上,同时按下键盘上的任意键,便会对相应对象引发 KeyDown 事件,释放按键便引发相应对象的 KeyUp 事件。与 KeyPress 事件不同,KeyDown 事件和 KeyUp 事件返回的是键盘的直接状态,即返回的是"键";而 KeyPress 并不返回键盘的直接状态,返回的是"字符"的 ASCII 码。例如,当按字母键 A 时,KeyDown 所得到的 KeyCode 码(KeyDown 事件的参数)与按字母键 a 是相同的,而对 KeyPress 来说,所得到的 ASCII 码不一样。

KeyDown 和 KeyUp 事件过程的一般格式如下:

```
Private Sub 对象名_KeyDown([Index As Integer,] KeyCode As Integer, Shift As Integer)
    …             '事件过程代码
End Sub
PrivateSub 对象名_KeyUp([Index As Integer,] KeyCode As Integer, Shift As Integer)
    …             '事件过程代码
End Sub
```

说明:

(1) Index As Integer 是可选项,只用于控件数组。若不是控件数组,是单个控件,该项省略。

（2）KeyCode 参数是用户所操作的那个键的键扫描代码。它告诉用户操作的是哪一个物理键。即大写字母和小写字母使用同一个键,它们的 KeyCode 相同,都是大写字母的 ASCII 码。但主键盘上的数字键与数字键盘上相同的数字键的 KeyCode 是不一样的。对于有上档字符和下档字符的键,其 KeyCode 也是相同的,为下档字符的 ASCII 码。

（3）Shift 参数包含了转换键 Shift、Ctrl 和 Alt 这 3 个键的状态信息。在 Shift 参数的二进制位中,假设低 3 位从右往左分别用 b_0、b_1、b_2 来表示,$b_0=1$ 表示 Shift 键被按下,Shift 参数的二进制值为 001;$b_1=1$ 表示 Ctrl 键被按下,Shift 参数的二进制值为 010;$b_2=1$ 表示 Alt 键被按下,Shift 参数的二进制值为 100。如果同时按下 2 个或 3 个转换键,则 Shift 参数的二进制值即为上述两者或三者之和。因此,Shift 参数的二进制值共可取 8 种值,其取值及其功能见表 7.9。

表 7.9　Shift 参数取值及其功能

十进制值	二进制值	系 统 常 量	功　　　能
0	000		Shift、Ctrl 和 Alt 键都没被按下
1	001	vbShiftMask	只有 Shift 键被按下
2	010	vbCtrlMask	只有 Ctrl 键被按下
3	011	vbShiftMask＋vbCtrlMask	Shift 和 Ctrl 键同时被按下
4	100	vbAltMask	只有 Alt 键被按下
5	101	vbShiftMask＋vbAltMask	Shift 和 Alt 键同时被按下
6	110	vbCtrlMask＋vbAltMask	Alt 和 Ctrl 键同时被按下
7	111	vbShiftMask＋vbCtrlMask＋vbAltMask	Shift、Ctrl 和 Alt 键同时被按下

例 7.8　假设当前窗体没有其他对象,编写一个程序,当按下 Alt＋Q 组合键时终止程序的运行。

分析：由于当前窗体没有其他对象,那么控制焦点只能置于窗体上,即操作的对象是窗体,按下键盘上的任意键,便会对窗体引发 KeyDown 事件。按下 Alt 键,窗体的 KeyDown 事件过程的 Shift 参数的十进制值为 4,KeyCode 参数的值为字母 Q 的 ASCII 码。

程序代码如下：

```
Private Sub Form_KeyDown(KeyCode As Integer, Shift As Integer)
    If Shift=4 And KeyCode=Asc("Q") Then
        End
    End If
End Sub
```

程序运行后,由于控制焦点在窗体上,按下 Alt＋Q 组合键,将触发窗体的 KeyDown 事件,终止程序的运行。

KeyPress、KeyDown 以及 KeyUp 事件均可用于窗体、复选框、组合框、命令按钮、列表框、图片框、文本框、滚动条以及与文件有关的具有控件焦点的控件。默认情况下,窗体的 KeyPreview 属性值为 False,当用户对当前具有控件焦点的对象进行按下并释放的键盘操作时,将触发该对象的 KeyPress、KeyDown 以及 KeyUp 事件。但是,如果窗体的 KeyPreview 属性设置为 True,则首先触发窗体的 KeyPress、KeyDown 和 KeyUp 事件,利用这些事件过程可以先滤掉一些信息,然后传递给对象的 KeyPress、KeyDown 和 KeyUp 事件。

例如,如果例 7.8 窗体中有其他对象,并且控件焦点不在窗体上,那么,在默认情况下,窗体的 KeyPreview 属性值为 False,执行上述程序后,按下 Alt＋Q 组合键,将不能触发窗体的 KeyDown 事件,所以不能终止程序的运行;如果将窗体的 KeyPreview 属性设置为 True,执行上述程序后,按下 Alt＋Q 组合键,则首先触发窗体的 KeyDown 事件,就能终止程序的运行。

再如,如果窗体的 KeyPreview 属性设置为 True,同时窗体级 KeyPress 事件过程修改了参数 KeyAscii 的值,则当前选中对象的 KeyPress 事件过程中的参数 KeyAscii 接收的是修改后的键盘码。例如,假设有下列程序段:

```
Private Sub Command1_KeyPress(KeyAscii As Integer)
    Print Chr(KeyAscii)
End Sub

Private Sub Form_KeyPress(KeyAscii As Integer)
    KeyAscii=KeyAscii -1
End Sub
```

在默认情况下,窗体的 KeyPreview 属性值为 False,上述程序运行时,触发的是命令按钮 Command1 的 KeyPress 事件,在窗体上将输出输入的字符;如果将窗体的 KeyPreview 属性值设为 True,则首先触发的是窗体的 KeyPress 事件,执行语句 KeyAscii＝KeyAscii －1 后,KeyAscii 的返回值为输入字符的 ASCII 码减 1,然后触发命令按钮 Command1 的 KeyPress 事件,该事件过程中的参数 KeyAscii 的返回值即为输入字符的 ASCII 码减 1,执行语句 Print Chr(KeyAscii)后,在窗体上将输出比输入字符的 ASCII 码小 1 的字符,即假设键入字符为 k,则输出字符为 j。

7.2.2　鼠标

使用计算机时,除了键盘,鼠标也是最常用的输入工具。在以前的例子中曾多次用过鼠标事件,鼠标事件分点击事件和状态事件两种。点击事件有单击(Click)和双击(DblClick),不区分鼠标的左、右键;状态事件有按下(MouseDown)、弹起(MouseUp)和移动(MouseMove),能够区分出鼠标的左键、右键和中间键。

1. MouseDown、MouseUp 或 MouseMove 鼠标状态事件

MouseDown、MouseUp 或 MouseMove 事件分别在鼠标按键被按下、释放或移动时触发。事件过程适用于窗体和大多数控件,包括复选框、命令按钮、单选按钮、框架、文本框、图像框、图片框、标签、列表框等。在程序设计时,要注意这些事件被什么对象识别,即事件发生在什么对象上。当鼠标指向窗体中没有任何控件的区域时,窗体将识别鼠标事件。当鼠标指针位于某个控件上时,该控件识别鼠标事件。其事件过程的一般格式如下:

鼠标事件

```
Private Sub 对象名 _ MouseDown (Button As Integer, Shift As
Integer,X As Single,Y As Single)
    …          '事件过程代码
End Sub
Private Sub 对象名_MouseUp(Button As Integer,Shift As Integer,X As Single,Y As
Single)
    …          '事件过程代码
End Sub
Private Sub 对象名_MouseMove(Button As Integer,Shift As Integer,X As Single,Y
As Single)
    …          '事件过程代码
End Sub
```

说明:

(1) Button 参数用来表示哪个鼠标按键被按下、释放或移动,其取值及功能如表 7.10 所示。

表 7.10　Button 参数取值及其功能

值	系统常量	功　　能
1	vbLeftButton	按下或释放鼠标左键
2	vbRightButton	按下或释放鼠标右键
4	vbMiddleButton	按下或释放鼠标中键

(2) Shift 参数和键盘的 KeyDown、KeyUp 事件中 Shift 参数的意义相同。

(3) X、Y 的值用来指定鼠标指针的位置。

注意:MouseDown、MouseUp 事件与 Click 事件相似,都是单击鼠标时触发的事件,区别在于鼠标的这两个事件过程带有参数,通过参数可以区分鼠标的哪个按键被按下了,而 Click 事件过程不带参数(控件数组例外)。

例 7.9　编写程序,在窗体中鼠标移动的路径上交替输出"＊"和"@"符号。

分析:要在鼠标移动路径上输出符号,可在窗体的 MouseMove 事件中使用 Print 进行"＊"或"@"符号的输出;另外,当按下鼠标左键或右键时,需要切换输出符号,这可以通过定义一个标识变量来实现;如果要减少符号输出的个数,可以通过 MouseMove 事件被触发多次才进行符号的输出来实现;当用户按下右键时可使用 Cls 来清除窗体上的输出内容。

程序代码如下。

```
Dim i As Integer, m As Integer
```

```
Dim str As String
Private Sub Form_Load()
    m=-1
    str="*"                    '初始符号为"*"
End Sub
Private Sub Form_MouseDown(Button As Integer, Shift As Integer, X As Single, Y As
Single)
    If Button=2 Then Cls       '右击鼠标时清屏
End Sub
Private Sub Form_MouseMove(Button As Integer, Shift As Integer, X As Single, Y As
Single)
    CurrentX=X                 '确定当前的坐标位置
    CurrentY=Y
    i=i+1                      '每触发 MouseMove 事件 10 次,输出一个符号
    If i Mod 10=0 Then
        Print str              '输出当前的符号
        i=0
    End If
End Sub
Private Sub Form_MouseUp(Button As Integer, Shift As Integer, X As Single, Y As
Single)
    Select Case m
        Case 1
            str="*"            '交替使用不同的符号
            m=-m
        Case -1
            str="@"
            m=-m
    End Select
End Sub
```

程序运行后,在窗体上移动鼠标,鼠标移动过的路径上输出一系列"＊",按下鼠标左键不松开,移动鼠标时继续输出"＊";鼠标按键弹起后再移动鼠标,鼠标移动过的路径上输出一系列"@";按下鼠标右键,清除窗体上的内容。输出结果如图 7.9 所示。

图 7.9　例 7.9 程序运行界面

2. 鼠标光标的形状

在使用 Windows 及其应用程序时可以看到,当鼠标光标位于不同的窗口内时,其形状是不一样的。有时呈箭头状,有时呈"十"字状,有时是竖线,等等。在 Visual Basic 中,可以通过属性设置来改变鼠标光标的形状。

1) MousePointer 属性

鼠标指针进入窗体或控件区域时所显示的形状通过 MousePointer 属性来设置。MousePointer 属性是一个整数,共 17 个值,用户可以在需

鼠标光标的
形状与拖放

要设置鼠标形状对象的 MousePointer 属性窗口中查阅。当某个对象的 Mousepointer 属性被设置为其中一个值时,鼠标光标在该对象内就以相应的形状显示。

2) MouseIcon 属性

如果把对象的 MousePointer 属性值设置为 99,则可以通过 MouseIcon 属性自定义鼠标光标,即为鼠标指针指定一个图标。

若在程序代码中设置,可用两种方法:

[<对象名>].MouseIcon=LoadPicture(<包含路径的图标文件>)

或

[<对象名>].MouseIcon=<其他对象名>.Picture

例如,自定义当前窗体的鼠标指针程序代码如下:

```
Private Sub Form_Load()
    Form1.MousePointer=99
    Form1.MouseIcon=LoadPicture("C:\vb98\graphics\icons\arrows\point02.ico")
End Sub
```

3) 鼠标光标形状的使用

在 Windows 中,鼠标光标的应用有一些约定俗成的规则。为了与 Windows 环境相适应,在应用程序中应遵守以下规则。

(1) 表示用户当前可用的功能,如“I”形鼠标光标(属性值 3)表示插入文本;“十”字形状(属性值 2)表示画线或圆,或者表示选择可视对象以进行复制或存取。

(2) 表示程序状态的用户可视线索,如沙漏鼠标(属性值 11)表示程序忙,一段时间后将控制权交给用户。

(3) 当坐标(X,Y)值为 0 时,改变鼠标光标形状。

注意:与屏幕对象(Screen)一起使用时,鼠标光标的形状在屏幕的任何位置都不会改变。不论鼠标光标移到窗体还是控件内,鼠标形状都不会改变,超出程序窗口后,鼠标形状将变为默认箭头。如果设置“Screen.MousePointer=0”,则可激活窗体或控件的属性所设定的局部鼠标形状。

3. 拖放

所谓拖放,就是用鼠标从屏幕上把一个对象从一个地方“拖拉”到另一个地方再放下。在 Windows 中,曾多次使用过这一操作,Visual Basic 提供了让用户自由拖放某个控件的功能。

在某个对象上按住鼠标按键并移动对象的操作称为拖动,释放鼠标的操作称为放置。将鼠标指针移动到某个对象上,按住鼠标按键,然后再移动鼠标到需要的位置并松开按键的过程称为拖放。被拖动的对象称为源对象,接收源对象的窗体或控件称为目标对象。

除了菜单、计时器和通用对话框外,其他控件均可在程序运行期间被拖放。要拖动一个对象,必须了解与拖放有关的一些属性、事件和方法。

1）与拖放有关的属性

有两个属性与拖放有关，即 DragMode 和 DragIcon。

（1）DragMode 属性。

该属性用来设置拖放的模式，0—Manual 表示手动模式（默认值），1—Automatic 表示自动模式。

为了能够实现自由拖动某个对象，可以把这个对象的 DragMode 属性设置为 1—Automatic。

注意：当源对象的 DragMode 属性值设置为 1 时，它就不再接收 Click 和 MouseDown 事件。如果既要求对象可以被拖动，又要求它可以响应鼠标事件，应将 DragMode 属性设置为 0—Manual，并且调用对象的 Drag 方法来实现拖动操作。

（2）DragIcon 属性。

DragIcon 属性用来设置拖放时显示的图标，它将在拖放操作中作为指针显示。在拖动一个对象的过程中，并不是对象本身在移动，而是移动代表对象的图标。也就是说，一旦要拖动一个控件，这个控件就变成一个图标，等释放后再恢复成原来的控件。DragIcon 属性是所有可以被拖动的对象都具有的属性，它的值是一个图标文件名（必须是 .ico 格式的图片文件），拖动的时候作为控件的图标出现，可以在属性窗口中设置，也可以在代码中设置。如果控件的 DragIcon 属性值没有被设置，那么拖动控件时，拖动控件的灰色边框随鼠标指针移动，被拖动对象不显示。例如：

```
Picture1.DragIcon=LoadPicture("c:\vb98\graphics\icons\computer\disk06.ico")
```

用图标文件 disk06.ico 作为图片框 Picture1 的 DragIcon 属性。当拖动该图片框时，图片框变成由 disk06.ico 所表示的图标。

2）与拖放有关的事件。

与拖放有关的事件是 DragDrop 和 DragOver。

（1）DragDrop 事件

当源对象被拖动到某个对象上，释放鼠标按键时或在程序中用 Drag 方法结束拖拉并投放控件时，便会在目标控件上引发 DragDrop 事件。

DragDrop 事件过程的一般格式为：

```
Private Sub 对象名_DragDrop(Source As Control, X As Single, Y As Single)
    …            '事件过程代码
End Sub
```

说明：DragDrop 事件过程提供 Source、X 和 Y 3 个参数。参数 Source 指的是被拖动的源对象，因为将其声明为 As Control，所以可以像使用其他控件一样使用它，即可以引用其属性和方法。参数 X 和 Y 表示拖动后鼠标在目标对象中的坐标。在拖放事件过程中可以使用 TypeOf 函数判断源对象的控件类型，供程序识别，其格式为：

```
If TypeOf <对象变量名>Is<控件类型>Then
```

其中，TypeOf 函数的返回值为对象变量所引用控件的类型。

如果只将某个对象的 DragMode 属性设置为 1,在拖动该对象并释放鼠标时,虽然触发了 DragDrop 事件,但由于 DragDrop 事件过程中没有任何代码,所以它并不会被真正移动到新位置。要实现对象的移动,必须在 DragDrop 事件过程中调用 Move 方法,或设置源对象的 Left 和 Top 属性。

（2）DragOver 事件。

当源对象被拖动到目标对象上时,便引发目标对象的 DragOver 事件。该事件先于 DragDrop 事件发生。DragOver 事件过程的一般格式为:

```
Private Sub 对象名_DragOver (Source As Control, X As Single, Y As Single, State As Integer)
    …        '事件过程代码
End Sub
```

说明：参数 Source、X 和 Y 与 DragDrop 事件中的参数完全相同。参数 State 的取值及含义如表 7.11 所示。

表 7.11　State 参数值及功能

值	功　　能
0	源对象正进入目标对象
1	源对象正离开目标对象
2	源对象在目标对象内移动

在这两种事件引发的同时,系统自动将源对象作为 Source 参数传给事件过程,可通过程序设计对源对象进行一些操作和判别,同时鼠标指针的位置及拖放过程的状态也将作为参数传给事件过程,供程序识别和使用。

在拖动过程中,当鼠标指针位于某控件边框内释放鼠标按键时,控件成为目标;当鼠标指针位于窗体上无控件区域时,窗体成为目标。

（3）与拖放有关的方法

与拖放有关的方法有 Move 和 Drag。其中 Move 方法在第 2 章中已经介绍,在这里只介绍 Drag 方法。

只有当控件的 DragMode 属性设置为 0,即采用手工拖动时,才需要用该方法实现控件的拖放操作。但是也能利用 Drag 方法拖动一个 DragMode 属性为 1 的对象。其格式为:

```
[控件名称.]Drag[参数]
```

说明：

（1）Drag 方法可作用在任何可被拖动的控件上。

（2）参数为 0～2 的整数。0 表示取消拖动操作,1 表示开始拖动操作,2 表示结束并停止拖放操作。如果省略该参数,表示开始启动控件的拖放操作,相当于参数值为 1。

在一些特殊情况下,如 DragMode 属性为 1,也可采用 Drag 方法编程实现控件的拖放。

如果在拖动对象过程中想改变鼠标指针形状,使用 DragIcon 或 MousePointer 属性。如果没有指定 DragIcon 属性,则只能使用 MousePointer 属性。

Drag 方法一般是同步的,这意味着其后的语句直到拖动操作完成之后才执行。然而该控件的 DragMode 属性设置为 Manual(0 或 vbManual),则它可以异步执行。

例 7.10　用手动拖放模拟文件操作:从文件夹中取出文件,放入文件柜中,在放入前,先打开文件柜的抽屉,放入后再关上。程序设计界面如图 7.10 所示。

分析:在窗体上需添加两个图片框,一个命令按钮和一个标签,窗体及图片框的属性设置见表 7.12。第一个图片框(Picture1)中装入两个图标文件,一个是文件夹,一个是文件袋,文件夹用 Picture 属性装入,文件袋用 DragIcon 属性装入。程序运行后,文件袋不显示,把鼠标光标移到图片框上,按下左键,文件袋即显示出来,给人一种从文件夹中取文件的感觉,即可将其拖走。

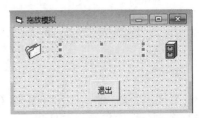

图 7.10　例 7.10 设计界面

表 7.12　例 7.10 控件属性

对象名	属　　性	设　置　值
Form1	Caption	拖放模拟
Picture1	Tag	文件夹
	Picture	Folder02. ico
	DragMode	1—Automatic
	BorderStyle	0—None
	DragIcon	Folder01. ico
Picture2	Tag	文件柜
	Picture	Files03a. ico
	DragMode	1—Automatic
	BorderStyle	0—None

程序代码如下:

```
Private Sub Picture2_DragDrop(Source As Control, X As Single, Y As Single)
    If Source.Tag="文件夹" Then
        Picture2.Picture=LoadPicture(App.Path+"\files03a.ico")
        Label1.Caption="文件已放入文件柜了"
    End If
End Sub
```

```
Private Sub Picture2_DragOver(Source As Control, X As Single, Y As Single, State
As Integer)
    If Source.Tag="文件夹" Then
      Picture2.Picture=LoadPicture(App.Path+"\files03b.ico")
    End If
    If State=1 Then
      Picture2.Picture=LoadPicture(App.Path+"\files03a.ico")
    End If
End Sub
Private Sub Command1_Click()
    End
End Sub
```

程序运行后,把鼠标光标移到文件夹上,按下鼠标左键,文件夹上将出现一个"文件袋",将这个文件袋拖到文件柜上,文件柜下面的抽屉即被打开,松开鼠标键,文件袋放入文件柜后,将关上文件柜的抽屉,并显示"文件已放入文件柜了"。如果把文件袋拖到文件柜上后,不松开鼠标,而是拖到其他地方,则表示不把文件袋放入文件柜,文件柜的抽屉也被关上。

7.3　通用对话框

Visual Basic 6.0 的对话框分为 3 种类型,即预定义对话框、自定义对话框和通用对话框。预定义对话框也称预制对话框,是由系统提供的 MsgBox 函数和 InputBox 函数建立的简单对话框,即消息对话框和输入对话框。自定义对话框也称定制对话框,当要定义的对话框比较复杂时,由用户根据自己的需要进行定义,但会花费较多的精力和时间。为此 Visual Basic 6.0 提供了通用对话框,通用对话框是一种称为 CommonDialog 的 ActiveX 控件,用它可以定义较为复杂的对话框,可以打开"打开""另存为""字

通用对话框

体""颜色""打印"和"帮助"共 6 种对话框。但是,这些对话框只是输入输出的界面,不能真正实现打开文件、保存文件、设置颜色、设置字体、打印等操作,如果想要实现这些功能,则需要编程实现。通过编程可以完成打开文件、保存文件、设置文本颜色、设置字体、打印文件的功能。

在默认情况下,启动 Visual Basic 6.0 后,通用对话框控件(CommonDialog)并不在工具箱中。如果在应用程序中使用它,需要向工具箱添加该控件。具体操作如下。

(1)选择"工程"|"部件"命令,或在工具箱上右击鼠标,在弹出的快捷菜单中选择"部件"命令,都会打开"部件"对话框,如图 7.11 所示。

(2)在"控件"选项卡的控件列表框中选中 Microsoft Common Dialog Control 6.0 选项。

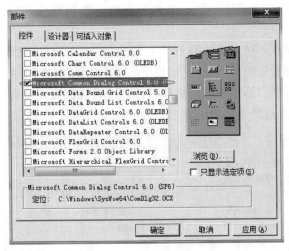

图 7.11　"部件"对话框

（3）单击"确定"按钮，即可将通用对话框控件添加到工具箱中。

在设计阶段，通用对话框按钮以图标形式显示，不能调整其大小（与计时器类似），程序运行后消失。在窗体上添加的通用对话框控件的默认名称为 CommonDialog1，CommonDialog2，…。

通用对话框控件跟标准控件一样，也具有基本属性和方法，常用的属性如下。

（1）Action 属性：该属性值是 6 个数值型数据，见表 7.13，分别可以打开不同类型的对话框。注意，该属性值不能在属性窗口内设置，只能在程序设计窗口赋值。

表 7.13　通用对话框类型

通用对话框类型	Action 属性值	方法
"打开"（Open）对话框	1	ShowOpen
"另存为"（Save）对话框	2	ShowSave
"颜色"（Color）对话框	3	ShowColor
"字体"（Font）对话框	4	ShowFont
"打印"（Print）对话框	5	ShowPrinter
"帮助"（Help）对话框	6	ShowHelp

（2）DialogTitle 属性：用来设置通用对话框的标题，可以是任意字符串。

（3）CancelError 属性：该属性值为逻辑值，决定在用户单击"取消"按钮时是否产生错误信息。当其值为 True 时，单击"取消"按钮，出现错误警告；当其值为 False（默认值）时，单击"取消"按钮，不会出现错误警告。

一旦对话框被打开，即显示在界面上供用户操作，其中"确定"按钮表示确认，"取消"按钮表示取消操作。有时为了防止用户在没有输入信息时使用取消操作，可以使用该属性设置出错警告。当该属性设置为 True 时，用户单击对话框中的"取消"按钮时，自动将错误标志设置为 32 755(cdCancel)。供程序判断。该属性在属性窗口和程序中均可设置。

通用对话框的属性不仅可以在属性窗口中设置,也可以在"属性页"对话框中设置。右击窗体上的通用对话框控件,在弹出的快捷菜单中选择"属性"命令,即可打开"属性页"对话框,如图 7.12 所示。通用对话框控件"属性页"对话框有 5 个选项卡,如果对不同的对话框设置属性,就要选择不同的选项卡。

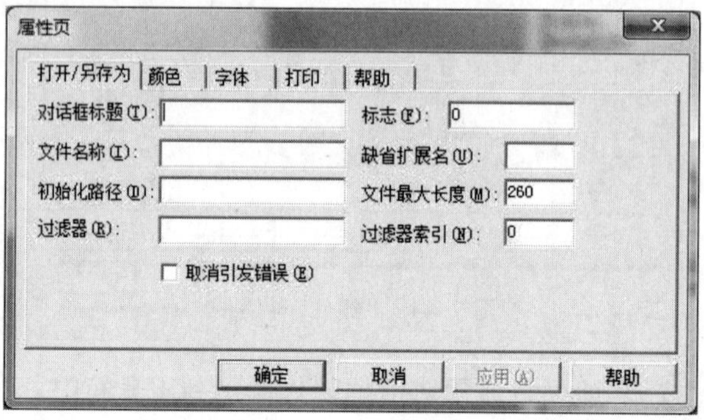

图 7.12 "属性页"对话框

通用对话框常用的方法有 ShowOPen、ShowSave、ShowColor、ShowFont、ShowPrinter 和 ShowHelp,共 6 种方法,分别可以打开 6 种不同类型的对话框,见表 7.13。这些对话框与 Windows 本身及许多应用程序具有相同的风格。

引例:建立如图 7.13 所示窗体,编写一个简单的文本文件编辑程序,能实现打开文件、保存文件、设置文本颜色、设置字体和打印文件的功能。

该引例涉及"打开"对话框、"保存"对话框、"颜色"对话框、"字体"对话框和"打印"对话框的打开以及相关属性的设置。

图 7.13 引例窗体

7.3.1 "打开"对话框

"打开"对话框是在程序设计窗口将通用对话框的 Action 属性值设置为 1 或用 ShowOpen 方法显示的通用对话框,供用户选定所要打开的文件。"打开"对话框不能真正打开一个文件,它仅提供一个打开文件的用户界面,供用户选择所要打开的文件,真正打开文件还是需要通过编程来实现。

对于"打开"对话框,常用的属性如下。

(1) DialogTitle 属性:用来设置对话框的标题。在默认情况下,"打开"对话框的标题是"打开"。

(2) DefaultEXT 属性:用来设置对话框中的默认文件类型,即扩展名。该扩展名出现在"打开"对话框的文件类型栏内,如果用户在打开的文件名中没有给出扩展名,系统将以 DefaultEXT 属性值作为其扩展名。

(3) FileName 属性:用来返回或设置要打开的文件的路径及文件名。在"打开"对话框中显示一系列文件,如果选择了一个文件并单击"打开"按钮(或双击所选择的文件),所选择的文件的路径及文件名即作为属性 FileName 的值。如果要在"打开"对话框中默认显示要打开的文件,可将此文件及其路径在属性窗口或代码窗口中赋值给 FileName 属性。

(4) FileTitle 属性:该属性不能在属性窗口或代码窗口中设置,用于返回用户所要打开文件的文件名,它不包含路径。当用户在对话框中选中所要打开的文件时,该属性就立即获得了该文件的文件名。它与 FileName 属性不同,FileTitle 中只有文件名,不带路径,而 FileName 属性是带完整路径的文件名。

(5) Filter 属性:设置或返回对话框中显示文件的过滤器,即用于确定文件类型列表框中所显示的文件的类型。

格式为:

```
<类型描述>|<类型通配符>
```

该属性值可以是一组元素或用"|"符号分开的分别表示不同类型文件的多组元素组成。该属性值显示在文件类型列表框中。

例如,在本节引例的"打开"对话框的文件类型列表框中显示下列 3 种文件类型以供用户选择。

```
文本文件(*.txt)          '扩展名为 txt 的文本文件
Word 文档(*.doc)         '扩展名为 doc 的 Word 文档
所有文件(*.*)            '所有文件
```

那么,Filter 属性应设置为:

```
文本文件(*.txt)|*.txt|Word 文档(*.doc)|*.doc|所有文件(*.*)|*.*
```

注意:Filter 属性的设置既可以在代码窗口中设置,也可以在属性窗口中设置。为了让"另存为"对话框的"保存类型"列表框中的文件类型与"打开"对话框的文件类型一致,建议在属性窗口中设置 Filter 属性。

(6) FilterIndex 属性:过滤器索引属性,该属性为整型,表示用户在文件类型列表框中选定了第几组文件类型。如果选定了第一组文件类型,那么 FilterIndex 值等于 1 或 0,"文件"列表框显示当前目录下的该组类型的文件。如果选定了第二组文件类型,那么 FilterIndex 值等于 2,"文件"列表框显示当前目录下的该组类型的文件……

(7) InitDir 属性:该属性用来指定"打开"对话框中的初始路径。若该属性不设置,则显示上次打开文件所在的路径。若该属性设置的初始路径与 FileName 属性中设置的路径不一致,则显示的是 FileName 属性设置的路径。

本节引例中"打开"按钮对应的事件过程如下。

```
Private Sub Command1_Click()
```

```
        Dim InputData As String
        CommonDialog1.InitDir="D:\"      '设置"打开"对话框需打开的文件所在的初始路径
        CommonDialog1.FileName="xz.txt"      '设置"打开"对话框默认需打开的文件名
        '设置"打开"对话框文件类型列表框中供用户选择的文件类型。
        CommonDialog1.Filter="文本文件(*.txt)|*.txt |Word文档(*.doc)|*.doc|所
        有文件(*.*)|*.*"

        '在文件类型下拉列表框中显示第三组文件类型,即所有文件(*.*)
        CommonDialog1.FilterIndex=3
        Text1=""
        CommonDialog1.Action=1        '显示"打开"对话框,等价于 CommonDialog1.ShowOpen
        Open CommonDialog1.FileName For Input As #1
        Do While Not EOF(1)
            Line Input #1, InputData
            Text1=Text1+InputData+vbCrLf
        Loop
        Close #1
    End Sub
```

程序运行后,界面如图7.14所示。

图 7.14 "打开"对话框

上述程序段中 CommonDialog1. InitDir = " D:\" 和 CommonDialog1. FileName = "xz. txt"两条语句等价于 CommonDialog1. FileName = " D:\xz. txt",文件 xz. txt 需实际存放在 D:\。

"打开"对话框仅仅是用来选择一个文件,至于选择以后的文件处理,包括打开、逐行

显示等需要编程处理,上述程序段中从 Open CommonDialog1. FileName For Input As
♯1语句到 Close ♯1 语句之间的一段程序实现了文件处理功能。有关文件处理的内容
参见第 9 章。

(8) Flags 属性:为"打开"对话框设置选择开关,用来控制对话框的外观。其格式
如下:

```
<对象名>.Flags[=值]
```

其中,"对象名"为通用对话框的名称;"值"是一个整数,可以使用 3 种形式,即符号常量、
十六进制整数和十进制整数;Flags 属性的取值及其含义可通过"帮助"菜单获得。

(9) MaxFileSize 属性:设定 FileName 属性的最大长度,以字节为单位。取值范围
为 1～2048,默认 256。

(10) CancelError 属性:若该属性被设置为 True,则当单击 Cancel(取消)按钮关闭
一个对话框时,将显示出错信息,若设置为 False(默认),则不显示出错信息。

(11) HelpCommand 属性:指定 Help 的类型,可以取以下几种值:

1—显示一个特定上下文的 Help 屏幕,该上下文应先在通用对话框控件的
HelpConText 属性中定义。

2—通知 Help 应用程序,不再需要指定的 Help 文件。

3—显示一个帮助文件的索引屏幕。

4—显示标准的"如何使用帮助"窗口。

5—当 Help 文件有多个索引时,该设置使得用 HelpConText 属性定义的索引成为当
前索引。

257—显示关键词窗口,关键词必须在 HelpKey 属性中定义。

(12) HelpConText 属性:用来确定 Help ID 的内容,与 HelpCommand 属性一起使
用,指定显示的 Help 主题。

(13) HelpFile 和 HelpKey 属性:分别用来指定 Help 应用程序的 Help 文件名和
Help 主题能够识别的名字。

7.3.2 "另存为"对话框

将通用对话框 Action 属性值设置为 2 或使用 ShowSave 方法就可以将通用对话框的
类型设置成"另存为"对话框。它为用户在存储文件时提供一个标准的用户界面。供用户
选择或输入所要存入的驱动器、路径和文件名。和"打开"对话框一样,只有通过编写程序
才能实现文件的存储操作。

"另存为"对话框和"打开"对话框的属性基本一样,例如,DefaultExt 属性表示所存文
件的默认扩展名。

本节引例中的"保存"按钮对应的事件过程如下。

```
Private Sub Command2_Click()
    CommonDialog1.FileName="xzxg.Txt"      '设置"另存为"对话框默认需保存的文件名
    CommonDialog1.DefaultExt="txt"         '设置"另存为"对话框默认保存的文件扩展名
```

```
CommonDialog1.Filter="文本文件(＊.TXT)|＊.TXT |Word文档(＊.DOC)|＊.DOC|所有
                     文件(＊.＊)|＊.＊"
CommonDialog1.FilterIndex=1
                     '在"保存类型"下拉列表框中显示第1组文件类型,即文本文件(＊.TXT)
CommonDialog1.Action=2        '打开"另存为"对话框,等价于CommonDialog1.ShowSave
Open CommonDialog1.FileName For Output As #1    '打开文件供写入数据
Write #1, Text1                                 '将文本框中的内容写入文件
Close #1                                         '关闭文件
End Sub
```

程序运行后,运行界面如图7.15所示。

图7.15　"另存为"对话框

由于"另存为"对话框和"打开"对话框的属性基本一样,所以在"打开"对话框程序段中有关属性的设置在"另存为"对话框中仍然有效。因此,上述程序段中 CommonDialog1.Filter="文本文件(＊.TXT)|＊.TXT |Word文档(＊.DOC)|＊.DOC|所有文件(＊.＊)|＊.＊"语句和"打开"对话框中的相应语句设置完全相同,功能也相同,在"另存为"程序段中可以省略该语句,没有必要重复写。

7.3.3　"颜色"对话框

将通用对话框 Action 属性值设置为3或使用 ShowColor 方法就可以将通用对话框的类型设置成"颜色"对话框,用来设置颜色。

"颜色"对话框具有与前面介绍的一些属性,包括 CancelError、DialogTitle、HelpCommand、HelpConText、HelpFile 和 HelpKey,此外还有两个重要属性,即 Color 属性和 Flags 属性。

Color 属性用来设置初始颜色,并把在"颜色"对话框中选择的颜色返回给应用程序,该属性是一个长整型数。

在调色板中提供了基本颜色,还提供了用户的自定义颜色,用户可以自己调色,当用户在调色板中选中某一种颜色时,那么这种颜色的值就赋给"颜色"对话框的 Color 属性。

"颜色"对话框的 Flags 属性有 4 种取值,见表 7.14。

表 7.14　"颜色"对话框 Flags 属性的取值

符号常量	十六进制值	十进制值	作　用
vbCCRGBInit	&H1	1	使 Color 属性定义的颜色在首次显示对话框时显示出来
vbCCFullOpen	&H2	2	打开完整对话框,包括"用户自定义颜色"窗口
vbCCPreventFullOpen	&H4	4	禁止选择"规定自定义颜色"按钮
vbCCShowHelp	&H8	8	显示一个 Help 按钮

注意:为了设置或读取 Color 属性,必须将 Flags 属性设置为 1(vbCCRGBInit 或 &H1)。

本节引例中"颜色"按钮对应的事件过程如下。

```
Private Sub Command3_Click()
    CommonDialog1.Flags=2          '打开完整对话框,包括"用户自定义颜色"窗口
    CommonDialog1.Action=3         '打开"颜色"对话框,等价于 CommonDialog1.ShowColor
    Text1.ForeColor=CommonDialog1.Color      '设置文本框前景颜色
End Sub
```

程序运行后,界面如图 7.16 所示。

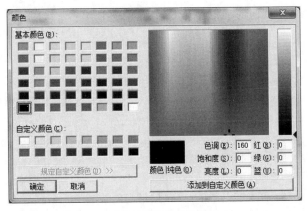

图 7.16　"颜色"对话框

7.3.4　"字体"对话框

将通用对话框 Action 属性值设置为 4 或使用 ShowFont 方法就可以将通用对话框

的类型设置成"字体"对话框,供用户选择字体。

"字体"对话框除了具有前面介绍的 CancelError、DialogTitle、HelpCommand、HelpConText、HelpFile 和 HelpKey 基本属性外,还有以下重要属性:

(1) FontName 属性:用来设置字体。

(2) FontSize 属性:用来设置字体的大小。

(3) FontBold、FontItalic、FontStrikethru 和 FontUnderline 属性:这些属性均为逻辑值,即它们的值是 True 或 False,分别代表所选的字体是否加粗、倾斜、删除线和下划线。

(4) Color 属性:设置字体的颜色,当用户在颜色下拉列表框中选定某种颜色时,则该颜色的值就被赋给 Color 属性。

(5) Max、Min 属性:字体大小用点(一个点的高度是 1/72in)量度。在默认情况下,字体大小的范围为 1~2048 个点,用 Max、Min 属性可以指定字体的大小范围。注意,在设置 Max、Min 属性之前,必须把 Flags 属性值设置为 8192。

(6) Flags 属性:在显示"字体"对话框之前必须设置 Flags 属性。Flags 属性常用取值及作用如表 7.15 所示。

表 7.15 "字体"对话框 Flags 属性的取值

符 号 常 量	十六进制值	十进制值	作 用
CdlCFEffects	&H1001	256	允许中画线、下画线和颜色
CdlCFScreenFonts	&H1	1	只显示屏幕字体
CdlCFPrinterFonts	&H2	2	只列出打印机字体
CdlCFBoth	&H3	3	列出打印机和屏幕字体

本节引例中"字体"按钮对应的事件过程如下:

```
Private Sub Command4_Click()
CommonDialog1.Flags=&H3 Or &H100
CommonDialog1.ShowFont          '打开"字体"对话框,等价于 CommonDialog1.Action=4
If CommonDialog1.FontName>"" Then          '若没有选择字体则保留原字体
  Text1.FontName=CommonDialog1.FontName
End If
Text1.FontSize=CommonDialog1.FontSize
Text1.FontBold=CommonDialog1.FontBold
Text1.FontItalic=CommonDialog1.FontItalic
Text1.FontStrikethru=CommonDialog1.FontStrikethru
Text1.FontUnderline=CommonDialog1.FontUnderline
Text1.ForeColor=CommonDialog1.Color
End Sub
```

程序运行界面如图 7.17 所示。

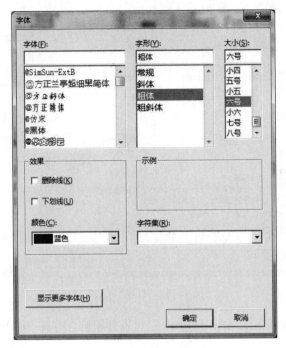

图 7.17　"字体"对话框

7.3.5　"打印"对话框

将通用对话框控件的 Action 属性值设置为 5 或调用 ShowPrinter 方法将打开"打印"对话框。"打印"对话框并不能处理打印工作,只是供用户选择要使用的打印机,设置打印页面范围(起始页和终止页)、打印份数等,用户设置的内容会保存在相应的属性中,利用这些属性可以通过编程使其完成打印工作。

"打印"对话框除具有前面介绍的 CancelError、DialogTitle、HelpCommand、HelpConText、HelpFile 和 HelpKey 基本属性外,还具有以下属性。

(1) Copies 属性:该属性为整型值,用来设置打印份数。

(2) FromPage、ToPage 属性:设置打印文档的页面范围,分别存放用户指定的起始页号和终止页号。如果要使用这两个属性,必须把 Flags 属性设置为 2。Flags 属性的取值及其含义请查阅"帮助"菜单。

本节引例中"打印"按钮对应的事件过程如下。

```
Private Sub Command5_Click()
    CommonDialog1.Action=5  '打开"打印"对话框,等价于 CommonDialog1.ShowPrinter
    For i=1 To CommonDialog1.Copies
    Printer.Print Text1        '打印文本框中的数据
    Next i
    Printer.EndDoc             '结束文档打印
End Sub
```

程序运行界面如图 7.18 所示。

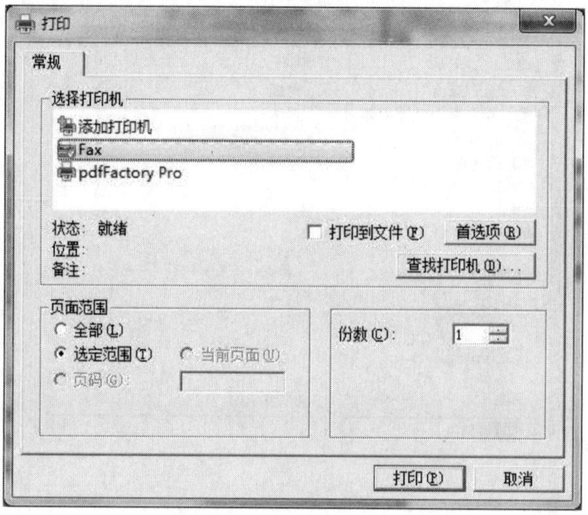

图 7.18　"打印"对话框

上述程序段中涉及系统对象 Printer，它代表打印机。有关 Printer 的用法可参阅"帮助"菜单。

7.3.6　"帮助"对话框

在代码中将 CommonDialog 控件的 Action 属性值设置为 6 或调用 ShowHelp 方法可以创建"帮助"对话框。该对话框使用 Windows 标准接口，为用户提供帮助。

"帮助"对话框的常用属性如下。

（1）帮助文件（HelpFile）：设置 Help 文件所在的绝对路径及名称。

（2）帮助命令（HelpCommand）：设置或返回需要的联机帮助类型。

（3）帮助键（HelpKey）：设置需要显示的帮助内容的关键字。

帮助文件需要用其他的工具制作，如 Microsoft Windows Help Compiler。有关"帮助"对话框的详细内容这里不做介绍，读者可参阅 Visual Basic 的"帮助"菜单。

7.4　菜单设计

在 Windows 环境下，几乎所有的应用软件都通过菜单实现各种操作。它不仅能使系统美观，而且能使用户使用方便，并可避免由于误操作而带来的严重后果。菜单的基本作用有两个：一是提供人机对话的界面，使用户能够更方便、更直观地选择应用系统的各种功能；二是管理应用系统，控制各种功能模块的运行。Visual Basic 也提供了菜单设计的功能，当要完成较为复杂的程序设计时，使用菜单具有明显的优势。

菜单设计

在实际应用中,菜单可分为两种基本类型,即下拉式菜单和弹出式菜单。位于窗口标题栏下方的称为下拉式菜单,Visual Basic 6.0 最多可以建立 6 层下拉式菜单。鼠标右击时弹出的菜单称为弹出式菜单,也称为快捷菜单,其中包含的命令与右击的对象有关。在 Windows 及各种系统软件和应用软件中,下拉式菜单和弹出式菜单得到了广泛的应用。

在 Visual Basic 6.0 中,下拉式菜单在一个窗体上设计,窗体被分为 3 部分:第一部分为菜单栏,位于窗体的顶部(窗体标题的下面),由若干菜单标题组成;第二部分为子菜单区,这一区域为临时性的弹出区域,只有在用户选择了相应的主菜单项后才会弹出子菜单,以供用户进一步选择菜单的子项,子菜单中的每一项是一个菜单命令或分隔条,称为菜单项;第三部分为工作区,程序运行时可以在此区域内进行输入输出操作。图 7.19 显示出了下拉式菜单的一般结构。

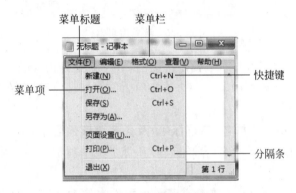

图 7.19 下拉式菜单结构

在 Visual Basic 6.0 中,菜单项(包括分隔条)也是一个控件,与其他控件一样,有属性、事件和方法。菜单项只有一个 Click 事件,当用鼠标或键盘选中该菜单项时,将调用该菜单项的事件过程。

7.4.1 菜单编辑器

菜单编辑器是 Visual Basic 6.0 提供的用于设计菜单或修改菜单的工具。选择"工具"|"菜单编辑器"命令,或者单击工具栏中的"菜单编辑器"按钮▤,或者右击窗体,在弹出菜单中选择"菜单编辑器"命令,都会打开菜单编辑器窗口,如图 7.20 所示。

菜单编辑器窗口分为 3 部分:菜单项属性区、编辑区和菜单项显示区。

1. 菜单项属性区

菜单项属性区位于窗口的上半部,用于输入或修改菜单项及设置属性,其主要功能如下。

(1) 标题:用来设置菜单标题及菜单项显示的文字,相当于控件的 Caption 属性。可以在标题中使用由"&"引导的字母定义热键。例如,为菜单项"文件"添加热键"F",编辑标题时,可以输入"文件(&F)",单击"确定"按钮,退出"菜单编辑器",回到设计窗口,可以发现"文件"菜单项上在这一字母下面显示一个下画线,"&"并不显示出来,表示该字母

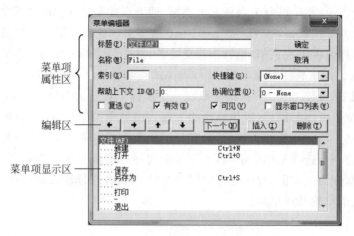

图 7.20 菜单编辑器

是一个热键字符,程序运行时,可以使用键盘的 Alt＋F 键访问"文件"菜单。如果不是顶层菜单,即菜单标题,在该栏中输入一个连字符,即"-",则运行时会在菜单项中加入一条分隔线,实现菜单项分组。

(2) 名称:用来输入菜单名(菜单标题)及各菜单项的名字,相当于控件的 Name 属性。它不在菜单中出现。菜单名(菜单标题)和每个菜单项都是一个控件,都要为其取一个名字。

(3) 索引:指定一个数字值来确定菜单项控件在控件数组中的序号,相当于控件数组的 Index 属性。

(4) 快捷键:在"快捷键"下拉列表框中选取所需的组合键,用于给菜单项指定一个快捷键,快捷键将自动出现在菜单项标题的右边。要删除快捷键,应选取"快捷键"下拉列表框中列表顶部的 None。

注意:顶层菜单(菜单标题)不能设置快捷键。

(5) 帮助上下文 ID:设置或返回一个帮助文件中的主题编号,用于为应用程序提供上下文有关的帮助。假如已经为应用程序建立了 Windows 操作系统环境的帮助文件并设置了相应的 HelpFile 属性,那么当用户按下 F1 键时,Visual Basic 将自动调用帮助,并查找被当前上下文编号所定义的主题。

(6) 协调位置:用来确定菜单或菜单项是否出现或在什么位置出现。下拉列表框中有以下 4 个选项。

0—None　菜单项不显示。

1—Left　菜单项靠左显示。

2—Middle　菜单项居中显示。

3—Right　菜单项靠右显示。

(7) 复选:当选择该项时,可以在相应的菜单项旁加上指定的记号(例如"√")。它不改变菜单项的作用,也不影响事件过程对任何对象的执行结果,只是设置或重新设置菜单项旁的符号。利用这个属性,可以指明某个菜单项当前是否处于活动状态。

（8）有效：用来设置菜单项的操作状态。在默认情况下，该属性被设置为 True，表明相应的菜单项可以对用户事件作出响应；如果该属性被设置为 False，则相应的菜单项会"变灰"，不响应用户事件。

（9）可见：确定菜单项是否可见。一个不可见的菜单项是不能执行的，在默认情况下，该属性为 True，即菜单项可见。当一个菜单项的"可见"属性设置为 False 时，该菜单项将暂时从菜单中去掉；如果把它的"可见"属性改为 True，则该菜单项将重新出现在菜单中。

（10）显示窗口列表：当该选项被设置为 On（框内有"√"）时，将显示当前打开的一系列子窗口。用于多文档应用程序。

对于每个菜单项，最重要的两个属性是"标题"和"名称"，这两个属性必须指定。如果没有指定就试图退出，则系统将提示错误。

2. 编辑区

编辑区位于菜单编辑器窗口的中部，共有 7 个按钮，用来对输入的菜单项进行简单的编辑。

（1）左箭头：每单击一次把选定的菜单项向上移动一个层次。

（2）右箭头：每单击一次把选定的菜单项向下移动一个层次。

（3）上箭头：每单击一次把选定的菜单项向上移动一个位置。

（4）下箭头：每单击一次把选定的菜单项向下移动一个位置。

（5）下一个：建立下一个菜单项，或在已建立的菜单项中移动条形光标。

（6）插入：在当前位置插入一个新的菜单项。当建立了多个菜单项后，如果想在某个菜单项前插入一个新的菜单项，可先把条形光标移到该菜单项上（单击该菜单项即可），然后单击"插入"按钮，条形光标覆盖的菜单项将下移一行，上面空出一行，可在这一行插入新的菜单项。

（7）删除：删除当前（即条形光标所在的）菜单项。

3. 菜单项显示区

菜单项显示区位于菜单编辑器窗口的下半部，输入的菜单项在这里显示出来，并且通过内缩符号"…"表示菜单项的层次。条形光标所在的菜单项是当前菜单项。

7.4.2 下拉式菜单

下拉式菜单是最常用的一种菜单。用菜单编辑器建立的下拉式菜单只是建立了菜单的层次结构。要完成各菜单项预先设想的功能，还需要为菜单项编写相应的事件过程代码。编写一个菜单程序主要有设计程序界面、设计菜单和编写菜单控制的事件过程 3 个步骤。

例 7.11 将 7.3 节引例中的命令按钮组织成菜单，并添加若干命令，菜单结构如表 7.16 所示，程序运行界面如图 7.21 所示。

表 7.16　文本编辑器菜单结构

标题	名称	热键	快捷键	标题	名称	热键	快捷键	标题	名称	热键
文件	File	Alt+F		编辑	Edit	Alt+E		格式	Format	Alt+O
…新建	New		Ctrl+N	…复制	Copy		Ctrl+C	…字体	Font	
…打开	Open		Ctrl+O	…剪切	Cut		Ctrl+X			
—	S1			…粘贴	Paste		Ctrl+V			
…保存	Save		Ctrl+S							
…另存为	Saveas									
—	S2									
…打印	Print									
—	S3									
…退出	Exit									

　　分析：通过 7.3 节引例的操作，发现文本框(TextBox)控件只能进行单一的文字格式设置。要实现多种文字格式、段落等的设置，还有插入图形的功能，可真正构成一个像 Word 一样的字处理软件，需要使用 RichTextBox 控件，要使用这个控件，必须打开"部件"对话框，选择 Microsoft Rich Textbox Control 6.0 将控件添加到工具箱。

　　文本编辑需要打开相应的通用对话框，在工具箱中还需添加通用对话框控件(添加方法 7.3 节已经讲过，这里不再赘述)。

　　在窗体上添加一个 RichTextBox 控件和一个通用对话框控件，并设置 RichTextBox 文本框的多行属性和滚动条。

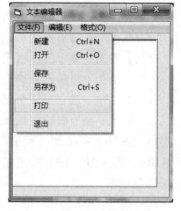

图 7.21　例 7.11 程序运行界面

　　打开菜单编辑器，按照表 7.16 对每一个菜单项输入标题、名称和其他的设置。设置完成后，单击"确定"按钮，退出菜单编辑器，完成整个菜单的建立。

　　程序代码如下。

```
Dim st As String
Private Sub New_Click()
    i=Shell("C:\WINDOWS\NOTEPAD.EXE", 1)
End Sub
Private Sub Open_Click()
    RText1=""
    CommonDialog1.Action=1
    Open CommonDialog1.FileName For Input As #1
```

```
        Do While Not EOF(1)
            Line Input #1, inputdata
            RText1.Text=RText1.Text+inputdata+vbCrLf
        Loop
        Close #1
End Sub
Private Sub Save_Click()
        Open CommonDialog1.FileName For Output As #1
        Print #1, RText1.Text
        Close #1
End Sub
Private Sub Saveas_Click()
        CommonDialog1.FileName="default.txt"
        CommonDialog1.DefaultExt="txt"
        CommonDialog1.Action=2
        Open CommonDialog1.FileName For Output As #1
        Print #1, RText1.Text
        Close #1
End Sub
Private Sub Print_Click()
        CommonDialog1.Action=5
        For i=1 To CommonDialog1.Copies
            Printer.Print RText1
        Next i
        Printer.EndDoc
End Sub
Private Sub Exit_Click()
        End
End Sub
Private Sub Copy_Click()
        st=RText1.SelText
End Sub
Private Sub Cut_Click()
        st=RText1.SelText
        RText1.SelText=""
End Sub
Private Sub Paste_Click()
        RText1.SelText=st
End Sub
Private Sub RText1_MouseDown(Button As Integer, Shift As Integer, X As Single, Y
As Single)
        If Button=2 Then
            PopupMenu Edit, vbPopupMenuCenterAlign
        End If
```

```
    End Sub
    Private Sub Font_Click()
        CommonDialog1.Flags=&H3 Or &H100
        CommonDialog1.Action=4
        RText1.SelFontName=CommonDialog1.FontName
        RText1.SelFontSize=CommonDialog1.FontSize
        RText1.SelBold=CommonDialog1.FontBold
        RText1.SelItalic=CommonDialog1.FontItalic
        RText1.SelStrikeThru=CommonDialog1.FontStrikethru
        RText1.SelUnderline=CommonDialog1.FontUnderline
        RText1.SelColor=CommonDialog1.Color
    End Sub
```

在编辑下拉式菜单时要注意以下问题。

(1) 在设置快捷键时,要注意和标准 Windows 应用程序协调,避免与系统已经定义的快捷键冲突。例如,Windows 剪切操作的快捷键是 Ctrl+X,在菜单中应该避免使用 Ctrl+X 定义其他快捷键功能。

(2) 根据程序运行情况设置一些不可见的菜单项,也是菜单设计中常用的技巧。菜单项是否可见取决于其 Visible 属性,取值为 True 时,菜单项可见;取值为 False 时,菜单项不可见。

菜单项的可见性设置可以通过属性窗口的 Visible 属性设置,通常还是通过编辑器中的"可见"复选框完成设置,默认为可见,Visible 属性也可在程序中动态设置。

值得注意的是,当一个菜单项不可见时,其后的菜单项就会往上填充留下来的空位。一个菜单项不可见时,它的子菜单也不可见。另外,当一个菜单项不可见时,意味着它同时也是无效的,不能用任何方法(包括快捷键)选取它。

7.4.3　弹出式菜单

弹出式菜单又称为快捷菜单,通常是右击某个对象而出现的一种弹出式菜单,是独立于菜单栏而显示在窗体上的浮动菜单。弹出式菜单有两种:系统弹出式菜单和用户自定义弹出式菜单。Visual Basic 对某些对象(如 TextBox)提供了系统弹出式菜单,该菜单提供了相应的菜单命令,不需要编程。用户自定义弹出式菜单是在下拉式菜单的基础上建立的,所以该菜单也需要使用菜单编辑器来建立。

建立弹出式菜单通常分为两步进行:第一步,用菜单编辑器建立菜单;第二步,用 PopupMenu 方法弹出显示。第一步的操作与前面介绍的基本相同,唯一的区别是,若不希望该菜单出现在窗口的顶部,则应将菜单名(菜单标题或主菜单项)的"可见"属性设置为 False(子菜单项不要设置为 False),即在菜单编辑器里编辑该菜单项时去掉"可见"复选框前面的"√",或在属性窗口中设定 Visible 属性为 False。

在对象的鼠标事件(MouseDown、MouseUp 等)中调用 PopupMenu 方法,即可在相应的对象上显示弹出式菜单,PopupMenu 方法的一般格式为:

[对象名.] PopupMenu <菜单名>[,Flags][,x][,y][,boldcommand]

说明：

（1）对象名。指鼠标单击的对象，对象名省略时，为当前窗体。

（2）菜单名。在菜单编辑器中设计菜单时，为菜单项指定的名称。

（3）Flags。可选参数。指定弹出式菜单的位置与性能常量，是一个数值或常量。两个常数可以相加或以 Or 相连。具体取值如表 7.17 所示。

表 7.17　标志参数取值及其功能

分类	位置常量	值	作　用
定位常量	vbPopupMenuLeftAlign	0	默认值，x 坐标指定菜单左边位置
	vbPopupMenuCenterAlign	4	x 坐标指定菜单中间位置
	vbPopupMenuRightAlign	8	x 坐标指定菜单右边位置
性能常量	vbPopupMenuLeftButton	0	通过单击选择菜单命令（默认）
	vbPopupMenuRightButton	8	通过右击选择菜单命令

（4）x 和 y 参数分别用来指定弹出式菜单显示位置的横坐标和纵坐标，如果省略，则弹出式菜单在鼠标光标的当前位置显示。

（5）boldcommand。指定弹出式菜单中菜单命令的名称加粗显示。

例 7.11 中将"编辑"菜单项设定为弹出式菜单的代码为：

```
Private Sub Text1_MouseDown(Button As Integer, Shift As Integer, X As Single, Y
As Single)
    If Button=2 Then PopupMenu edit, 4
End Sub
```

为了显示弹出式菜单，通常把 PopupMenu 方法放在 MouseDown 事件中，该事件响应所有的鼠标单击操作。按照习惯，一般通过右击（即单击鼠标右键）显示弹出式菜单，这可以用 Button 参数来实现。对于两个键的鼠标来说，左键的 Button 参数值为 1，右键的 Button 参数值为 2。因此，可以用语句"If Button＝2 Then PopupMenu 菜单名"强制通过右击来响应 MouseDown 事件，显示弹出式菜单。

MouseDown 事件过程带有多个参数，其含义见 7.2 节。PopupMenu 方法省略了对象参数，指的是当前窗体。上述程序运行后，然后在窗体内的任意位置右击，将弹出一个菜单，并且鼠标光标所在位置为弹出式菜单顶边中间位置。

7.5　综合应用

本章介绍了界面设计所需的常用控件，包括单选按钮、复选框、框架、滚动条、图片框、图像框、形状、直线和计时器，以及键盘与鼠标、通用对话框和菜单设计这些用户界面设计工具和方法。下面通过介绍几个案例来帮助读者进一步理解和掌握本章有关知识的综合应用。

例 7.12　设计一应用程序,其设计界面如图 7.22(a)所示,实现手动和自动旋转钟表指针的功能。钟表盘半径为 750,钟表指针起始端点坐标分别为 X1=1110,Y1=1110,X2=1110,Y2=360。要求:

(1) 程序运行时,若用鼠标左键单击圆的边线,则指针指向鼠标单击的位置,如图 7.22(b)所示;若用鼠标右键单击圆的边线,则指针恢复到起始位置;若鼠标左键或右键单击其他位置,则在标签上显示"鼠标位置不对"。

(2) 单击"自动"按钮,钟表指针开始顺时针自动旋转(每秒转 6°,一分钟转一圈);单击"停止"按钮,则指针停止旋转。

分析:首先,需在窗体上创建形状 Shape1,在属性窗口将其 Shape 属性值设置为 3,Height 和 Width 属性值都设置为 1500,Left 的 Top 属性值都设置为 360。再创建直线 Line1,在属性窗口将其起始坐标分别设置为 X1=1110,Y1=1110,X2=1110,Y2=360。

在 Form_MouseDown 事件过程中,先通过调用函数过程 oncircle(X, Y)以判断鼠标单击的位置是否在圆的边线上,若在边线上,则接着判断当前按下的是否为鼠标左键,若为左键,则将直线 Line1 的终点位置设置为当前鼠标单击的位置;若当前按下的不是左键,则直线 Line1 的终点位置设置为其原始位置,即 Line1. X2=Line1. X1,Line1. Y2=y0-750。若鼠标单击的位置不在圆的边线上,则在标签上显示"鼠标位置不对"。

通过计时器的 Timer 事件来实现钟表上的指针自动旋转的功能。为使计时器的 Timer 事件每秒激活一次需在属性窗口将计时器的 Interval 属性值设置为 1000;为使程序刚运行时钟表指针不动,需将 Enabled 属性值设置为 False。在"自动"按钮的单击事件过程中,通过设置计时器的 Enabled 属性值为 True 来启动计时器。在"停止"按钮的单击事件过程中,通过设置计时器的 Enabled 属性值为 False 来停止计时器。

按照图 7.22(a)在窗体上添加一形状、一直线、两个命令按钮、一个计时器,共 5 个对象,并在属性窗口进行相应属性设置。

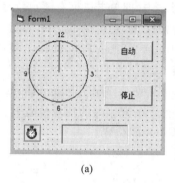
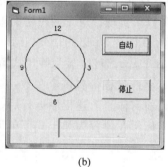

(a)　　　　　　　　　　(b)

图 7.22　例 7.12 程序运行界面

事件过程如下。

```
Dim lenth As Integer, q As Integer
Const PI=3.14159
Const x0&=1095,y0&=1110, radius&=750
'判断鼠标指针是否在圆上
```

```
Private Function oncircle(X As Single, Y As Single) As Boolean
    precision=55000            '设置鼠标点击的精密度
    If Abs((X-x0)*(X-x0)+(y0-Y)*(y0-Y)-radius*radius)<precision Then
        oncircle=True
    Else
        oncircle=False
    End If
End Function


Private Sub Command1_Click()
    Timer1.Enabled=True
End Sub


Private Sub Command2_Click()
    Timer1.Enabled=False
End Sub
'手动旋转钟表指针
Private Sub Form_MouseDown(Button As Integer, Shift As Integer, X As Single, Y As
Single)
    If oncircle(X, Y) Then
      Line1.X1=x0
      Line1.Y1=y0
      If Button=1 Then            '按下鼠标左键时,Button=1
          Line1.X2=X
          Line1.Y2=Y
      Else
          Line1.X2=Line1.X1
          Line1.Y2=y0-750
      End If
      Label1.Caption=""
    Else
      Label1.Caption="鼠标位置不对"
    End If
End Sub
'钟表指针自动旋转(每秒转 6°,一分钟转一圈)
Private Sub Form_Load()
    lenth=Line1.Y1-Line1.Y2
    q=90
End Sub


Private Sub Timer1_Timer()
    q=q-6
    Line1.Y2=Line1.Y1-lenth*Sin(q*PI/180)
```

```
    Line1.X2=Line1.X1+lenth * Cos(q * PI/180)
End Sub
```

例 7.13 设计一应用程序,其设计界面如图 7.23 所示,窗体左边的图片框名称为 Picture1,框中还有 6 个小图片框,它们是一个控件数组,名称为 Pic,在窗体右边从上到下有 3 个显示不同物品的图片框,名称分别为 Picture2、Picture3 和 Picture4,还有一个文本框 Text1 以及 4 个标签。程序运行时,可以用鼠标拖拽的方法把右边的物品拖放到左边的图片框中(右边的物品不动),同时把该物品的价格累加到 Text1 中,如图 7.24 所示,最多可放 6 个物品。

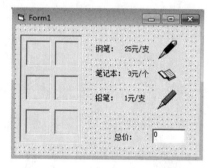

图 7.23 例 7.13 程序设计界面

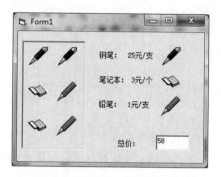

图 7.24 例 7.13 程序运行界面

分析:在 VB 窗体上拖动图片程序设计,直接使用 DragDrop 事件实现对图片框的随意拖动、精确拖动,这种方法也适用于其他可以拖动的控件。程序刚运行时,Picture1 中的图片框数组不显示,当拖曳一次物品时,就显示一个图片框数组元素,并在该图片框数组元素中加载相应的图片,产生物品被放入的效果。先用 Select Case 语句来确定选择的物品,然后通过 For 循环语句将图片框数组的 Visible 属性设置为 True 或 False 来实现物品被放入图片框的效果,同时实现物品价格的累加。

程序提供代码如下。

```
Dim str As String, a As Integer
Private Sub Picture1_DragDrop(Source As Control, X As Single, Y As Single)
    Dim k As Integer
    str=""
    Select Case Source.Name
        Case "Picture2"
            str="t2.ico"
            a=25
        Case "Picture3"
            str="t3.ico"
            a=3
        Case "Picture4"
            str="t4.ico"
            a=1
    End Select
```

```
    For k=0 To 5
        If Pic(k).Visible=False Then
            Pic(k).Picture=LoadPicture(str)
            Pic(k).BorderStyle=0
            Pic(k).Visible=True
            Text1=Text1+a
            Exit For
        End If
    Next k
End Sub
```

例 7.14　设计一应用程序,窗体设计界面如图 7.25 所示。程序运行时,单击"汽车"下拉菜单的"前进"菜单项,则汽车向右运动;单击"停止"菜单项,则汽车停止运动;单击"退出"菜单项,则退出应用程序。也可以右击窗体,在弹出式菜单中选择。移动滚动条上的滑块,可以改变汽车的运动速度(滑块向右移动,速度减慢)。

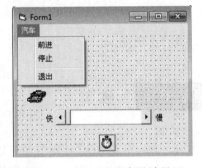

图 7.25　例 7.14 程序设计界面

分析:打开菜单编辑器,按照表 7.18 建立如图 7.25 所示的菜单,在菜单的 Click 事件过程中写程序。用计时器来控制汽车的运动,将计时器的 Enabled 属性设置为 True,汽车开始运动;将计时器的 Enabled 属性设置为 False,汽车停止运动。汽车的运动通过图片框的 Left 属性变动来实现。另外,在滚动条的 Change 事件中,将滚动条的 Value 变动值赋给计时器的 Interval 属性来控制时钟的时间间隔。

表 7.18　例 7.14 菜单结构

标题	名称	热键	快捷键
汽车	Car	Alt+C	
…前进	Step		
…停止	Stop		
—	aa		
…退出	Exit		Ctrl+E

程序代码如下。

```
Private Sub Step_Click()
    Timer1.Enabled=True
End Sub
Private Sub Stop_Click()
    Timer1.Enabled=False
End Sub
```

```
Private Sub Timer1_Timer()
    Picture1.Left=Picture1.Left+10
End Sub
Private Sub HScroll1_Change()
    Timer1.Interval=HScroll1.Value        '滚动条的值控制时钟的时间间隔
End Sub
'弹出式菜单
Private Sub Form_MouseDown(Button As Integer, Shift As Integer, X As Single, Y As
Single)
    If Button=2 Then PopupMenu car, 4
End Sub
Private Sub Exit_Click()
    End
End Sub
```

7.6　练习

1. 下列不能作为"容器"(即可以在其中放置其他控件)的是_____。

    A. 图片框　　　　B. 窗体　　　　C. 框架　　　　D. 组合框

2. 设窗体上有一个名称为 Text1 的文本框,要求在文本框中输入的字母都变成大写,下面可以实现这一功能的事件过程是_____。

    A. Private Sub Text1_KeyPress(KeyAscii As Integer)

        KeyAscii＝Asc(UCase(Chr(KeyAscii)))

      End Sub

    B. Private Sub Text1_KeyPress(KeyAscii As Integer)

        KeyAscii＝UCase(KeyAscii)

      End Sub

    C. Private Sub Text1_KeyPress(KeyAscii As Integer)

        KeyAscii＝KeyAscii＋1

      End Sub

    D. Private Sub Text1_Change()

        KeyAscii＝UCase(KeyAscii)

      End Sub

3. 下列叙述中错误的是_____。

    A. 图片框可以作为控件的容器

    B. 文本框控件支持 Change 事件

    C. 可以使用 Print 方法在图片框上输出文字

    D. 由于直线控件没有 Move 方法,所以直线控件在运行阶段不能移动

4. 用于设置计时器事件产生间隔的属性是_____。

    A. Index　　　　　B. Value　　　　　C. Tag　　　　　D. Interval

5. 设形状控件的 Width 与 Height 属性的值相等。下面叙述中正确的是_____。

    A. 呈现的图形一定不是矩形　　　　　B. 呈现的图形一定是正方形

    C. 呈现的图形一定是圆　　　　　D. 上述都是错误的

6. 设窗体上有两个框架,每个框架中有若干个单选按钮,下面叙述中正确的是_____。

    A. 如果某个框架的 Enabled 属性为 False,则里面的单选按钮一定都是未选中状态

    B. 窗体上所有单选按钮中只有一个可以被选中

    C. 每个框架中都有一个单选按钮可以被选中

    D. 如果某个框架的 Enabled 属性为 True,则里面单选按钮的 Enabled 属性也都为 True

7. 窗体上有一个文本框 Text1 和一个水平滚动条 HScroll1,且 HScroll1 的 Min 和 Max 属性值分别为 10 和 40。程序运行后,如果移动 HScroll1 的滚动框,则文本框 Text1 中的文字大小随着滚动框位置的变化同步改变。以下能实现上述操作的过程是_____。

    A. Private Sub HScroll1_Change()

        Text1.FontSize＝HScroll1.Value

    End Sub

    B. Private Sub HScroll1_Change()

        Text1.FontSize＝HScroll1.Caption

    End Sub

    C. Private Sub HScroll1_Click()

        Text1.FontSize＝HScroll1.Value

    End Sub

    D. Private Sub HScroll1_Click()

        Text1.FontSize＝HScroll1.Caption

    End Sub

8. 在计时器控件中,Interval 属性的作用是_____。

    A. 设置产生计时器事件的间隔

    B. 决定是否响应用户的操作

    C. 决定计时器事件产生的次数

    D. 设置计时器与窗体上边界之间的距离

9. 下列关于菜单的描述中错误的是_____。

    A. 菜单项没有 Value 属性

    B. 某菜单项是否显示为一个分隔条,取决于它的 Caption 属性

    C. 当某菜单项的 Visible 属性为 False 时,它的子菜单也不会显示

D. 菜单项的所有属性都不能在程序运行中修改

10. 决定对象拖放模式的属性是_____。

    A. DragDrop　　　B. DragIcon　　　　C. DragMode　　　　D. DragOver

11. 下列关于键盘事件的说法中,正确的是_____。

    A. KeyDown 和 KeyUp 的事件过程中有 KeyAscii 参数

    B. 按下键盘上的任意一个键,都会引发 KeyPress 事件

    C. 主键盘上的 1 键和数字键盘上的 1 键的 KeyCode 码相同

    D. 主键盘上 4 键的上档字符是 $,当同时按下 Shift 和主键盘上的 4 键时,
       KeyPress 事件过程的 KeyAscii 参数值是 $ 的 ASCII 值

12. 在刚建立的 EXE 工程中,工具箱窗口中没有的控件是_____。

    A. 通用对话框　　　B. 形状　　　　　C. 图像框　　　　D. 驱动器列表框

第 *8* 章

多重窗体程序设计与环境应用

前几章设计的程序都是一个窗体就可以实现的简单应用程序,而在实际应用中,很少有程序只用到一个窗体。对于较为复杂的应用程序,往往需要多重窗体(MultiForm),每个窗体都有各自的界面和代码,不同的窗体具有不同的功能。有些复杂的程序,甚至由多个窗体来共同完成一个功能。如果把一个应用程序的多个功能都放到同一个窗体上完成,不但使程序的界面设计工作变得复杂,而且使后期的程序维护工作变得难以完成。因此,设计应用程序时往往需要使用多重窗体。

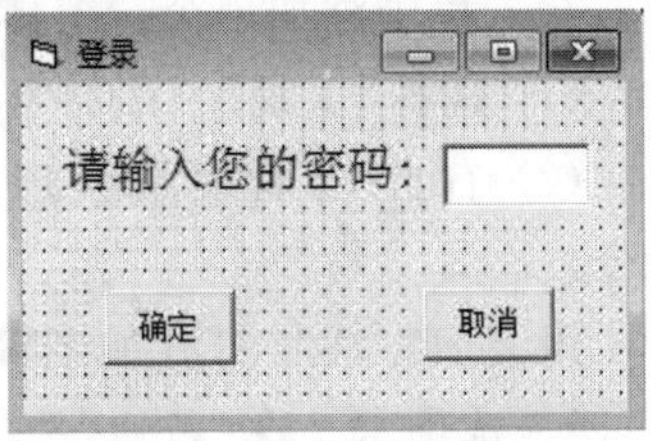

引例:编写一个完整应用程序的运行过程,程序主界面"登录"窗口设计如图 8.1 所示,"欢迎"窗口界面设计如图 8.2 所示,"错误提示"窗口界面设计如图 8.3 所示。程序运行后,在"登录"窗口,当输入正确密码"123"后单击"确定"按钮时,弹出"欢迎"窗口;在"欢迎"窗口,

图 8.1 引例程序主界面

单击"退出系统"按钮,将退出应用程序;当输入不正确密码后单击"确定"按钮时,弹出"错误提示"窗口,2s 后自动显示"登录"窗口。当单击"登录"窗口的"取消"按钮时,退出应用程序。

图 8.2 "欢迎"窗口

图 8.3 "错误提示"窗口

该引例需要添加 3 个窗体,每个窗体各自完成相应的功能,其中必须要有一个启动窗体,即主窗体,这多个窗体的相互调用需要用到一些语句和方法。这就需要了解如何添加窗体、删除窗体、保存窗体、设置启动窗体、与多重窗体相关的语句和方法等。多重窗体实际上是单一窗体的集合,而单一窗体是多窗体程序设计的基础,掌握了单一窗体程序设计方法,多重窗体的程序设计是很容易的。

8.1 建立多重窗体应用程序

在多重窗体应用程序中,要建立的界面由多个窗体组成,每个窗体可以有各自的界面和程序代码,完成不同的功能,其界面设计与程序代码与以前讲的完全一样。使用多重窗体可以提高软件的可重用性,一旦建立一个窗体,就可以在应用程序中多次重复使用。

建立多重窗
体应用程序

8.1.1 与窗体有关的操作

在 Visual Basic 6.0 中,对于有多重窗体的应用程序,窗体操作有以下 4 种。

1. 添加窗体

在工程中添加一个新窗体可以采用以下两种方法。

(1) 选择“工程”|“添加窗体”命令。

(2) 右击“工程资源管理器”窗口,在弹出的快捷菜单中选择“添加”|“添加窗体”命令。

用上述方法将打开如图 8.4 所示的“添加窗体”对话框,该对话框中有“新建”和“现存”两个选项卡。在“新建”选项卡中可以向当前工程添加一个新窗体,在“现存”选项卡中可以给当前工程添加一个已存在的窗体。

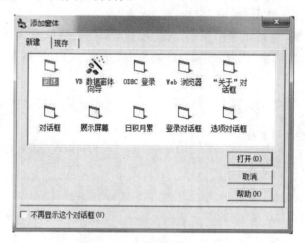

图 8.4 “添加窗体”对话框

例如,本章引例中需要 3 个窗体,除了 Form1 窗体外,需再添加两个新窗体,其标题分别为“欢迎”和“错误提示”。

其操作步骤如下。

(1) 选择“工程”|“添加窗体”命令,打开如图 8.4 所示的“添加窗体”对话框,在该对话框中选择“新建”选项卡的“窗体”选项后,单击“打开”按钮,或直接双击“窗体”选项,都

将增加一个新窗体。

（2）选择新窗体后,在属性窗口中将其 Caption 属性改为"欢迎",其界面按照图 8.2
进行设置。

用同样方法再添加一新窗体,将其 Caption 属性改为"错误提示",其界面按照图 8.3
进行设置。

建立上面两个新窗体并保存后,在工程资源管理器窗口会列出已建立的窗体文件名
称,如图 8.5 所示,窗体文件名的主文件名与窗体的 Name 属性值相同,扩展名为.frm。

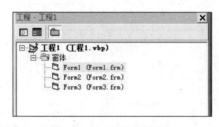

图 8.5　工程资源管理器

2. 删除窗体

在工程资源管理器中,选定要删除的窗体后,可采用以下两种方法删除窗体:
（1）选择"工程"|"移除"命令。
（2）右击选中的窗体,从弹出的快捷菜单中选择"移除"命令。

3. 保存窗体

在工程资源管理器中选定要保存的窗体,可采用以下两种方法保存窗体:
（1）选择"文件"|"保存"或"另存为"命令。
（2）右击选中的窗体,从弹出的快捷菜单中选择"保存"或"另存为"命令。
如果一个工程有多个窗体,则每个窗体都需要分别保存。

4. 设置启动窗体

当一个工程中有多个窗体时,默认情况下,该工程的第一个窗体（Form1）作为启动
窗体。程序运行后,显示窗体 Form1,其余的窗体需要通过 Show 方法才能显示。

例如,本章引例中包含 3 个窗体,分别是 Form1、Form2 和 Form3,默认情况下它的
启动窗体为 Form1,如果要设置窗体 Form2 为启动窗体,可以按以下步骤完成。

（1）选择"工程"|"工程 1 属性"命令,打开"工程 1-工程属性"对话框,如图 8.6 所示。

（2）在"通用"选项卡的"启动对象"列表框中选择 Form2,单击"确定"按钮,即可将
Form2 设置为工程 1 的启动窗体。

当然,要根据实际情况设置启动窗体,本章引例的第一个窗体（Form1）为启动窗体。

8.1.2　与多重窗体程序设计有关的语句和方法

在单窗体程序设计中,所有的操作都是在一个窗体中完成,不需要在多个窗体间切

换。而在多重窗体程序中,需要打开、关闭、隐藏或显示指定的窗体,这可以通过相应的语句和方法来实现,下面对它们做简单介绍。

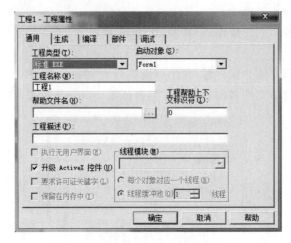

图 8.6 "工程 1-工程属性"对话框

1. Load 语句

格式:

```
Load<窗体名>
```

功能:将指定的窗体加载到内存中。

说明:执行 Load 语句后,可以引用窗体中的控件及各种属性,但窗体并不在屏幕上显示出来。

例如:

```
Load Form1          '加载窗体 Form1
```

2. Unload 语句

格式:

```
Unload<窗体名>
```

功能:卸载指定的窗体。

说明:该语句与 Load 语句的功能相反,是从内存中卸载窗体或控件。在应用程序中只有一个窗体的情况下,执行 Unload Me 语句,则程序会停止运行。

例如:

```
Unload Form1          '卸载窗体 Form1
Unload Me             '卸载当前活动窗体
```

3. Show 方法

格式:

<窗体名>.Show ［模式］

功能：用来显示一个窗体。

说明：

（1）执行 Show 方法时，如果窗体已加载，则显示窗体，否则先执行窗体加载，再显示窗体。

（2）"模式"有两个取值：0（默认值）表示非模态，1 表示模态。

（3）模态窗体和非模态窗体的区别在于：模态窗体占有整个程序控制权，在模态窗体下，鼠标在该窗体内起作用，不能到其他窗体操作，只有关闭此窗体才能到其他窗体操作；而在非模态窗体下，鼠标可以到其他窗体下操作。

4. Hide 方法

格式：

<窗体名>.Hide

功能：隐藏窗体，即不在屏幕上显示。

说明：

（1）隐藏窗体时，它就从屏幕上被删除，并将其 Visible 属性设置为 False，用户将无法访问隐藏窗体上的控件，但窗体仍然在内存中，该窗体上的对象和属性等仍然可以使用；请注意该方法与 Unload 语句的不同。

（2）窗体被隐藏时，用户只有等到被隐藏窗体的事件过程的全部代码执行完后才能够与该应用程序交互。如果调用 Hide 方法时窗体还没有加载，那么 Hide 方法将加载该窗体，但不显示它。

在一般情况下，屏幕上某个时刻只显示一个窗体，其他窗体隐藏或从内存中删除。为了提高执行速度，暂时不显示的窗体通常用 Hide 隐藏。窗体隐藏后，只是不在屏幕上显示，仍在内存中，它要占用一部分内存空间。因此，当窗体较多时，可能造成内存紧张。如果出现这种情况，应使用 Unload 删除一部分窗体，需要时再用 Show 方法显示，因为 Show 方法具有双重功能，即先装入，后显示。这样虽然可能会对执行速度有一定影响，但可以使程序的执行更为可靠。

8.1.3　编写程序代码

多重窗体的程序代码是针对每个窗体编写的，其编写方法与单一窗体相同。只要在工程资源管理器窗口中选择所需要的窗体文件，然后单击其上方的"查看代码"按钮，就可以进入相应窗体的程序代码窗口。

本章引例的执行顺序如下。

（1）显示"登录"窗体，此时要求用户输入密码。

（2）在"登录"窗体，如果输入正确密码"123"，单击"确定"按钮，"登录"窗体消失，显示"欢迎"窗体。在"欢迎"窗体，单击"退出系统"按钮，退出应用程序。

（3）在"登录"窗体，如果输入错误密码，单击"确定"按钮，则"登录"窗体消失，"错误提示"窗体显示。2s 后,"错误提示"窗体消失,"登录"窗体重新显示,并且文本框清空,有焦点。

(4) 在"登录"窗体单击"取消"按钮,退出应用程序。

下面根据以上执行顺序分别编写各窗体的程序代码。

"登录"窗体的主要事件代码如下。

```
Private Sub Command1_Click()
  If Text1.Text="123" Then          '假设登录密码为 123
    Form2.Show
    Me.Hide
  Else
  Form3.Show
  End If
End Sub
Private Sub Command2_Click()
  End
End Sub
```

"欢迎"窗体的主要事件代码如下。

```
Private Sub Command1_Click()
  End
End Sub
```

"错误提示"窗体的主要事件代码如下。

```
Private Sub Timer1_Timer()
  Static i As Integer   '静态变量,用于计时
    If i<2 Then          '2s 后自动退出系统,Timer1 的 Interval 属性值设置为 1000
    i=i+1
    Else
    Form1.Show
    Form1.Text1=""
    Form1.Text1.SetFocus
    Unload Me
  End If
End Sub
```

运行该程序,将按照前面描述的执行过程。

从上面程序可以看出,在单一窗体程序中,工程资源管理器窗口的作用显得不是很重要,但是在多重窗体中,工程资源管理器窗口是十分有用的。每个窗体作为一个文件保存,为了对某个窗体相关内容进行修改,必须在工程资源管理器窗口中找到该窗体文件,然后调出相应窗体界面或代码进行修改。

8.2　多重窗体程序的存取与 Sub Main 过程

8.2.1　多重窗体程序的存取

1. 保存

保存多重窗体应用程序的方法与保存单窗体应用程序的方法类似,但由于多重窗体
应用程序在一个工程中包含多个窗体和标准模块,因此,一个应用程
序将保存为多个窗体文件、多个标准模块文件和一个工程文件,这些
文件被分别保存后,在工程资源管理器中,将显示每一个窗体的窗体
名(窗体 Name 属性的值)和窗体文件名(保存到外存中的文件名)以
及每一个标准模块的标准模块名(标准模块 Name 属性的值)和标准
模块文件名(保存到外存中的文件名)。

多重窗体程序的存取
与 Sub Main 过程

在工程资源管理器中,可以选择任何一个窗体或标准模块进行修改,或者另存为其他
文件名等操作,也可以设置启动对象。

多重窗体程序的保存方法如下。

(1) 在工程资源管理器中选择需要保存的窗体,然后执行"文件"|"窗体名另存为"命
令,打开"文件另存为"对话框。用该对话框把窗体以.frm 为扩展名保存到磁盘文件中。

(2) 执行"文件"|"工程另存为"命令,打开"工程另存为"对话框,把整个工程以.vbp
为扩展名存入磁盘。

2. 装入

在 Visual Basic 中,打开一个应用程序一般都是通过工程文件打开,但是,当一个工
程中只有一个窗体时,可以只保存窗体文件,而不保存工程文件,双击打开窗体文件时,
Visual Basic 将自动创建一个工程,然后即可执行该窗体;对于多重窗体应用程序,在一个
工程中包含多个窗体和标准模块,因此,打刀一个多重窗体应用程序时,必须首先打开多
重窗体应用程序的工程文件,才能完整地执行。

3. 编译

编译与运行多重窗体应用程序的方法与单窗体应用程序类似,默认情况下,编译后生
成的可执行文件的文件名就是工程文件名,可执行文件所在的路径就是工程文件所在的
路径,用户可以根据需要选择不同的路径和文件名,而且多重窗体应用程序可以指定某个
窗体或 Sub Main 过程等作为启动对象。

8.2.2　Sub Main 过程

如果一个应用程序只包含一个窗体,则程序从该窗体开始执行事件过程代码。如果

有多个窗体,则从启动窗体开始执行事件过程代码。但一个程序并不一定需要通过事件过程启动,而是可以通过一个特殊的过程——Sub Main 过程来启动。通过执行 Sub Main 过程,可以根据某些条件进行初始化,或者根据条件决定加载哪个窗体。

Sub Main 过程只能添加在标准模块中,并且只能添加一次。可以在工程中添加一个标准模块 Module1,然后在标准模块中创建一个名为 Main 的子过程。

如果一个程序中包含有多个模块,只能允许有一个 Sub Main 过程。Sub Main 过程中可以包含若干语句。但它与其他语言中的主程序不同,程序启动时不会自动执行。可以指定程序从哪一个窗体或是 Sub Main 开始执行。设置方法见图 8.6,在如图 8.6 所示的对话框中,将启动对象设置为 Sub Main。

例 8.1 编写一个程序,模拟找回密码的过程。

分析:密码丢失后,可使用"找回密码"功能,该功能一般提供两种方法找回密码:通过手机或注册邮箱。本例只是模拟"找回密码"的操作过程,并没有真正实现"找回密码"的功能。

本例需要两个窗体:"手机找回密码"窗体和"邮箱找回密码"窗体,其界面设计如图 8.7 所示;一个标准模块:用来建立 Sub Main 过程。

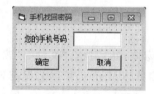 

(a) "手机找回密码"界面设计　　　(b) "邮箱找回密码"界面设计

图 8.7　例 8.1 窗体界面设计

(1)"手机找回密码"窗体代码如下。

```vb
Private Sub Form_Activate()
  Text1.SetFocus
End Sub
Private Sub Command1_Click()
  If Len(Trim(Text1.Text))<>11 Then
    MsgBox "请输入正确的(11位)手机号码!", vbCritical, "错误"
    Text1.SelStart=0
    Text1.SelLength=Len(Text1.Text)
    Text1.SetFocus
  Else
    MsgBox "新的密码已经发送到您的手机,请注意查收", vbOKOnly, "提示"
    '…此处应编写向手机发送密码的语句
    Unload Me
    Exit Sub
  End If
End Sub
```

```
Private Sub Command2_Click()
  End
End Sub
```

(2)"邮箱找回密码"窗体代码如下:

```
Private Sub Form_Activate()
  Text1.SetFocus
End Sub
Private Sub Command1_Click()
  If Text1.Text<>"" Then
    MsgBox "新的密码已经发送到您的邮箱,请注意查收", vbOKOnly, "提示"
    '…此处应编写向邮箱发送密码的语句
    Unload Me
    Exit Sub
  Else
    MsgBox "请输入您的邮箱地址!", vbCritical, "错误"
    Text1.SetFocus
  End If
End Sub
Private Sub Command2_Click()
  End
End Sub
```

(3)标准模块程序代码如下。

```
Public Sub Main()
      n=MsgBox("请选择您要找回密码的方式" & vbCrLf & "手机找回密码请按" & ""确定",
      邮_箱找回密码请按"取消"", 32+1, "请选择找回密码方式")
  If n=1 Then
      Form1.Show           '单击"确定"按钮,启动"手机找回密码"窗体
  Else
      Form2.Show           '单击"取消"按钮,启动"邮箱找回密码"窗体
  End If
End Sub
```

各窗体界面设计及代码编写完成后,需设置该工程的启动对象为 Sub Main。

程序运行后,首先执行 Sub Main 过程,在打开的 MsgBox 对话框中单击"确定"按钮,启动"手机找回密码"窗体,单击"取消"按钮,启动"邮箱找回密码"窗体。

8.3　闲置循环与 DoEvents 语句

Visual Basic 最明显的特点就是事件驱动的编程机制,即某事件触发时才执行相应的程序。若程序在运行中没有任何事件触发,则应用程序处于"闲置"(Idle)状态。另一方

面,当 Visaul Basic 正在执行某一过程(即"忙碌"状态)时,将停止对其他事件的处理(如不再接受鼠标、键盘事件),直至这一过程处理完毕。

闲置循环与
DoEvents 语句

为了改变这种执行顺序,Visual Basic 提供了闲置循环(Idle Loop)和 DoEvents 语句。

所谓闲置循环,就是当应用程序处于闲置状态时,用一个循环来执行其他操作。简言之,闲置循环就是在闲置状态下执行的循环。但是,当执行闲置循环时,将占用全部 CPU 时间,不允许执行其他事件过程,使系统处于无限循环中,没有任何反应。为此,Visual Basic 提供了一个 DoEvents 语句,使得当执行闲置循环时,可以通过该语句把控制权交给周围环境使用,然后回到原程序继续执行。

DoEvents 既可以作为语句,也可以作为函数使用,一般格式为:

[窗体号=]DoEvents[()]

当作为函数使用时,DoEVents 返回当前装入 Visual Basic 应用程序工作区的窗体号。如果不想使用这个返回值,则可随便用一个变量接收返回值。例如:

DumMy=DoEvents()

当作为语句使用时,可省略 DoEvents 前、后的选择项。

例如,在窗体上添加一个命令按钮,然后编写如下的事件过程:

```
Private Sub Command1_Click()
  For i&=1 To 2000000000
    x=DoEvents
    For j=1 To 1000
    Next j
    Cls
    Print i&
  Next i&
End Sub
```

运行上面的程序,单击命令按钮,将在窗体左上角显示循环控制变量(i&)的值,由于加了延时循环,该程序的运行需要较长时间。加入"x=DoEvents"后,可以在执行循环的过程中进行其他操作,如重设窗口大小、把窗体缩为图标、结束程序或运行其他应用程序等。如果没有 DoEvents,则在程序运行期间不能进行任何其他操作。

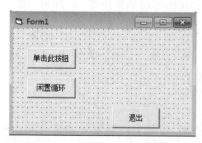
图 8.8　例 8.2 程序设计界面

可以看出,DoEvents 给程序执行带来一定的方便,但不能不分场合地使用。有时候,应用程序的某些关键部分可能需要独占计算机时间,以防止被键盘、鼠标或其他程序中断,在这种情况下,不能使用 DoEvents 语句。例如,当程序从调制解调器接收信息时,就不应使用 DoEvents 语句。

例 8.2　设计界面如图 8.8 所示,编写程序,试验闲置循环和 DoEvents 语句。

（1）按照图 8.8 设计界面。

（2）选择"工程"|"添加模块"命令，打开标准模块窗口，编写如下程序。

```
Sub Main()
  Form1.Show
  Do While DoEvents()
    If Form1.Command2.Left<=Form1.Width Then
      Form1.Command2.Left=Form1.Command2.Left+1
      Beep
    Else
      Form1.Command2.Left=Form1.Left
    End If
  Loop
End Sub
```

（3）对 Form1 窗体编写如下程序。

```
Private Sub Command1_Click()
  FontSize=12
  Print "执行 Command1_click 事件过程"
  For i=1 To 100000000
    x=i * 2
  Next i
End Sub

Private Sub Command3_Click()
  End
End Sub
```

（4）把 Sub Main 设置为启动过程。

程序运行后，没有事件发生，进入闲置循环，使"闲置循环"命令按钮右移，并发出声响。如果单击"单击此按钮"按钮，则有事件发生，"闲置循环"按钮暂停移动，在窗体上显示相应的信息，当事件过程执行完毕，"闲置循环"按钮接着移动。"闲置循环"按钮暂停移动的时间由 Command1_Click 事件过程中的循环终值决定。如果单击"退出"按钮，则退出程序，运行情况如图 8.9 所示。

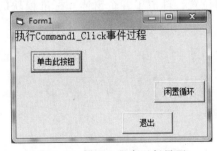

图 8.9　例 8.2 程序运行界面

8.4　综合应用

在多重窗体应用程序设计中,对于其中每一个窗体的界面设计与单窗体的界面设计完全一样,只是中间多了一个"添加窗体"的步骤。也就是说,只需把设计好的窗体一一添加到工程中,并将这些窗体按照一定的规则联系起来,就能得到一个多重窗体应用程序了。下面通过介绍一个实例来帮助读者进一步理解和掌握本章的知识。

例 8.3　设计一个应用程序,包含 3 个窗体,标题分别为"启动""注册"和"登录",程序运行时显示"启动"窗体,如图 8.10 所示。单击窗体上按钮时弹出对应窗体进行注册或登录,如图 8.11 和图 8.12 所示。要求如下。

图 8.10　"启动"窗体

图 8.11　"注册"窗体

图 8.12　"登录"窗体

(1) 注册信息放在全局数组 users 中,注册用户数(小于或等于 10 个)放在全局变量 n 中(均已在标准模块中定义)。

(2) 注册时用户名不能重复,且"口令"与"验证口令"须相同,若注册成功,则在"启动"窗体的标签中提示"注册成功",否则提示相应错误信息。登录时,检验用户名和口令,若正确,则在"启动"窗体的标签上提示"登录成功",否则提示相应错误信息。

(3) 标准模块中函数 finduser 的功能是:在 users 数组中搜索用户名(即参数 ch),若找到,则返回该用户名在 users 中的位置,否则返回 0。

分析:因为本题的窗体比较多,含有一个标准模块,所以首先要清晰思路,了解每一个窗体的功能。窗体 1 是启动界面,可以选择登录或者注册。窗体 2 是注册窗口,实现用户的注册。窗体 3 是登录窗口,实现用户的登录。标准模块中函数的功能是在数组中寻找用户名,并返回其所在的位置。理清了各个窗体和标准模块的关系,就可以开始分析编写代码了。

事件代码如下。

```
'Form1 窗体
Private Sub Command1_Click()
    Form2.Text1=""
    Form2.Text2=""
    Form2.Text3=""
    Label1.Caption=""
```

```
        Form2.Show
    End Sub
    Private Sub Command2_Click()
        Form3.Text2=""
        Label1.Caption=""
        Form3.Show
    End Sub
    'Form2 窗体
    Private Sub Command1_Click()
        Text1=""
        Text2=""
        Text3=""
    End Sub
    Sub writeusers()
        n=n+1
        users(n, 1)=Text1
        users(n, 2)=Text2
    End Sub
    Private Sub Command2_Click()
        If Text1="" Then
            MsgBox ("必须输入用户名!")
            Text1.SetFocus
        ElseIf finduser(Trim$ (Text1))>0 Then
            MsgBox ("此用户名已经存在!")
        ElseIf Text2<>Text3 Then
            MsgBox ("口令验证错误!")
        Else
            writeusers
            Form1.Label1 ="注册成功!"
            Form2.Hide
        End If
    End Sub
    'Form3 窗体
    Private Sub Command1_Click()
        k=finduser(Trim$ (Text1))
        If k=0 Then
            MsgBox ("没有注册!")
        ElseIf Trim$ (Text2)<>users(k, 2 ) Then
            MsgBox ("口令错误!")
        Else
            Form1.Label1.Caption="登录成功!"
            Form3.Hide
        End If
    End Sub
```

```
'标准模块
Option Base 1
Public users(10, 2) As String
Public n As Integer
Public Function finduser(ch As String) As Integer
    For k=1 To 10
        If users(k, 1)=ch Then
            finduser=k
            Exit Function
        End If
    Next k
    finduser=0
End Function
```

8.5   练习

1. 窗体的隐藏和删除分别用在不同的场合,隐藏 Form1 和删除 Form1 的命令是_____。

    A. Hide. Form1 Unload. Form1　　　　B. Form1. Hide Form1. Unload

    C. Form1. Hide Unload. Form1　　　　D. Hide. Form1 Form1. Unload

2. 若要将窗体从内存中卸载应该使用的方法是_____。

    A. Show　　　　B. Unload　　　　C. Load　　　　D. Hide

3. 与 Form1. Show 方法效果相同的是_____。

    A. Form1. Visible＝True　　　　B. Form1. Visible＝False

    C. Visible. Form1＝True　　　　D. Visible. Form1＝False

4. 要从自定义对话框 Form2 中退出可以在该对话框的"退出"按钮 Click 事件过程中使用_____语句。

    A. Form2. Unload　　　　　　　　B. Unload Form2

    C. Hide Form2　　　　　　　　　　D. Form2. Hide

5. 在 Visual Basic 中,要将一个窗体装载到内存进行预处理,但不显示,应该使用语句_____。

    A. Show　　　　B. Hide　　　　C. Load　　　　D. Unload

6. 如果 Form1 是启动窗体,并且 Form1 的 Load 事件过程中有语句 Form2. Show,则程序启动后_____。

    A. 发生一个运行时错误

    B. 发生一个编译错误

    C. 在所有的初始化代码运行后 Form2 是活动窗体

    D. 在所有的初始化代码运行后 Form1 是活动窗体

7. 下面关于多重窗体的叙述中,正确的是_____。

    A. 作为启动对象的 Main 子过程只能放在窗体模块中

    B. 若启动对象是 Main 子过程,则程序启动时不加任何窗体,以后该过程根据不同情况决定是否加载或加载块

    C. 没有启动窗体,程序不能执行

    D. 其他都不对

8. 在下面关于窗体事件的叙述中,错误的是_____。

    A. 在窗体的整个生命周期中,Initialize 事件只触发一次

    B. 在用 Show 显示窗体时,不一定发生 Load 事件

    C. 每当窗体需要重画时,肯定会触发 Paint 事件

    D. Resize 事件是在窗体的大小有所改变时被触发

9. 多窗体程序是由多个窗体组成的。在默认情况下,VB 在应用程序执行时,总是把_____指定为启动窗体。

    A. 不包含任何控件的窗体　　　　B. 设计时的第一个窗体

    C. 包含控件最多的窗体　　　　　D. 命令为 Form 的窗体

10. 在 Visual Basic 工程中,可以作为"启动对象"的是_____。

    A. Sub Main 过程

    B. 任何过程

    C. 在标准模块中专门定义的启动过程

    D. Sub Main 过程以及任何过程

第9章

数据文件

程序中的数据都是以变量或常量的形式表示的,不论变量还是常量都只能在应用程序运行期间存放在内存中。如果希望将这些数据脱机保存,供用户随时使用,则需要将它们以数据文件的形式存放在磁盘等外部介质上。Visual Basic 6.0 支持对文件的操作。本章主要介绍 Visual Basic 6.0 文件的概念、类型、相应的操作方法以及文件系统控件的使用。

引例:设计一个学生成绩管理的应用程序,程序设计界面如图 9.1 所示。程序运行后,单击"显示记录"按钮可将文件中的信息显示在列表框中,单击"追加记录"按钮可以将输入到文本框中的学生信息追加到文件 D:\stu.txt 中。

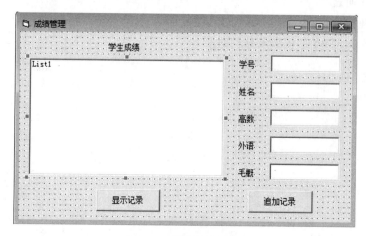

图 9.1　窗体设计界面

通过前面几章的学习,我们知道编写的所有程序都保存在外存中,而程序中产生的数据,如变量、数组等只能存放在内存中,一旦退出程序,这些数据就会消失。使用文件可以将程序运行时输入的数据或程序运行后产生的输出数据以文件的形式保存在外存中,这样用户就可以方便地读取和使用这些数据了。将学生信息追加到 D:\stu.txt 文件中,就是将程序运行时输入的数据以文件 stu.txt 的形式保存在外存 D 盘中;将文件中的信息显示在列表框中,就是读取文件 stu.txt 中的信息,并显示在列表框中。这涉及顺序文件的打开、读、写以及关闭等操作,下面将介绍与文件操作相关的知识。

9.1　文件结构和分类

9.1.1　文件的概念

　　文件是指记录在外部介质上的用文件名标识的相关数据的集合,是操作系统管理信息的基本单位。在计算机系统中,所有的程序和数据都是以文件的形式存储的。例如,用 Word 编辑的文档是一个文件,用 Excel 制作的表格也是一个文件,把它保存在磁盘上就是一个磁盘文件,输出到打印机上就是一个打印机文件。广义地说,任何输入输出设备都是文件。计算机以这些设备为对象进行输入输出,对这些设备统一按"文件"进行处理。

文件结构和分类

　　在程序设计中,文件是十分有用而且是不可缺少的。这是因为:

　　(1) 文件是使一个程序可以对不同的输入数据进行加工处理、产生相应的输出结果的常用手段。

　　(2) 使用文件可以方便用户,提高上机效率。

　　(3) 使用文件可以不受内存大小的限制。

　　因此,文件是十分重要的,在某些情况下,不使用文件将很难解决所遇到的实际问题。

9.1.2　文件结构

　　为了有效地存取数据,数据必须以某种特定的方式存放,这种特定的方式称为文件结构。

　　Visual Basic 文件由记录组成,记录由字段组成,字段由字符组成。

　　(1) 字符(Character):构成文件的最基本单位。字符可以是数字、字母、特殊符号或单一字节。这里所说的"字符"一般是西文字符,一个西文字符用一个字节存放。如果为汉字字符,包括汉字和"全角"字符,则通常用两个字节存放。也就是说,一个汉字字符相当于两个西文字符。一般把用一个字节存放的西文字符称为"半角"字符,而把汉字和用两个字节存放的字符称为"全角"字符。注意,Visual Basic 6.0 支持双字节字符,当计算字符串长度时,一个西文字符和一个汉字都作为一个字符计算,但它们所占的内存空间是不一样的。例如,字符串"VB 程序设计"的长度为 6,而所占的字节数为 10。

　　(2) 字段(Field):也称域。字段或域由若干个字符组成,用来表示一项数据。例如,学号"2015260002"就是一个字段,它由 10 个字符组成。而姓名"王天一"也是一个字段,它由 3 个汉字组成。

　　(3) 记录(Record):由一组相关的字段组成。例如,在引例学生成绩单中,每个学生的学号、姓名、高数、外语、毛概等构成一个记录,见表 9.1。在 Visual Basic 中,以记录为单位处理数据。

表 9.1　记录

学号	姓名	高数	外语	毛概
2015260002	王天一	86	79	80

(4) 文件(File)：文件由记录构成，一个文件含有一个以上的记录。例如，在引例学生成绩单(stu. txt)文件中有5个人的信息，每个人的信息是一个记录，5个记录构成一个文件。

9.1.3　文件种类

文件的分类方式有很多，根据不同的分类标准，文件可分为不同的类型。

(1) 根据文件的内容分类，可分为程序文件和数据文件。

① 程序文件(Program File)：这种文件存放的是可以由计算机执行的程序，包括源文件和可执行文件。在 Visual Basic 中，扩展名为. exe、. frm、. vbp、. bas、. cls 等的文件都是程序文件。

② 数据文件(Data File)：数据文件存储的是程序运行所需要的各种数据。例如，文本文件(. txt)、Word 文档(. docx)、Excel 工作簿(. xlsx)都是数据文件。这类数据必须通过程序来存取和管理。

(2) 根据数据的存取方式和结构，文件可分为顺序文件和随机存取文件。

① 顺序文件(Sequential File)：顺序文件的结构比较简单，文件中的记录一个接一个地存放。在这种文件中，只知道第一个记录的存放位置，其他记录的位置无从知道。当要查找某个数据时，只能从文件头开始，一个记录一个记录地顺序读取，直至找到要查找的记录为止。

顺序文件的组织比较简单，只要把数据记录一个接一个地写到文件中即可。但维护困难，为了修改文件中的某个记录，必须把整个文件读入内存，修改完后再重新写入磁盘。顺序文件不能灵活地存取和增减数据，因而适用于有一定规律且不经常修改的数据。其主要优点是占用空间少，便于顺序访问。

顺序文件实际上是普通的文本文件，任何文本编辑软件都可以读取这种文件。

② 随机存取文件(Random Access File)：又称直接存取文件，简称随机文件或直接文件。与顺序文件不同，在访问随机文件中的数据时，不必考虑各个记录的排列顺序或位置，可以根据需要访问文件中的任何一个记录。对于顺序文件来说，文件中的各个记录只能按实际排列的顺序，一个一个地依次访问。也就是说，在访问完第 i 个记录之后，只能访问第 $i+1$ 个记录，既不能访问第 $i+2$ 或 $i+3$ 个记录，也不能访问第 $i-1$ 或 $i-2$ 个记录。而对于随机文件来说，所要访问的记录不受其位置的约束，可以根据需要直接访问文件中的每个记录。

在随机文件中，每个记录的长度是固定的，记录中的每个字段的长度也是固定的。此外，随机文件的每个记录都有一个记录号。在写入数据时，只要指定记录号，就可以把数据直接存入指定位置。而在读取数据时，只要给出记录号，就能直接读取该记录。在随机文件中，可以同时进行读、写操作，因而能快速地查找和修改每个记录，不必为修改某个记录而对整个文件进行读、写操作。

随机文件的优点是数据的存取较为灵活、方便,速度较快,容易修改。主要缺点是占空间较大,数据组织较复杂。

(3) 根据数据的编码方式,文件可以分为 ASCII 文件和二进制文件。

① ASCII 文件:又称文本文件,它以 ASCII 方式保存文件。这种文件可以用字处理软件建立和修改(必须按纯文本文件保存)。

② 二进制文件(Binary File):以二进制方式保存的文件。二进制文件不能用普通的字处理软件编辑,占空间较小。例如,扩展名为".jpg"的图片文件,就是一个二进制文件,用记事本就无法读取,必须按照 jpg 文件的内部格式来解析数据,才能正确显示图片。

9.2　文件操作语句和函数

在 Visual Basic 中,数据文件的操作包括以下几种。

(1) 打开:打开文件时需要选择一个文件缓冲区,即文件号。

(2) 读操作:输入,数据从外存到内存,即从文件读出到变量。

(3) 写操作:输出,数据从内存到外存,即从变量写入到文件。

(4) 关闭:文件操作后一定要关闭文件。

文件操作语
句和函数

9.2.1　文件的打开与关闭

1. 打开文件

在对文件进行操作之前,先要使用 Open 语句打开文件,其一般格式为:

Open <文件名>[For <模式>][Access <存取类型>][锁定] As [#]<文件号>[Len= <记录长度>]

功能:按指定的方式打开一个文件,并为该文件指定一个文件号,即工作缓冲区。

说明:

(1) 文件名。是一个字符串表达式,可以是字符串常量也可以是字符串变量。

(2) 模式。指定文件打开的模式,具体有以下 5 种模式。

① OutPut。指定以写方式打开顺序文件,将内存中的数据输出(写)到顺序文件中。若文件已存在,则在打开该文件的同时删除文件中的全部数据;否则新建一个文件。

② Input。指定以读方式打开顺序文件,从顺序文件中输入(读)数据到内存。文件不存在时会出错。

③ Append。指定以追加方式打开顺序文件,打开文件后,文件指针位于文件的末尾。若文件已存在,则打开该文件,并在其尾部追加数据;若文件不存在,则新建一个文件,相当于以 Output 方式打开文件。

④ Random。指定以随机文件方式打开文件,也是默认方式。

⑤ Binary。指定以二进制文件方式打开文件。

(3) Access 存取类型。用于指定打开的文件可以进行的操作。存取类型包括以下几种。

① Read。打开只读文件。

② Write。打开只写文件。

③ Read Write。打开读写文件。这种类型只对随机文件、二进制文件及用 Append 方式打开的文件有效。

"存取类型"指出了在打开的文件中所进行的操作。如果要打开的文件已由其他进程打开,则不允许指定存取类型,否则 Open 失败,并产生出错信息。

(4) 锁定。用于限定其他用户或其他进程对打开的文件的操作,只在多用户或多进程环境中使用。锁定类型包括以下几种。

① Lock Shared。任何进程都可以读写打开的文件。

② Lock Read。不允许其他进程读打开的文件。只在没有其他 Read 存取类型的进程访问该文件时,才允许这种锁定。

③ Lock Write。不允许其他进程写打开的文件。只在没有其他 Write 存取类型的进程访问该文件时,才允许这种锁定。

④ Lock Read Write。不允许其他进程读写打开的文件,也是默认方式。

(5) 文件号。用于指定一个文件号,范围是 1~511 的整数。打开一个文件时需要指定一个文件号,该文件号就代表该文件,直到文件被关闭后,此文件号才可以被其他文件所使用。在复杂的应用程序中,可以利用 FreeFile() 函数获得可以利用的文件号,以免使用相同的文件号。

例如,引例中打开文件的语句为:

```
Open "D:\stu.txt" For Append As #1
```

打开 D 盘根目录下的 stu. txt 文件,将文件号为#1 的缓冲区中的数据输出到文件 stu. txt 的尾部,原来的数据仍在文件中。如果 D 盘根目录下不存在 stu. txt 文件,则在 D 盘根目录下建立一个新文件 stu. txt。

```
Open "D:\stu.txt" For Input As #1
```

打开 D 盘根目录下的 stu. txt 文件,将其数据输入到文件号为#1 的缓冲区中。

(6) 记录长度。对于用随机访问方式打开的文件,该值就是记录长度,记录长度等于各字段长度之和,以字符(字节)为单位,若省略,则记录的默认长度为 128 字节。对于顺序文件,该值就是缓冲字符数,不能超过 32 767 字节,默认时缓冲区的容量为 512 字节。对于二进制文件,将忽略 Len 子句。

2. 关闭文件

当结束各种读写操作以后,还必须要将文件关闭,否则会造成数据丢失等现象。因为读写操作是在内存(缓冲区)中进行的,关闭文件时才将内存中的数据全部写入文件。关闭文件所用的语句是 Close。其一般格式如下:

```
Close [[＃]文件号[,[＃]文件号…]]
```

功能：用来关闭打开的文件，释放与该文件相联系的文件号，以供其他 Open 语句使用。

说明：

（1）Close 语句是在打开文件之后进行的操作。格式中的"文件号"是 Open 语句中使用的文件号。

（2）若在 Close 语句中没有指定文件号，则关闭所有已打开的文件。

（3）除了用 Close 语句关闭文件外，在程序结束时将自动关闭所有打开的数据文件。

例如：

```
Close  #1
```

关闭文件号为 1 的文件。

```
Close #1, 2, 8
```

关闭文件号为 1、2、8 的文件，文件号前的"＃"号可以省略。

```
Close
```

关闭所有文件。

3. 有关打开、关闭文件操作的说明

（1）在对文件进行读写操作之前都必须先打开文件。

（2）若由文件名指定的文件不存在，在使用 Append、Binary、Output 或 Random 模式打开文件时，可新建一个文件。

（3）若模式是 Binary 方式，则 Len 子句会被忽略掉。

（4）使用 Open 语句时，若在代码中没有使用绝对路径指定文件的存储位置，则需要将工程文件与数据文件保存在同一目录中；否则读操作会提示"文件未找到"的错误。

9.2.2　Seek 语句和 Seek() 函数

文件被打开后，自动生成一个文件指针（隐含的），文件的读写就从这个指针所指的位置开始。用 Append 方式打开一个文件后，文件指针指向文件的末尾，而若用其他几种方式打开文件，则文件指针都指向文件的开头。完成一次读写操作后，文件指针自动移到下一个读写操作的起始位置，移动量的大小由 Open 语句和读写语句中的参数共同决定。对于随机文件来说，其文件指针的最小移动单位是一个记录的长度；而顺序文件中文件指针移动的长度与它所读写的字符串的长度相同。在 Visual Basic 中，与文件指针有关的语句和函数是 Seek。

1. Seek 语句

通过 Seek 语句来实现文件指针的定位。

格式：

Seek　#<文件号>,<位置>

功能：Seek 语句用来设置文件中下一个读写的位置。

说明：

(1)"文件号"的含义同前；"位置"是一个数值表达式，用来指定下一个要读写的位置，其值在 $1 \sim (2^{31}-1)$ 范围内。

(2) 对于用 Input、Output 或 Append 方式打开的文件，"位置"是从文件开头到"位置"为止的字节数，即执行下一个操作的地址，文件第一个字节的位置是 1。对于用 Random 方式打开的文件，"位置"是一个记录号。

(3) 在 Get 或 Put 语句中的记录号优先于由 Seek 语句确定的位置。此外，当"位置"为 0 或负数时，将产生出错信息"错误的记录号"。当 Seek 语句中的"位置"在文件尾之后时，对文件的写操作将扩展该文件。

2. Seek()函数

与 Seek 语句配合使用的是 Seek()函数。

格式：

Seek(文件号)

功能：该函数返回文件指针的当前位置。

说明：

(1)"文件号"的含义同前。由 Seek()函数返回的值在 $1 \sim (2^{31}-1)$ 范围内。

(2) 对于用 Input、Output 或 Append 方式打开的文件，Seek()函数返回文件中的字节位置(产生下一个操作的位置)。对于用 Random 方式打开的文件，Seek()函数返回下一个要读写的记录号。

(3) 对于顺序文件，Seek 语句把文件指针移到指定的字节位置上，Seek()函数返回有关下次将要读写的位置信息；对于随机文件，Seek 语句只能把文件指针移到一个记录的开头，而 Seek()函数返回的是下一个记录号。

9.2.3　与文件操作有关的函数

1. FreeFile 函数

格式：

FreeFile[(rangenumber)]

功能：用 FreeFile 函数可以得到一个在程序中尚未使用的文件号。

说明：

(1) 可选参数 rangenumber 是一个 Variant 型，它指定一个范围，以便返回该范围之内的下一个可用文件号。指定 0(默认值)，则返回一个介于 1~255 之间的文件号。指定

1,则返回一个介于 256～511 之间的文件号。

（2）当程序中打开的文件较多时,这个函数很有用。特别是当在通用过程中使用文件时,用这个函数可以避免使用其他 Sub 或 Function 过程中正在使用的文件号。利用这个函数,可以把未使用的文件号赋给一个变量,用这个变量作文件号,不必知道具体的文件号是多少。

例如,用 FreeFile 函数获取一个文件号,代码如下。

```
Private Sub Form_Click()
filename$=InputBox$("请输入要打开的文件名: ")
  Filenum=FreeFile
  Open filename$For Output As Filenum
  Print filename$; "opened as file #"; Filenum
  Close #Filenum
End Sub
```

该过程运行时,首先出现一个输入对话框,提示用户"请输入要打开的文件名:",然后将用户输入的要打开的文件名赋给变量 filename$,而把 FreeFile 函数得到的未使用的文件号赋给变量 Filenum,它们都出现在 Open 语句中。如果用户在输入对话框中输入"datafile.dat",单击"确定"按钮,程序输出:

```
datefile.dat opened as file #1
```

2. Loc()函数

格式:

```
Loc(<文件号>)
```

功能:Loc()函数返回由"文件号"指定的文件的当前读写位置。

说明:

（1）格式中的"文件号"是在 Open 语句中使用的文件号。

（2）对于随机文件,Loc()函数返回一个记录号,它是对随机文件读写的最后一个记录的记录号,即当前读写位置的上一个记录;对于顺序文件,Loc()函数返回的是从该文件被打开以来读写的记录个数,一个记录是一个数据块。

（3）在顺序文件和随机文件中,Loc()函数返回的都是数值,但它们的意义是不一样的。对于随机文件,只有知道了记录号,才能确定文件中的读写位置;而对于顺序文件,只要知道已经读写的记录个数,就能确定该文件当前的读写位置。

3. LOF()函数

格式:

```
LOF(<文件号>)
```

功能:LOF()函数返回给文件分配的长度（总字节数）,与 DOS 下用 Dir 命令所显示的数值相同。

说明：在 Visual Basic 中，文件的基本单位是记录，每个记录的默认长度是128个字节。因此，对于由 Visual Basic 建立的数据文件，LOF()函数返回的将是128的倍数，不一定是实际的字节数。例如，假定某个文件的实际长度是 257(128×2+1)字节，则用LOF()函数返回的是 384(128×3)字节。对于用其他编辑软件或字处理软件建立的文件，LOF()函数返回的将是实际分配的字节数，即文件的实际长度。

用下面的程序段可以确定一个随机文件中记录的个数。

```
RecordLength=60
Open "c:\prog\Myrelatives" For Random As #1
x=LOF(1)
NumberOfRecords=x\RecordLength
```

4. EOF()函数

格式：

```
EOF(<文件号>)
```

功能：EOF()函数用来测试记录指针是否到了文件末尾。对于顺序文件来说，当指针在文件末尾时，EOF()函数为 True；否则为 False。

说明：

(1) 当 EOF()函数用于随机文件时，若最后执行的 Get 语句未能读到一个完整的记录，则返回 True，这通常发生在试图读文件结尾以后的部分时。

(2) EOF()函数常用来在循环中测试记录指针是否已到文件尾，一般结构如下：

```
Do While Not EOF(1)
    '文件读写语句
Loop
```

注意：上述 3 个函数(Loc()、LOF()、EOF())的参数均为文件号，在使用时不要在文件号前加"#"。例如，LOF(1)不要写成 LOF(#1)。

9.3　顺序文件

在顺序文件中，记录的逻辑顺序与存储顺序相一致，对文件的读写操作只能一个记录一个记录地顺序进行。

顺序文件的读写操作与标准输入输出十分类似。其中，读操作是把文件中的数据读到内存，标准输入是从键盘上输入数据，而键盘设备也可以看作是一个文件；写操作是把内存中的数据输出到屏幕上，而屏幕设备也可以看作是一个文件。

顺序文件

9.3.1　顺序文件的写操作

对于顺序文件的写操作来说,在 Open 语句中应指定 Output 或 Append 模式,并使用 Print♯语句或 Write♯语句写入数据。

1. Print♯语句

格式:

```
Print[#]<文件号>,[输出列表]
```

功能:将输出列表中的数据写入指定的顺序文件。

说明:使用 Print♯语句在顺序文件中写入数据和在窗体上使用 Print 方法输出数据类似,也可以使用“,”或“;”来控制输出格式。

例如,本章引例中的“追加记录”按钮的事件过程可以写为:

```
Private Sub Command1_Click()
    Open "D:\stu.txt" For Append As #1
    Print #1, Text1 & Space(4) & Text2 & Space(4) & Text3 & Space(4) & Text4 &
    Space(4) & Text5
    Close #1
    Text1=""
    Text2=""
    Text3=""
    Text4=""
    Text5=""
    Text1.SetFocus
End Sub
```

2. Write ♯语句

格式:

```
Write <#文件号>,[输出列表]
```

功能:将输出列表中的数据写入指定的顺序文件。

说明:

(1)输出列表是可选项,可以是常量、变量和表达式,各输出项之间用逗号或分号隔开;若省略,则输出一个空行。

(2)写入文件中的数据以紧凑式存放,并且之间自动加逗号,字符串两边加双引号。

(3)所有数据写完后,Write♯语句会在最后加一个回车换行符。

(4)写入的正数前面没有空格。

Write♯与 Print♯的功能基本相同,区别是:Write♯是以紧凑格式输出,在数据间插入逗号,并给字符串加上双引号。

例 9.1 比较 Print♯语句和 Write♯语句在顺序文件中的输出结果。

程序代码如下。

```
Private Sub Form_Load()
    Open "out1.txt" For Output As #1
    Print #1, "张三", "男", 20
    Print #1, "张三"; "男"; 20
    Write #1, "张三", "男", 20
    Close #1
    MsgBox "数据已经写入文件!"
    End
End Sub
```

程序运行后,用记事本打开文件 out1.txt,结果如图 9.2 所示。

顺序文件 out1.txt 有 3 条记录,第一条 Print♯语句用逗号分隔输出项,显示结果以分区格式输出;第二条 Print♯语句用分号分隔输出项,显示结果以紧凑格式输出;第三条用 Write♯语句输出,显示结果以紧凑格式输出,字符串型数据会自动加上字符串定界符"",并且数据间会自动添加逗号。

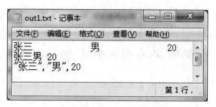

图 9.2 用记事本打开文件 out1.txt 结果

9.3.2 顺序文件的读操作

对于顺序文件的读操作来说,在 Open 语句中应指定 Input 模式,并使用 Input♯语句、Line Input♯语句或 Input()函数读取数据。

1. Input♯语句

当需要从顺序文件中按原来的数据类型读出数据时,应使用 Input♯语句。

格式:

```
Input<#文件号>, <变量列表>
```

功能:将从顺序文件中读出的数据分别赋给变量列表中指定的变量。

说明:

(1) 变量列表中的变量个数要与读取记录中数据个数保持一致,且类型赋值相容。

例如,执行语句"Write♯1, "150221", "张三", 88.5"后,文件中增加了一行如下的内容(包括标点符号):

```
"150221", "张三", 88.5
```

若执行以下语句,则文件中的上述 3 个数据将被读入 3 个变量 No、Name 和 Score 中。

```
Dim No As String, Name As String, Score As Single
Input#1, No, Name, Score
```

（2）为了能够用 Input♯语句将文件中的数据正确地读出，在将数据写入文件时，要使用 Write♯语句，而不是使用 Print♯语句。因为 Write♯语句能够将各个数据项正确地区分开。

2. Line Input♯语句

当将顺序文件纯粹当作文本文件处理时，可以使用 Line Input♯语句。

格式：

Line Input <#文件号>, <字符串变量>

功能：用于从文件中读出一行数据，并将读出的数据赋给指定的字符串变量。

说明：读出的数据中不包含回车符和换行符，可与 Print♯语句配套使用。

例如，本章引例中的"显示记录"按钮的事件过程可以写为：

```
Private Sub Command2_Click()
    Dim inputdata As String
    List1.Clear
    List1.AddItem Space(3) & "学号" & Space(8) & "姓名" & Space(5) & "高数" & Space
    (2) & "外语" & Space(2) & "毛概"
    Open "d:\stu.txt" For Input As #1
    Do While Not EOF(1)
        Line Input #1, inputdata
                            '从文件号为 1 的缓冲区中读出一行存入字符串变量 inputdata 中
        List1.AddItem inputdata
                            '将字符串变量 inputdata 中的一行数据添加到列表框中
    Loop
    Close #1
End Sub
```

程序运行结果如图 9.3 所示。

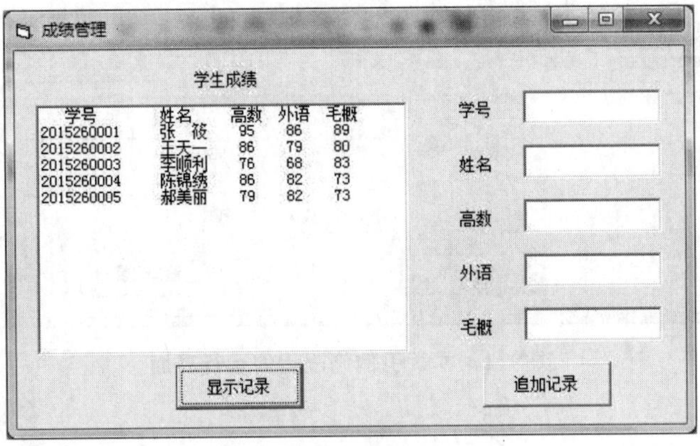

图 9.3　本章引例的运行界面

3. Input 函数

格式为：

Input[$](<字符数>, <#文件号>)

功能：从指定文件的当前位置读取指定个数的字符。

说明：返回所读出的所有字符，包括回车符、空格、换行符等。

例如，如果使用 Input()函数读取数据，本章引例的界面去掉列表框，"显示记录"按钮的事件过程代码改为：

```
Private Sub Command2_Click()
   Dim inputdata As String
    Print
    Print
    Print
    Print Space(3) & "学号" & Space(8) & "姓名" & Space(5) & "高数" & Space(2) & "外
语" & Space(2) & "毛概"
    Open "D:\stu.txt" For Input As #1
    Do While Not EOF(1)
      inputdata=Input(1, #1)
            '从文件号为1的缓冲区的当前位置读出1个字符存入字符串变量 inputdata 中
      If inputdata<>Chr(13) Then Print inputdata;
            '该行中的 Chr(13)也可改为 Chr(10)
    Loop
    Close #1
End Sub
```

程序运行后，将在窗体上输出学生详细信息，程序运行界面如图9.4所示。

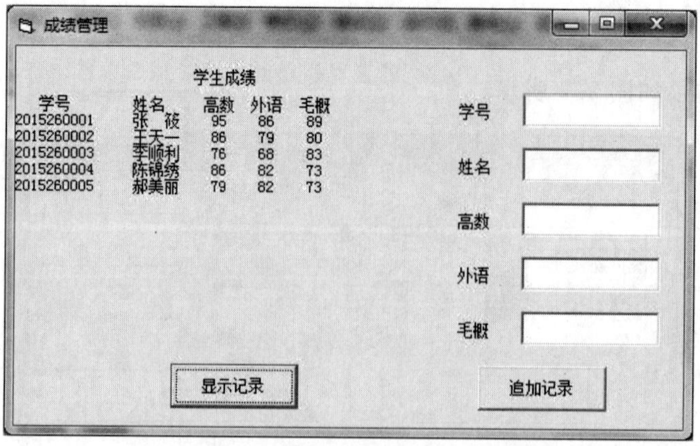

图9.4　本章引例修改后的运行界面

9.4　随机文件

随机文件具有以下特点。

（1）随机文件的记录是定长记录，只有给出记录号 n，才能通过"$(n-1)\times$记录长度"计算出该记录与文件首记录的相对地址。因此，在用 Open 语句打开文件时必须指定记录的长度。

（2）每个记录划分为若干个字段，每个字段的长度等于相应的变量的长度。

（3）各变量（数据项）要按一定格式置入相应的字段。

（4）打开随机文件后，既可读，也可写。

9.4.1　随机文件的写读操作

随机文件与顺序文件的读写操作类似，但通常把需要读写的记录中的各字段放在一个记录类型中，同时应指定每个记录的长度。

随机文件的
写读操作

1. 随机文件的写操作

随机文件的写操作分为以下 4 步。

1）定义数据类型

随机文件由固定长度的记录组成，每个记录含有若干字段。记录中的各个字段可以放在一个记录类型中，记录类型用 Type…End Type 语句定义。通常在标准模块中定义，若在窗体模块中定义，则应加上关键字 Private。

2）打开随机文件

与顺序文件不同，打开一个随机文件后，既可用于写操作，也可用于读操作。在 Open 语句中使用 Random 模式打开随机文件。

3）将内存中的数据写入磁盘

随机文件的写操作通过 Put 语句来实现。

格式：

Put[#]<文件号>,[记录号],<变量>

功能：把"变量"的内容写入由"文件号"所指定的磁盘文件中。

说明："记录号"的取值范围为 $1\sim2^{31}-1$，即 1～2 147 483 647。表示写入的是第几条记录，如果忽略不写，则表示在当前记录后插入一条记录。

例如：

```
Put #2, 7, y      '将变量 y 中的数据写入到随机文件(文件号为 2)中的第 7 条记录中
Put #2, , y       '将变量 y 中的数据写入到随机文件(文件号为 2)中的第 8 条记录中
```

4) 关闭文件

关闭文件的操作与顺序文件相同。

2. 随机文件的读操作

从随机文件中读取数据的操作与写文件操作步骤类似,只是把第 3 步中的 Put 语句用 Get 语句来代替。

格式:

```
Get [#]<文件号>,[记录号],<变量>
```

功能:从随机文件中将记录号所对应的记录读取到变量中。

说明:Get 命令是从磁盘文件中将一条由记录号指定的记录内容读入记录"变量"中。"记录号"的取值范围同前,表示对第几条记录进行操作,如果忽略不写,则表示当前记录的下一条记录。

例如:

```
Get #2,3,x        '表示将#2 文件中的第 3 个记录读出并存放到变量 x 中
```

例 9.2 建立一个随机文件,其中包含 3 名学生的 3 门课程的成绩,如表 9.2 所示。使用 Put 语句写入 3 名学生的成绩,然后用 Get 语句按输入的相反顺序读出 3 名学生的成绩并输出。

表 9.2 学生成绩表

记录号	高数	外语	毛概
1	78	69	86
2	69	87	79
3	98	79	85

分析:首先在窗体模块的通用声明段中用 Type…End Type 语句定义一个记录类型 Stu_Sco,它包含 3 个成员:Mat、Fol 和 Mgl,分别表示 3 门课程的成绩。声明一个 Stu_Sco 类型的变量 ss,用于存放记录数据。使用输入对话框给变量 ss 的每个成员输入数据,使用 Put 语句先将变量 ss 中的数据写入文件 Score.txt 中,使用 Get 语句按与输入相反的顺序读取文件 Score.txt 中的记录并显示在窗体上。

程序代码如下。

```
Private Type Stu_Sco
   Mat As Integer
   Fol As Integer
   Mgl As Integer
End Type
Dim ss As Stu_Sco
Private Sub Command1_Click()
Caption="随机文件的写入与读取"
```

```
      Open "Score.txt" For Random As #1 Len=Len(ss)
      For i=1 To 3
        ss.Mat=Val(InputBox("请输入第" & i & "个学生的高数成绩：", "输入成绩"))
        ss.Fol=Val(InputBox("请输入第" & i & "个学生的外语成绩：", "输入成绩"))
        ss.Mgl=Val(InputBox("请输入第" & i & "个学生的毛概成绩：", "输入成绩"))
        Put #1, i, ss              '写入记录
      Next
      Close #1
    End Sub
    Private Sub Command2_Click()
      Print "记录号", "高数", "外语", "毛概"
      Open "Score.txt" For Random As #1 Len=Len(ss)
      record=LOF(1) \ Len(ss)
      MsgBox "记录数" & record, , "记录数"
      For i=record To 1 Step -1            '读出记录并显示在窗体上
        Get #1, i, ss
        Print i, ss.Mat, ss.Fol, ss.Mgl
      Next
      Close #1
    End Sub
```

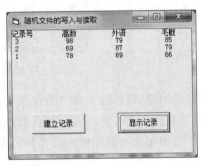

图 9.5 例 9.2 程序运行结果

程序运行后，单击"建立记录"按钮后，依次输入表 9.2 中的成绩，将这些成绩写入 Score.txt 文件中。单击"显示记录"按钮，按与输入相反的顺序读出记录并显示在窗体上。运行结果如图 9.5 所示。

思考：如果在上述记录类型中加入两个新的成员——学号和姓名，并且在结果中显示出来，应该怎样修改程序呢？

9.4.2 随机文件中记录的增加与删除

在随机文件中增加记录，实际上是在文件的末尾附加记录。其方法是：先找到文件最后一个记录的记录号，然后把要增加的记录写到它的后面。

例 9.3 在例 9.2 的基础上，继续增加两个命令按钮"增加记录"与"删除记录"，单击"增加记录"按钮可以增加新的记录，程序运行结果如图 9.6 所示；单击"删除记录"按钮，可以删除记录，程序运行结果如图 9.7 所示。

随机文件中记录的增加与删除

分析：在随机文件中增加记录，实际上是在文件的末尾附加记录。其方法是：先找到文件最后一个记录的记录号，然后把要增加的记录写到它的后面。在随机文件中删除一个记录时，并不是真正删除记录，而是把下一个记录重写到要删除的记录上，其后的所有记录依次前移，但文件的总记录数不变，最后两个记录相同。为了解

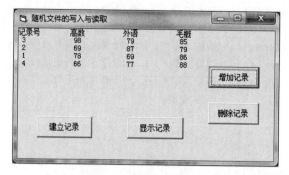

图 9.6　增加记录结果

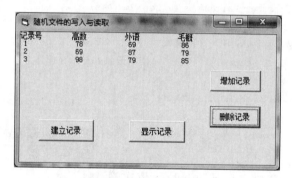

图 9.7　删除记录结果

决这个问题,可以建立动态数组来保存删除某记录后剩下的记录,删除原来生成的数据文件,建立新的文件并写入保存在数组中的删除后的记录集合。

增加记录和删除记录参考代码如下。

```
Private Sub Command3_Click()
    Dim title As String
    Dim recn As Integer
    Dim ans As String
    title="追加记录到随机文件"
    Open "Score.txt" For Random As #1 Len=Len(ss)
    recn=LOF(1) \ Len(ss)
    MsgBox "记录数" & recn, , "记录数"
    Do
        ss.Mat=Val(InputBox("请输入第" & recn+1 & "个学生的高数成绩: ", "输入成绩"))
        ss.Fol=Val(InputBox("请输入第" & recn+1 & "个学生的外语成绩: ", "输入成绩"))
        ss.Mgl=Val(InputBox("请输入第" & recn+1 & "个学生的毛概成绩: ", "输入成绩"))
        recn=recn+1              '找出最后一个记录后面的记录号
        Put #1, recn, ss
        Print recn, ss.Mat, ss.Fol, ss.Mgl            '增加一个记录
        rst=MsgBox("要继续输入记录吗?", vbYesNo, title)
        If rst=vbNo Then ans="N"
```

```
      Loop Until UCase(ans)="N"
    Close #1
End Sub


Private Sub Command4_Click()
    Dim recn As Integer
    Dim del As Integer
    Dim icount As Integer
    Open "Score.txt" For Random As #1 Len=Len(ss)
    recn=LOF(1)\ Len(ss)
    del=Val(InputBox("请输入要删除的记录号"))
    Dim i As Integer
    If del<0 Or del=0 Then
      Close #1
      Exit Sub
    End If
    Dim st() As Stu_Sco
                 '从 recn 条记录中删除某条记录时建立动态数组来存放剩下的 recn-1 条记录
    ReDim st(1 To recn -1)
    icount=1
    For i=1 To recn
      If i<>del Then
        Get #1, i, ss
        st(icount)=ss
        icount=icount+1
      End If
    Next i
    Cls
    Print "记录号", "高数", "外语", "毛概"              '打印删除后的记录列表
    Close #1
    For i=1 To recn -1
      Print i, st(i).Mat, st(i).Fol, st(i).Mgl
    Next i
    Kill "score.txt"      '由于无法对随机文件进行写入时覆盖源文件,所以只能删除文件
                          '建立新的文件并写入保存在数组中的删除后的记录集合
  Open "score.txt" For Random As #1 Len=Len(ss)
    For i=1 To recn -1
      Put #1, i, st(i)
    Next i
    Close #1
End Sub
```

9.5　文件或文件夹的基本操作

前面介绍了对数据文件的读写操作。本节介绍对文件或文件夹名的一般操作,所涉及的文件操作不是对数据文件的读写操作,而是对文件整体的操作,类似于 Windows 中的复制、移动、删除、重命名等操作。

常规的文件或文件夹名操作通常包括显示文件夹信息、创建子文件夹、复制文件、删除文件、文件或文件夹名更名等。下面介绍 Visual Basic 中实现这些命令的语句。

1. FileCopy 语句

格式:

```
FileCopy<源文件名>,<目标文件名>
```

功能:用 FileCopy 语句可以把源文件复制到目标文件,复制后两个文件的内容完全一样。

说明:

(1) FileCopy 语句中的"源文件名"和"目标文件名"均为字符串表达式,可以含有驱动器和路径信息,但不能含有通配符(＊或?)。

(2) 用该语句不能复制已由 Visual Basic 打开的文件。

(3) 该语句不能复制文件夹。

例如:

```
FileCopy "source.doc","target.doc"
```

把当前文件夹下的一个文件复制到同一文件夹下的另一个文件。

```
FileCopy "c:\firdir\source.doc","d:\secdir\target.doc"
```

把一个文件夹下的一个文件复制到另一个文件夹下。

2. Kill 语句

格式:

```
Kill <文件名>
```

功能:用该语句可以删除指定的文件。

说明:

(1)"文件名"是字符串表达式,可以含有路径,文件名中可以使用通配符(＊或?)。

例如:

```
Kill "d:\jk\＊.txt"
```

删除 d 盘 jk 文件夹下的文本文件。

（2）Kill 语句具有一定的危险性，因为在执行该语句时没有任何提示信息。为了安全起见，当在应用程序中使用该语句时，一定要在删除文件前给出适当的提示信息。

（3）该语句不能删除文件夹。

3. Name 语句

格式：

Name<原文件名或文件夹名>As<新文件名或文件夹名>

功能：用 Name 语句可以重新命名一个文件或文件夹（目录），也可用来移动文件或文件夹（目录）。

说明：

（1）Name 语句中的"原文件名或文件夹名"是一个字符串表达式，用来指定已存在的文件名或文件夹名（包括路径）；"新文件名或文件夹名"也是一个字符串表达式，用来指定改名后的文件名或文件夹名（包括路径）。

（2）如果"原文件名或文件夹名"和"新文件名或文件夹名"在同一驱动器上。若"新文件名或文件夹名"指定的路径存在并且与"原文件名或文件夹名"指定的路径相同，则 Name 语句必须把新文件名或文件夹名改名，此时的操作实际上是重新命名；若"新文件名或文件夹名"指定的路径存在并且与"原文件名或文件夹名"指定的路径不同，则 Name 语句可把文件或文件夹原样移到新的目录下，也可改名移到新的目录下，此时的操作实际上是移动。

例如：

```
Name "d:\myfile\watermark.bmp"  As  "d:\mybmpfile\watermark.bmp"
```

将文件 watermark. bmp 从同一驱动器 d 的 myfile 文件夹下移到 mybmpfile 文件夹下。

再如：

```
Name "d:\myfile\watermark.bmp"  As  "d:\mybmpfile\wmark.bmp"
```

将原文件从同一驱动器 d 的 myfile 文件夹下改名后移到 mybmpfile 文件夹下。

（3）如果"原文件名或文件夹名"和"新文件名或文件夹名"不在同一驱动器上。用 Name 语句只可以移动文件，但不能移动文件夹。

例如：

```
Name "d:\myold"  As  "e:\mynew"
```

执行该语句时，由于跨越驱动器移动文件夹，系统报错。但若把该语句改为：

```
Name "d:\myold"  As  "d:\cc\mynew"
```

则可以将 d 盘根目录下的文件夹 myold 移到 d 盘子文件夹 cc 下，并且改名为 mynew。

在使用 Name 语句时，应注意以下几点：

（1）当"原文件名或文件夹名"不存在，或者"新文件名或文件夹名"已存在时，都会发生错误。

（2）Name 语句不能跨越驱动器移动文件夹。

4. CurDir 语句

格式：

```
CurDir [驱动器]
```

功能：返回一个字符串，用于表示某驱动器的当前路径。

说明：驱动器是一个字符串表达式，若省略该参数，则返回当前驱动器的路径。

默认情况下，Visual Basic 的安装路径就是当前工程所在的路径。

例如：假设新建一个工程且未保存，执行下面的事件过程。

```
Private Sub Form_Activate()
    Print CurDir
    Print CurDir("c")
End Sub
```

程序运行后，在窗体上可看到如图 9.8 所示的输出结果。

5. ChDrive 语句

格式：

图 9.8　当前路径

```
ChDrive <驱动器>
```

功能：改变当前驱动器。

说明：驱动器是一个字符串表达式，它指定一个存在的驱动器；若使用空串（""），则当前的驱动器将不会改变；若驱动器参数中有多个字母，则 ChDrive 只会使用首字母。

例如：

```
ChDrive "D"
```

改变当前驱动器为 D 盘。

```
ChDrive "ED"
```

改变当前驱动器为 E 盘。

```
ChDrive ""
```

不改变当前驱动器。

6. MkDir 语句

格式：

```
MkDir <路径>
```

功能：创建一个新的文件夹（目录）。

说明：路径是一个字符串，可以包含驱动器符，如果不包含驱动器符，则在当前驱动器下建立一个新的文件夹。

注意：在指定路径下建立的文件夹必须是唯一的，否则会提示"路径/文件访问错误"。

例如：

ChDir "mypath"

若当前驱动器为 C 盘，则改变当前路径为 ..\mypath。

MkDir "D:\Project"

在 D 盘根目录下新建一个文件夹 Project。

7. ChDir 语句

格式：

ChDir <路径>

功能：更改当前目录。

说明：路径是一个字符串表达式，它把指定的目录设置为默认目录。

例如：

ChDir "mypath"

若当前驱动器为 C 盘，则改变当前路径为 ..\mypath。

8. RmDir 语句

格式：

RmDir <路径>

功能：删除一个已经存在的目录。

说明：路径是一个字符串表达式，用来指定要删除的目录，路径可以包含驱动器，若没有指定驱动器，则 RmDir 删除当前驱动器上指定的目录。

例如：

RmDir "C:\mypath"

删除 C 盘根目录下的 mypath 目录。

9.6　文件系统控件

在 Windows 应用程序中，当打开文件或将数据存入磁盘时，通常要打开一个对话框，方便查看系统的磁盘、目录及文件等信息。为了建立这样的对话框，Visual Basic 系统提供了 3 种文件系统控件，分别是驱动器列表框（DriveListBox）控件▭、目录列表框（DirListBox）控件▭和文件列表框（FileListBox）控件▤。

9.6.1 驱动器列表框和目录列表框

驱动器列表框控件用来显示用户系统中全部有效磁盘驱动器的列表,目录列表框控件用来显示当前驱动器上的目录结构。

1. 驱动器列表框

驱动器列表框常用的属性是 Drive 属性,用来设置或返回所选驱动器的驱动器名。Drive 属性只在运行时有效,必须通过程序代码设计其属性值。

驱动器列表框和
目录列表框

格式:

<驱动器列表框名>.Drive[=<字符串表达式>]

说明:"字符串表达式"表示需要指定的驱动器,如果省略,则 Drive 属性是当前驱动器。如果所选择的驱动器在当前系统中不存在,则产生错误。

图 9.9　运行期间的驱动器列表框

在程序运行期间,驱动器列表框下拉显示系统所拥有的驱动器名称。在一般情况下,只显示当前的磁盘驱动器名称。如果单击列表框右端的下拉按钮,则把计算机所有的驱动器名称全部下拉显示出来,如图 9.9 所示。单击某个驱动器名,即可把它变为当前驱动器。

在程序运行时,当选择一个新的驱动器,或通过代码改变 Drive 属性时,都将引发 Change 事件。

2. 目录列表框

目录列表框用来显示当前驱动器上的树状目录结构。如果双击某个目录,则会显示该目录中的子目录。

目录列表框常用的属性是 Path,适用于目录列表框和文件列表框,用来返回由指定驱动器、目录或文件组成的完整路径。Path 属性只能在代码窗口中设置。

格式:

[窗体.]<目录列表框名>|<文件列表框名>.Path[=<字符串表达式>]

说明:"窗体"是目录列表框所在的窗体,如果省略,则为当前窗体。"字符串表达式"表示一个路径,如果省略,则显示当前路径。

双击一个目录,或通过代码更改目录列表框的 Path 属性时,触发 Change 事件。

例如,在窗体上添加一个驱动器列表框,然后添加一个目录列表框,并编写如下事件过程:

```
Private Sub Drive1_Change()
    Dir1.Path=Drive1.Drive
End Sub
```

程序运行后,在驱动器列表框中改变驱动器名,目录列表框中的目录立即随着改变,如图 9.10 所示。

图 9.10　驱动器列表框和目录列表框的同步

9.6.2　文件列表框

文件列表框用于显示当前目录下的文件,可以使用过滤器来控制在文件列表框中显示的文件类型。

1. 文件列表框常用属性

文件列表框常用属性较多,有 Path、Pattern、FileName、ListCount、ListIndex、List 等。Path 属性在目录列表框中已经介绍。

1) Pattern 属性

该属性用来设置在运行时要显示的某一种类型的文件。它可以在设计阶段用属性窗口设置,也可以通过程序代码设置。在默认情况下,Pattern 属性值为"*.*",即所有文件。

格式:

[窗体.]<文件列表框名>.Pattern[=<属性值>]

说明:如果省略"窗体",则指的是当前窗体上的文件列表框。如果省略"=属性值",则显示当前文件列表框的 Pattern 属性值。

2) FileName 属性

该属性用于在文件列表框中返回或设置被选定文件的文件名。

格式:

[窗体.][文件列表框名.]FileName[=<文件名>]

说明:其中的"文件名"可以带有路径;可以有通配符,因此可用它设置 Drive、Path 或 Pattern 属性。

3) ListCount 属性

该属性可用于组合框,也可用于驱动器列表框、目录列表框及文件列表框。ListCount 属性返回控件内所列项目的总数。

格式：

[窗体.]<控件名>.ListCount

说明：这里的"控件"可以是组合框、驱动器列表框、目录列表框及文件列表框。该属性不能在属性窗口中设置，只能在程序代码中使用。

4）ListIndex 属性

该属性用来设置或返回当前控件上所选择的项目的"索引值"（即下标）。

格式：

[窗体.]<控件名>.ListIndex[=<索引值>]

说明：这里的"控件"可以是组合框、列表框、驱动器列表框、目录列表框及文件列表框。该属性不能在属性窗口中设置，只能在程序代码中使用。在文件列表框中，第一项的索引值为 0，第二项的索引值为 1……，以此类推。如果没有选中任何项，则 ListIndex 属性的值将被设置为-1。

5）List 属性

在 List 属性中存有文件列表框中所有项目的数组，可用来设置或返回各种列表框中的某一项目。

格式：

[窗体.]<控件名>.List(索引)[=<字符串表达式>]

说明：这里的"控件"可以是组合框、列表框、驱动器列表框、目录列表框及文件列表框。格式中的"索引"是某种列表框中项目的下标（从 0 开始）。

2. 文件列表框常用事件

文件列表框的常用事件是 Click、DblClick、PathChange、PatternChange 等。PathChange 和 PatternChange 事件分别在文件路径或过滤器发生改变时触发。

9.6.3　文件系统控件的综合应用

在实际应用中，驱动器列表框、目录列表框和文件列表框往往需要同步操作，配合使用的。当用户查看磁盘、目录及文件的过程中，当其中一个发生变化，例如，改变目录，则文件列表将跟着改变。下面将通过一个实例来说明如何实现这一过程。

文件系统控件
的综合应用

例 9.4　设计一应用程序，程序运行界面如图 9.11 所示。在窗体上添加一个驱动器列表框、一个目录列表框和一个文件列表框，文件列表框的 Pattern 属性值为"＊.＊"。在窗体上再添加含有两个单选按钮的控件数组，其名称为 Option1，单选按钮的下标分别为 0、1，Caption 属性分别为"驱动器为 C"及"列 txt 文件"。程序运行时，驱动器列表框、目录列表框和文件列表框 3 个控件能够同步变化。要求如下。

图 9.11　例 9.4 程序运行界面

（1）单击"驱动器为 C"单选按钮，则驱动器列表框的当前驱动器被设为"C"。

（2）单击"列 txt 文件"单选按钮，则文件列表框中只显示 txt 类型的文件。

（3）单击文件列表框中的某个文件时，被选中的文件名显示在"当前文件"右侧的标签中。

分析：通过对控件数组的 Index 属性值的判断，当单击"驱动器为 C"单选按钮时，驱动器列表框的当前驱动器被设为"C："；当单击"列 txt 文件"单选按钮时，文件列表框中只显示 txt 类型的文件。通过 DriverListBox 的 Drive 属性、DirListBox 的 Path 属性，使单击文件列表框中的某个文件时，被选中的文件名显示在"当前文件"右侧的标签中。在窗体上添加 OptionButton 控件，然后复制、粘贴它，创建控件数组，按题目要求设置控件数组的属性。

程序代码如下：

```
'驱动器列表框、目录列表框和文件列表框 3 个控件能同步变化
Private Sub Drive1_Change()
    Dir1.Path=Drive1.Drive
                        '在驱动器列表框中改变驱动器名,目录列表框中的目录立即随着改变
End Sub


Private Sub Dir1_Change()
    File1.Path=Dir1.Path
End Sub


Private Sub File1_Click()
    Label2.Caption=File1.FileName
End Sub


Private Sub Option1_Click(Index As Integer)
    If Index=0 Then
        Drive1.Drive="c:\"
        File1.Pattern="*.*"
    Else
        File1.Pattern="*.txt"
    End If
End Sub
```

通过分析程序代码及运行过程可知,目录列表框 Dir1 和驱动器列表框 Drive1 的 Change 事件设置相关的 Path 属性,使 3 个文件系统控件形成一个有机整体,即实现了驱动器列表框、目录列表框和文件列表框的同步操作。

9.7　综合应用

本章介绍了不同类型的数据文件及其操作和文件系统控件的应用,下面通过一个实例让读者进一步理解,掌握其应用。

例 9.5　设计一个程序,使之通过文件系统控件打开一个文本文件,其内容可以在文本框中显示。

分析:需要在窗体上添加一个驱动器列表框、一个目录列表框和一个文件列表框,还需添加一个文本框。将文件列表框的 Pattern 属性设置为"∗.txt",将文本框的 MultiLine 属性设置为 True,Scrollbars 的值设置为 2,字体为楷体、四号字。

程序代码如下。

```
Private Sub Drive1_Change()
    Dir1.Path=Drive1.Drive
End Sub

Private Sub Dir1_Change()
    File1.Path=Dir1.Path
End Sub

Private Sub File1_Click()
    Dim sj As String
    Text1=""
    Open Dir1.Path & "\" & File1.FileName For Input As #1
    Do While Not EOF(1)
        Line Input #1, sj
        Text1=Text1 & sj
    Loop
    Close #1
End Sub
```

程序运行后,通过驱动器列表框找到 D 盘,在目录列表框找到 D:\并双击,D:\中的所有文本文件将显示到文件列表框中,单击其中的 lzh.txt 文件,其内容在文本框中显示出来。运行界面如图 9.12 所示。

因为在属性窗口中将文件列表框 File1 的 Pattern 属性设置为"∗.txt",所以在文件列表框中只显示文本类型的文件。

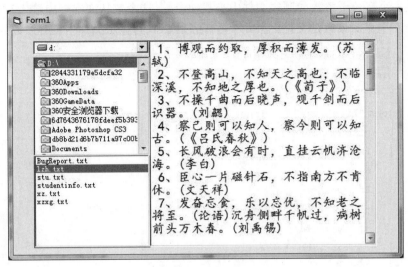

图 9.12 例 9.5 程序运行界面

9.8 练习

1. 设有如下程序代码:

```
Private Sub Command1_Click()
    Dim Sname As String, SNo As String, Score As Single
    Open "D:\Score.txt" _____ As #1
    SNo=InputBox("输入学号: ")
    Sname=InputBox("输入姓名: ")
    Score=Val(InputBox("输入成绩: "))
    Print #1, SNo, Sname, Score
    Close #1
End Sub
```

以上程序的功能是,向文件 D:\Score.txt 中写入一名同学的学号、姓名和成绩,当文件不存在时,则新建该文件;当文件存在时,则覆盖原文件的内容。在横线处应填入的内容是_____。

  A. For Input   B. For Output

  C. For OverWrite   D. For Random

2. Visual Basic 的窗体文件(.frm 文件)是一个文本文件,它_____。

  A. 不能作为 Visual Basic 的数据文件来访问

  B. 可以当作随机文件读取

  C. 既可当作顺序文件读取也可当作随机文件读取

  D. 可以当作顺序文件读取

3. 在一个有若干整数的顺序文件中查找一个数(这个数从文本框中输入),找到后在标签 Label1 中显示该数是文件中第几个数;若没找到,则显示文件中没有该数的信息。

```
Private Sub Command1_Click()
    Dim x As Integer, n As Integer
    a=Val(Text1.Text)
    Open "file1.txt" For Input As #1
    Do While Not EOF(1)
        Input _____
        n=n+1
        If x=a Then
            Label1.Caption=a & "是文件中第" & n & "个数"
            Close #1
            Exit Sub
        End If
    Loop
    Close #1
    Label1.Caption="文件中没有" & a
End Sub
```

要使上面的程序代码实现上述功能,在横线处应填写的是_____。

A. #1, x   B. #1, a   C. 1, a   D. 1, n

4. 下列关于随机文件的描述中,错误的是_____。

A. 每条记录的长度必须相同   B. 每条记录都有一个记录号

C. 数据存取灵活方便,容易修改   D. 只能随机存取

5. 在窗体 Form1 上画一个名称为 Command1 的命令按钮,编写如下程序代码:

```
Private Type stu
    sn As String * 20
    class As String * 20
End Type
Private Sub Command1_Click()
    Dim s As stu
    Open "c:\allstu.dat" For Random As #1 Len=Len(s)
    s.sn="John"
    s.class="Computer 2013"
    Put #1, , s
    Close #1
End Sub
```

则以下叙述中正确的是_____。

A. 定义记录类型 stu 的 Type 语句可以移到事件过程 Command1_Click 中

B. 若文件 c:\allstu.dat 不存在,则 Open 语句执行中出现"文件未找到"的错误

C. 文件 c:\allstu.dat 中的每条记录是等长的

D. 语句"Put ♯1，，s"中没有指明记录号，因此系统总是把记录写到文件的头部

6. Print♯语句的作用是_____。

A. 向随机文件中写数据　　　　　B. 向顺序文件中写数据

C. 向窗体上输出数据　　　　　　D. 从顺序文件中读入数据

附录　参考答案

第 1 章

1. D　　2. B　　3. C　　4. D　　5. B　　6. B　　7. D　　8. D　　9. B
10. B　　11. B　　12. C　　13. D　　14. D　　15. A

第 2 章

1. C　　2. C　　3. C　　4. C　　5. B　　6. A　　7. C　　8. D　　9. B
10. D　　11. B　12. B　　13. D　　14. A　　15. C

第 3 章

1. C　　2. D　　3. A　　4. B　　5. D　　6. B　　7. B　　8. A　　9. B
10. A　　11. A　　12. B　　13. A　　14. A

第 4 章

1. A　　2. D　　3. A　　4. A　　5. C　　6. A　　7. B　　8. C　　9. A

第 5 章

1. D　　2. A　　3. C　　4. D　　5. A　　6. B　　7. C　　8. D　　9. A
10. C

第 6 章

1. C　　2. D　　3. A　　4. D　　5. C　　6. D　　7. A

第 7 章

1. D　　2. A　　3. D　　4. D　　5. A　　6. C　　7. A　　8. A　　9. D
10. C　　11. D　　12. A

第 8 章

1. C　　2. B　　3. A　　4. B　　5. C　　6. C　　7. B　　8. C　　9. B
10. A

第 9 章

1. B　　2. D　　3. A　　4. D　　5. C　　6. B

参 考 文 献

[1] 刘炳文,杨明福,陈定中.全国计算机等级考试二级教程——Visual Basic 语言程序设计(2016 年版)[M].北京:高等教育出版社,2015.

[2] 聂钰桢.全国计算机等级考试教程.二级 Visual Basic[M].北京:人民邮电出版社,2013.

[3] Julia Case Bradley Anita C. Millspaugh. Visual Basic 2008 程序设计[M].苏正泉,史新元译.7 版.北京:清华大学出版社,2009.

[4] 龚沛曾,杨志强,陆慰民.Visual Basic 程序设计教程[M].北京:高等教育出版社,2011.

[5] 杨国林,安琪.Visual Basic 程序设计教程[M].北京:电子工业出版社,2014.

[6] 詹可军.全国计算机等级考试上机考试题库.二级 Visual Basic[M].成都:电子科技大学出版社,2015.

图 书 资 源 支 持

感谢您一直以来对清华版图书的支持和爱护。为了配合本书的使用,本书提供配套的资源,有需求的读者请扫描下方的"书圈"微信公众号二维码,在图书专区下载,也可以拨打电话或发送电子邮件咨询。

如果您在使用本书的过程中遇到了什么问题,或者有相关图书出版计划,也请您发邮件告诉我们,以便我们更好地为您服务。

我们的联系方式:

地　　　址:北京市海淀区双清路学研大厦 A 座 701

邮　　　编:100084

电　　　话:010-62770175-4608

资源下载:http://www.tup.com.cn

客服邮箱:tupjsj@vip.163.com

QQ:2301891038(请写明您的单位和姓名)

用微信扫一扫右边的二维码,即可关注清华大学出版社公众号"书圈"。

资源下载、样书申请

书 圈

扫一扫,获取最新目录